10	11	12	13	14	15	16	17	18
								2 **He** 4.003 ヘリウム
			5 **B** 10.81 ホウ素	6 **C** 12.01 炭素	7 **N** 14.01 窒素	8 **O** 16.00 酸素	9 **F** 19.00 フッ素	10 **Ne** 20.18 ネオン
			13 **Al** 26.98 アルミニウム	14 **Si** 28.09 ケイ素	15 **P** 30.97 リン	16 **S** 32.07 硫黄	17 **Cl** 35.45 塩素	18 **Ar** 39.95 アルゴン
28 **Ni** 58.69 ニッケル	29 **Cu** 63.55 銅	30 **Zn** 65.39 亜鉛	31 **Ga** 69.72 ガリウム	32 **Ge** 72.59 ゲルマニウム	33 **As** 74.92 ヒ素	34 **Se** 78.96 セレン	35 **Br** 79.90 臭素	36 **Kr** 83.80 クリプトン
46 **Pd** 106.4 パラジウム	47 **Ag** 107.9 銀	48 **Cd** 112.4 カドミウム	49 **In** 114.8 インジウム	50 **Sn** 118.7 スズ	51 **Sb** 121.8 アンチモン	52 **Te** 127.6 テルル	53 **I** 126.9 ヨウ素	54 **Xe** 131.3 キセノン
78 **Pt** 195.1 白金	79 **Au** 197.0 金	80 **Hg** 200.6 水銀	81 **Tl** 204.4 タリウム	82 **Pb** 207.2 鉛	83 **Bi** 209.0 ビスマス	84 **Po** (210) ポロニウム	85 **At** (210) アスタチン	86 **Rn** (222) ラドン

64 **Gd** 157.3 ガドリニウム	65 **Tb** 158.9 テルビウム	66 **Dy** 162.5 ジスプロシウム	67 **Ho** 164.9 ホルミウム	68 **Er** 167.3 エルビウム	69 **Tm** 168.9 ツリウム	70 **Yb** 173.0 イッテルビウム	71 **Lu** 175.0 ルテチウム
96 **Cm** 247.1 キュリウム	97 **Bk** 249.1 バークリウム	98 **Cf** 251.1 カリホルニウム	99 **Es** 252.1 アインスタイニウム	100 **Fm** 257.1 フェルミウム	101 **Md** 258.1 メンデレビウム	102 **No** 259.1 ノーベリウム	103 **Lr** 262.1 ローレンシウム

g）は液体，その他の元素は固体

生命科学のための
有機化学 I

有機化学の基礎

原田 義也

東京大学出版会

Organic Chemistry for Students of Life Sciences
I
Fundamentals of Organic Chemistry
Yoshiya HARADA
University of Tokyo Press, 2004
ISBN978-4-13-062502-9

まえがき

1953年ワトソンとクリックが遺伝現象の本体であるDNAの構造を解明して以来，分子生物学は急速に進歩してきた．特に，最近のヒトゲノム（ヒトの全遺伝情報）の解読によりその進歩は一段と加速している．有機化学は炭素を含む物質の構造，性質および機能を分子レベルで研究する学問である．タンパク質，核酸，酵素など，生命現象に不可欠な分子は炭素原子を含んでいるので，有機化学は生命科学の最先端である分子生物学の基盤を構成するものである．

本書I，II巻の目的は，生物学，医学，農学，薬学，栄養学，看護学など生命科学に関連する分野の読者を対象に，有機化学の基礎から説き起こし，分子生物学の基本的な知識を提供するとともに，最近の進歩まで概観することにある．なお，本書を読み進めるにあたって，生物学について特別な予備知識を必要としない．

執筆にあたっては，次の点に留意した．

(1) いろいろな生命現象の基盤にある「有機化学」の知識を基にして，「生命科学」特に「分子生物学」の基礎を理解できるように配慮した．

(2) 「生命科学のための有機化学」という本書の趣旨から，有機化学の基本概念を述べることに重点を置き，有機化学の複雑な反応や試薬，反応機構についての記述はなるべく避けた．一方，生体関連物質の性質や生体における機能については詳しく記した．

(3) 有機化合物の性質をその分子構造（結合状態を含む）に関連づけて説明することに努めた．特に，記載した化合物については原則としてすべて示性式（または構造式）を記した．示性式は文字通り分子の性質を示す式であり，示性式に慣れることは有機分子に親しみをもつための第一歩と考えたからである．

(4) 読者の理解を深めるために，各章の終わりに章末問題を配し，詳しい解答を付けた．

(5) 随所にコラムを設けて生命科学に関連する最近のテーマをやさしく解説した．コラムは紙数の関係で本文の記述が不十分な点を補うとともに，独立な読み物として，知識の整理に役立つことも期待している．

本書第I巻の「有機化学の基礎」は，0章　化学の基礎，1章　有機化合物，2章　脂肪族炭化水素，3章　芳香族化合物，4章　有機酸素化合物，および5章　有機窒素化合物，の各章より成る．なお，巻末の付録には，初学者のために指数，対数，国際単位系などの項を設けて，簡単な説明を加えた．

0章は化学の学習が不十分な学生のための特別な章で，それらの学生が化学の基本原理を理解したうえで，有機化学の学習にスムーズに移れることを目的にしている．次に，1章で有機化学の基礎概念を紹介した後，2章以下では，アルカンから始めて，次第により複雑な化合物の反応と性質について述べている．前述したように，反応や試薬の記述は基本的なものにとどめたが，有機化合物の命名法（IUPAC命名法）についてはかなり詳しく記した．このような系統的な命名法を知ることは，無数にある有機化合物の性質や機能を整理して理解するのに役立つからである．

コラムでは，「素粒子の話」で物質を構成する究極の微粒子を，「エネルギーと温室効果」で環境問題を取り上げた．その他の「人体の元素組成」，「血液のpHの調節」，「コンピューター断層撮影法」，「眼とシス-トランス転移」，「がん」，「アルコールの代謝と遺伝」，「麻酔」，「神経系」などは生命化学関連の話題である．「コンピューター断層撮影法」，「がん」，および「アルコールの代謝と遺伝」では，最近の進歩にもふれた．

終わりに，本書の原稿を通読され，貴重なご示唆を与えられた，聖徳大学教授（女子栄養大学名誉教授）の菅原龍幸博士に深く感謝する．また，本書の完成にご尽力いただいた，東京大学出版会の小松美加氏および岸　純青氏に厚く御礼申し上げる．

2004年盛夏

著　者

目　次

まえがき

0　化学の基礎 ……………………………………………………………1

0.1　化学とは　1
0.2　原子　3
コラム　素粒子の話　8
0.3　元素の周期表　10
コラム　人体の元素組成　11
0.4　化学結合　12
0.5　物質の量　16
0.6　化学反応　20
0.7　気体　21
0.8　溶液　24
0.9　酸と塩基　26
0.10　水素イオン指数（pH）　29
コラム　血液の pH の調節　32
0.11　酸化と還元　33
章末問題　35

1　有機化合物 ……………………………………………………………37

1.1　有機化学　37
1.2　有機化合物の特徴　37
1.3　炭素の共有結合　38
1.4　電子の軌道　41

1.5　分子の極性と電気陰性度　47
1.6　有機化合物の分類　49
1.7　有機化合物の分離と分析　52
1.7.1　分離と精製　52　　1.7.2　組成式の決定　53
1.7.3　分子式の決定　55　　1.7.4　構造式の決定　56
コラム　コンピューター断層撮影法　56
章末問題　58

2　脂肪族炭化水素 ……………………………………………………59
2.1　アルカン　59
2.1.1　アルカンの構造と所在　59　　2.1.2　命名法　63
2.1.3　アルカンの反応　66
コラム　エネルギーと温室効果　68
2.2　アルケン　68
2.2.1　命名法　69　　2.2.2　幾何異性　70
コラム　眼とシス-トランス転移　71
2.2.3　アルケンの反応　72
2.3　アルキン　76
2.4　脂環式炭化水素　77
章末問題　81

3　芳香族化合物……………………………………………………85
3.1　ベンゼンの構造　85
3.2　芳香族化合物の命名法　89
3.3　ベンゼンの反応　91
3.4　他の芳香族化合物　92
コラム　がん　94
章末問題　96

4　有機酸素化合物 ……………………………………………………………97

4.1　アルコール　97

4.1.1　構造と命名法　97　　4.1.2　いろいろなアルコール　99
4.1.3　アルコールの製法　101　　4.1.4　アルコールの反応　102

コラム　アルコールの代謝と遺伝　104

4.2　チオール　104

4.3　フェノール　105

4.4　エーテル　106

コラム　麻酔　108

4.5　アルデヒドとケトン　109

4.5.1　構造と命名法　109
4.5.2　いろいろなアルデヒドとケトン　111
4.4.3　アルデヒドとケトンの製法　112
4.5.4　アルデヒドとケトンの反応　113

4.6　カルボン酸　114

4.6.1　構造と命名法　114　　4.6.2　いろいろなカルボン酸　117
4.6.3　カルボン酸の製法　119　　4.6.4　カルボン酸の反応　120

4.7　エステル　121

4.7.1　構造と命名法　121　　4.7.2　いろいろなエステル　122
4.7.3　エステルの製法　125　　4.7.4　エステルの反応　125

章末問題　126

5　有機窒素化合物 ……………………………………………………………129

5.1　アミン　129

5.1.1　構造と命名法　129　　5.1.2　いろいろなアミン　133
5.1.3　アルカロイド　137　　5.1.4　アミンの製法　140
5.1.5　アミンの反応　141

5.2　アミド　143

5.2.1　構造と命名法　143　　5.2.2　いろいろなアミド　144
5.2.3　アミドの製法　147　　5.2.4　アミドの反応　147

コラム　神経系　148

章末問題 152

付録1 指数 155

付録2 国際単位系(SI) 157

付録3 対数 158

章末問題解答 161

索引 173

II生化学の基礎 目次

6 炭水化物

6.1 光学異性/6.2 偏光と光学異性/6.3 炭水化物の分類/6.4 単糖/6.5 二糖/6.6 多糖/6.7 糖の反応

7 脂質

7.1 脂質の分類/7.2 単純脂質/7.3 複合脂質/7.4 ステロイド/7.5 細胞膜

8 タンパク質

8.1 アミノ酸/8.2 タンパク質/8.3 酵素

9 ビタミンとホルモン

9.1 ビタミン/9.2 ホルモン

10 核酸

10.1 ヌクレオチド/10.2 DNAの構造/10.3 染色体とDNA/10.4 DNAの複製/10.5 RNA/10.6 遺伝暗号/10.7 タンパク質の合成/10.8 DNAの塩基配列の決定/10.9 ウイルス/10.10 組替えDNA/10.11 遺伝病と遺伝子治療

11 代謝

11.1 消化/11.2 炭水化物の代謝/11.3 脂質の代謝/11.4 タンパク質の代謝/11.5 代謝のまとめ

0 化学の基礎

この本では，有機化学を学んだ後，それを基にして，生命科学の最先端である分子生物学の基礎を理解することを目的としている．しかし，化学にあまり親しみがない読者を想定して，この章では，なるべく少ない紙数で，化学の基礎知識を提供することを試みる．

0.1 化学とは

まず，化学とは何か，述べておこう．

化学は原子・分子のレベルで物質の構造，性質および機能を研究する学問である[1]．上の表現で，**物質**（substance または material）という言葉は，「形」をもつ物体とは対照的に，物体を構成する，いわば，「材質（素材）」という意味で使われている．たとえば，机は物体で，机の素材であるセルロースは物質である．また，人間の体は物体で，その素材の水，炭水化物，タンパク質，脂肪等は物質である．これらの物質は究極的には原子・分子から構成されている．化学では，物質の構造・性質・機能を原子・分子のレベルまで掘り下げて研究するのである．

水を例にとってみよう．水は水素原子（H で表す）2 個と酸素原子（O で表す）1 個からなる分子（H_2O で表す[2]）が無数に集まったものである．その構造（分子構造）を図 0.1.1(a) に示す．水はこのような水分子が秩序正しく並んでできている（図 1.5.1(b) 参照）．1 気圧の下で，温度が 0°C（融点）以

1) 普通，化学の定義に物質の機能の研究を加えていない．機能の研究を加えることによって，分子生物学の例でもわかるように（本文参照），化学の研究領域は大幅に広がるのである．

2) このように分子の原子組成を表す式を**分子式**（molecular formula）という．**化学式**（chemical formula）の一種である．

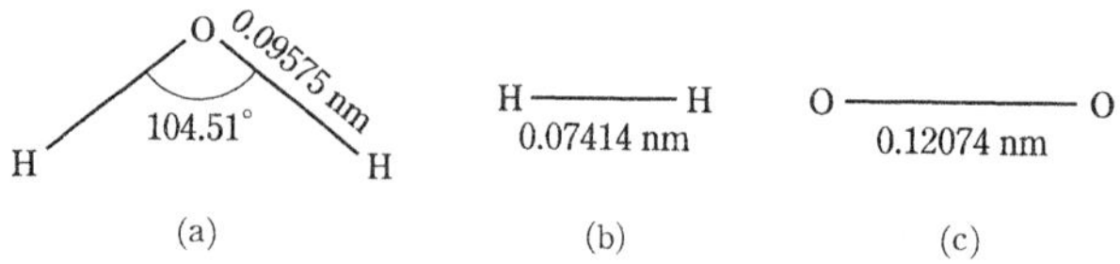

図 0.1.1　分子の構造

(a) 水，(b) 水素，(c) 酸素．ただし，$1\ \mathrm{nm}=10^{-9}\ \mathrm{m}=0.000000001\ \mathrm{m}$.

上になると氷は溶けて液体の水となる．そのとき分子はある程度自由に動けるようになり，水は容器にあわせて自由に形を変える．温度が100°C（沸点）以上になると，水分子の運動は完全に自由になって，気体の水（水蒸気）となる．水分子を構成する水素原子や酸素原子も2個ずつ結合して，水素分子（H_2）や酸素分子（O_2）になる（図0.1.1(b)，(c)）．これらの分子から成る水素や酸素は室温で気体である（沸点はそれぞれ−252.87°Cと−182.96°C）．これらの分子1個の質量の比は，

水素分子の質量：酸素分子の質量：水分子の質量≒2：32：18

である．また，水素と酸素を混合して点火すると激しく反応して水となる．

上で述べた，水素，酸素，水などの物質の構造（分子や固体の構造）や性質（沸点や融点の違い[1]，水素と酸素の反応性[2]など）は化学の研究対象である．なぜ，酸素分子が気体で，それより軽い水分子は液体か？なぜ，水素と酸素は激しく反応するのか？などの問に化学は答えなければならない．これに加えて，ヒトの体の中で水はどのような特有なはたらきをするか？　など，物質の機能に関することについても化学は原子・分子レベルで解答を与えなければならない．水のような簡単な分子だけでなく，体の中の反応を調節しているタンパク質である酵素，遺伝情報を担っているDNAなどの構造や機能を分子レベルで解き明かすのも化学の役目である．最近急速な進歩を示している分子生物学は化学の生命現象への応用によって花開いたのである．この例でもわかるように，化学は物質の構造，性質，機能を原子・分子レベルで研究することを通して，物理学，生物学，宇宙地球科学など，数学を除くあらゆる自然科学の中核としての役割を演じているといえる．

1）沸点，融点，密度などを物質の物理的性質という．

2）反応のしやすさなどを物質の化学的性質という．

0.2　原子

物質の構成要素である，**原子** (atom) の中心には，正電荷をもつ**原子核** (atomic nucleus) があり，そのまわりを負電荷をもつ**電子** (electron) が運動している．原子核は**陽子** (proton) と**中性子** (neutron) からできている (図 0.2.1)．原子核の直径は 10^{-14} m 程度，原子の直径 (電子の運動範囲) は 10^{-10} m 程度である[1]．電子，陽子，中性子の質量と電荷を表 0.2.1 に示す[2]．表からわかるとおり，陽子と中性子の質量はほぼ等しい．電子の質量ははるかに小さく陽子や中性子のそれの 1/1840 程度である．また，電子は陽子と同じ大きさで符号が反対の電荷をもつ．中性子は電荷をもたない．陽子や電子の電荷の絶対値を**電気素量** (elementary electric charge) といい，

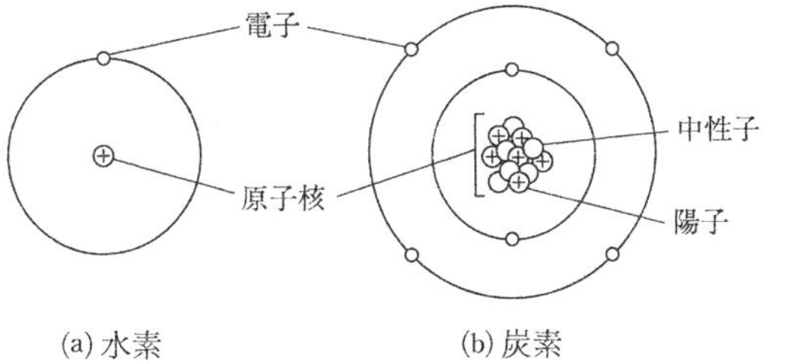

図 0.2.1　原子の構造
原子核の大きさは原子の大きさの 1/10000 程度であるが，わかりやすくするため大きく描いてある．

表 0.2.1　電子，陽子，中性子の質量と電気量

粒　子	質量/kg	電荷/C†
電子	9.10938×10^{-31}	-1.60218×10^{-19}
陽子	1.67262×10^{-27}	1.60218×10^{-19}
中性子	1.67493×10^{-27}	0

† 電気量の単位クーロン (coulomb, C) は 1 A (アンペア) の電流が 1 s (秒) 間に運ぶ電気量である．

1)　10^n の形の数の表記法に不慣れな読者は付録 1 を参照されたい．
2)　質量や電荷の単位については付録 2 を参照されたい．

eで表す．電子の電荷は $-e=-1.60218\times10^{-19}$ C である．原子核の中の陽子の数と電子の数は等しいので，原子全体では正負の電荷が打ち消しあって，電気的に中性である．

もっとも小さい原子は水素で，陽子1個の原子核と電子から成る（図0.2.1(a)）．炭素原子は陽子6個，中性子6個からなる原子核と電子6個をもつ（図0.2.1(b)）．陽子数（＝電子数）を**原子番号**（atomic number）という．また，陽子と中性子の数の和を**質量数**（mass number）という．電子の質量が小さいため，原子の質量がほぼ原子核の質量（陽子の質量と中性子の質量（≒陽子の質量）の和）で決まるからである．原子番号や，質量数を示すときは，元素記号（原子の記号）[1]の左下に原子番号を，左上に質量数を書く（図0.2.2）．

原子には，陽子の数（＝電子の数）が同じで，中性子の数が違うものがある．このような原子を互いに**同位体**（**アイソトープ** isotope）という．同位体は同じ原子番号をもち，化学的性質は同じであるが[2]，質量が異なる．いくつかの同位体を表0.2.2に示す．

原子中の電子は原子核のまわりでいくつかの層になって存在する．この層は内側からK殻，L殻，M殻，N殻，……と名づけられている．各**電子殻**（electronic shell）に収容できる電子の最大数はK殻から順に2個，8個，18個，32個，……である（内側から n 番目の殻では $2n^2$ 個）．電子は内側の殻にあるほど，原子核の正電荷に強く引きつけられて，エネルギーが低い安

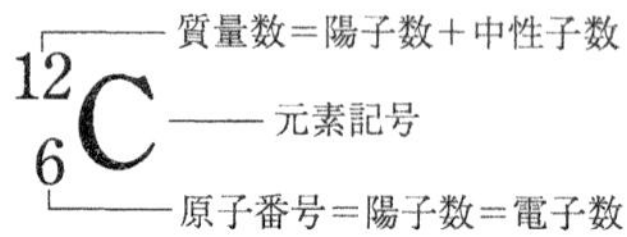

図0.2.2　原子番号と質量数（炭素の例）

1)　**元素**（element）は物質を構成する基本成分として，原子説が出る前に考えられたものである．現在では元素＝原子または原子の集合体と考えてよい．元素名にはラテン語の頭文字が使われることが多い．たとえば，水素（H, hydrogenium），炭素（C, carboneum），窒素（N, nitrogenium），酸素（O, oxygenium），ナトリウム（Na, natrium），硫黄（S, sulfur），鉄（Fe, ferrum）など．

2)　通常の化学反応では，原子核同士が接触するほど大きいエネルギーは使われない．反応は原子間の電子のふれあいで進行するから，電子の数が同じなら，化学的性質も同じである．

表 0.2.2　天然に存在する同位体

元素	同位体†	存在比 (%)
水素	${}^{1}_{1}H$	99.985
	${}^{2}_{1}H$	0.015
	${}^{3}_{1}H$	††
炭素	${}^{12}_{6}C$	98.90
	${}^{13}_{6}C$	1.10
	${}^{14}_{6}C$	††
酸素	${}^{16}_{8}O$	99.762
	${}^{17}_{8}O$	0.038
	${}^{18}_{8}O$	0.200
塩素	${}^{35}_{17}Cl$	75.77
	${}^{37}_{17}Cl$	24.23

†　${}^{2}_{1}H$ を重水素，${}^{3}_{1}H$ を三重水素という．

††　微量

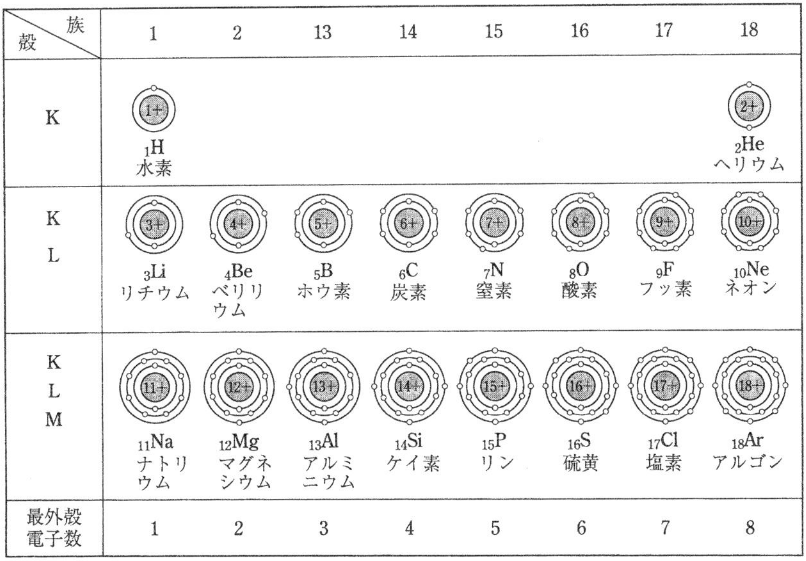

族
殻
1
2
13
14
15
16
17
18
K
1+
1H 水素
2+
2He ヘリウム
K L
3+
3Li リチウム
4+
4Be ベリリウム
5+
5B ホウ素
6+
6C 炭素
7+
7N 窒素
8+
8O 酸素
9+
9F フッ素
10+
10Ne ネオン
K L M
11+
11Na ナトリウム
12+
12Mg マグネシウム
13+
13Al アルミニウム
14+
14Si ケイ素
15+
15P リン
16+
16S 硫黄
17+
17Cl 塩素
18+
18Ar アルゴン
最外殻電子数
1
2
3
4
5
6
7
8

図 0.2.3　原子の電子配置

1+，2+などの数字は原子核の陽子数を示す．族については p. 10 参照．

定な状態にある．そのため，電子はK殻から順に外側の殻に配置される．$_{1}H$から$_{18}Ar$までの**電子配置**（electron configuration）を図0.2.3に示す．たとえば，$_{12}Mg$ではK殻に2個，L殻に8個，M殻に2個電子が入っている．

最外殻に入っている電子を**価電子**（valence electron）という．価電子は，たとえば，$_{1}H$では，K殻の1個の，$_{12}Mg$では，M殻の2個の電子である．化学反応は最外殻電子のふれあいで起こるので，価電子数が等しい原子は互いによく似た化学的性質をもつ．

ヘリウム，ネオン，アルゴン，クリプトンおよびキセノンの気体は空気中にわずかに存在するので，**希ガス**（rare gas）とよばれる．希ガス原子の電

表0.2.3　希ガス原子の電子配置

元素名	元素記号	殻の電子数 K	L	M	N	O
ヘリウム	$_{2}He$	2				
ネオン	$_{10}Ne$	2	8			
アルゴン	$_{18}Ar$	2	8	8		
クリプトン	$_{36}Kr$	2	8	18	8	
キセノン	$_{54}Xe$	2	8	18	18†	8

†　N殻の電子の最大収容数は32であるが，外側の殻では最大収容数に達する前に，より外側の殻を電子が占める場合がある．

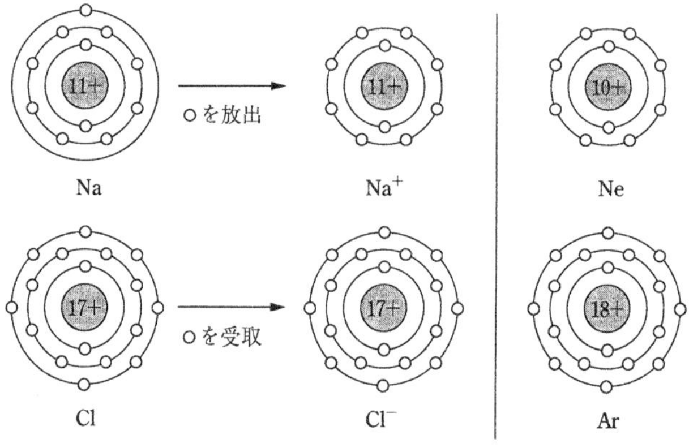

図0.2.4　Na^{+}イオンとCl^{-}イオンの生成

子配置を表 0.2.3 に示す．He は K 殻が，Ne は L 殻が満員である．また，Ne，Ar，Kr および Xe は最外殻に 8 個の電子をもつ．最外殻が満員か，8 個の電子をもつ原子はきわめて安定である．そのため，これらの原子は他の原子とほとんど反応しない．また，自分自身とも結合しないので，水素や酸素の気体 (H_2 と O_2) と異なり，気体は単原子のままである．

ナトリウム Na が電子を 1 個放出すると，陽子数が電子数より 1 個多くなるので，原子は e (電気素量) の電気量をもつようになる．これを Na^+ で表し，1 価の**陽イオン** (cation) という．逆に塩素 Cl が 1 個電子を受け取ると，電気量 $-e$ の 1 価の**陰イオン** (anion) Cl^- ができる (図 0.2.4)．Na^+ イオンは Ne と，また，Cl^- イオンは Ar と同じ電子配置をもつので安定である．一般に価電子を 1～3 個もつ原子はそれらの電子を失って，希ガス原子と同じ電子配置の 1～3 価の陽イオンになる傾向がある[1)]．また，価電子を 6 または 7 個もつ原子は 2 または 1 個の電子を受け取って希ガスと同じ電子配置

表 0.2.4　主なイオン

価数	陽イオン†	イオン式	陰イオン	イオン式
1 価	水素イオン	H^+	フッ化物イオン	F^-
	リチウムイオン	Li^+	塩化物イオン	Cl^-
	ナトリウムイオン	Na^+	臭化物イオン	Br^-
	カリウムイオン	K^+	ヨウ化物イオン	I^-
	銀イオン	Ag^+	水酸化物イオン	OH^-
	銅 (I) イオン	Cu^+	硝酸イオン	NO_3^-
	アンモニウムイオン	NH_4^+	炭酸水素イオン	HCO_3^-
2 価	マグネシウムイオン	Mg^{2+}	硫化物イオン	S^{2-}
	カルシウムイオン	Ca^{2+}	亜硫酸イオン	SO_3^{2-}
	バリウムイオン	Ba^{2+}	硫酸イオン	SO_4^{2-}
	亜鉛イオン	Zn^{2+}	炭酸イオン	CO_3^{2-}
	銅 (II) イオン	Cu^{2+}		
	鉄 (II) イオン	Fe^{2+}		
3 価	アルミニウムイオン	Al^{3+}	リン酸イオン	PO_4^{3-}
	鉄 (III) イオン	Fe^{3+}		

†　同じ原子で価数が異なるイオンがあるときは，(　) 内にローマ数字で価数を付記する．例：Cu^+ は銅 (I) イオン，Cu^{2+} は銅 (II) イオンとする．

1)　${}^1_1H$ では，電子を 1 個失うと，H^+ = 陽子になる．

（最外殻が電子8個）の2価または1価の陰イオンになりやすい．なお，イオンには2個以上の原子が結合してできているアンモニウムイオン NH_4^+ や水酸化物イオン OH^- などの多原子イオンがある．表0.2.4に主なイオンを示す．

素粒子の話

本文では原子は陽子と中性子をもつ原子核とそのまわりを運動している電子からなると述べたが，現在では陽子や中性子はより基本的な粒子から構成されていることがわかっている．表0.2.5に物質を細分化していったとき，究極に到達する粒子である，**素粒子**（elementary particle）の表を示す．現在数百種の素粒子が見出されているが，

表0.2.5　素粒子の分類†

種類		粒子名	記号	電荷
基本粒子	ゲージ粒子	光子	γ	0
		グルーオン	g	0
		ウィークボソン	$W^{\pm}$, Z^0	±1, 0
	レプトン	電子	e^-	−1
		ミュー粒子	μ^-	−1
		タウ粒子	τ^-	−1
		ニュートリノ	ν_e, ν_μ, ν_τ	0
	クォーク	アップクォーク	u	2/3
		チャームクォーク	c	2/3
		トップクォーク	t	2/3
		ダウンクォーク	d	−1/3
		ストレンジクォーク	s	−1/3
		ボトムクォーク	b	−1/3
複合粒子（ハドロン）	中間子（クォーク2個）	パイ中間子	$\pi^{\pm}$, π^0	±1, 0
		イータ中間子	η	0
		ケー中間子	$K^{\pm}$, K^0	±1, 0
	バリオン（クォーク3個）	陽子	p	1
		中性子	n	0
		ラムダ粒子	Λ	0
		シグマ粒子	Σ^+, Σ^0, Σ^-	1, 0, −1
		グザイ粒子	Ξ^0, Ξ^-	0, −1
		オメガ粒子	Ω^-	−1

† 表の粒子に加えて，電子と陽電子のように，反対の電荷をもつ反粒子がある．

表はそのうちの主なものである．

表からわかるように，素粒子は基本粒子であるゲージ粒子，レプトンおよびクォークに加えて，複合粒子（強い相互作用をするので，ハドロンとよばれる）である中間子とバリオンに大別される．

基本粒子のうち，ゲージ粒子は力を伝達する役目をする粒子で，光子（フォトン），グルーオン，ウィークボソンからなる（後述）．レプトンは弱い相互作用をする粒子で，電子，ミュー粒子，タウ粒子およびニュートリノを含む．クォークはアップ，ダウン，チャーム，ストレンジ，トップおよびボトムの 6 種類あるが，それぞれは単独には存在しない．複合粒子であるハドロンの構成要素となっている．

複合粒子はクォーク 2 個からなる中間子と 3 個からなるバリオンに分類される．クォーク同士はグルーオンで結びつけられている（グルーオンも単独では存在しない）．1935 年湯川秀樹博士は原子核内で陽子と中性子を結びつける役目をしている中間子の存在を予言した．1947 年パイ中間子が見出された結果，湯川博士は 1949 年ノーベル物理学賞を受賞した．バリオンの仲間には陽子，中性子，ラムダ粒子，その他がある．このうち陽子は安定な粒子であるが，中性子の寿命は 16 分程度で（ただし，原子核内では安定），他の粒子は寿命がきわめて短い．

レプトンのうち，ニュートリノは，電荷をもたず，質量がほとんどなく，他の粒子との相互作用もきわめて弱いため，地球を通り抜けるほどで，検出が困難である．1987 年，地球から 16 万光年離れた大マゼラン星雲で起きた超新星の爆発によって放出されたニュートリノが，岐阜県の神岡鉱山の地下 1000 m の水槽でとらえられた．水槽は直径 15.6 m，深さ 16 m でその中に約 3000 t の水が入っており，水槽の周囲に 1000 本の光電子増倍管（光を高感度で検出する真空管）が設置されていた．11 個のニュートリノが水中で水分子と衝突したとき放出された光が検出されたのである．これは「ニュートリノ天文学」という新分野の開拓につながる業績で，実験主唱者の小柴昌俊博士が 2002 年度ノーベル物理学賞を受賞した．

ゲージ粒子は前述したように力を伝達する粒子である．理論物理学によると素粒子間の力には表 0.2.6 に示す 4 つがある．それぞれの力はグルーオン，光子，ウィークボソンおよびグラビトン（重力子）の交換によって生じるとされているが，グラビトンはまだ見出されていない．強い力は原子核内で陽子と中性子とのあいだにはたらく核力に相当するもので，強いが到達距離が小さい．一方，電磁気力は原子・分子で電子や原子核のあいだにはたらく力である．また，弱い力は原子核の崩壊の際にはたらく力，重力は万有引力の力である．これらの力の場を統一的に説明して，物質の基本

表 0.2.6　4 つの力

力	粒子	強さの比	影響範囲/m
強い力	グルーオン	1	10^{-15}
電磁気力	光子	10^{-2}	無限大
弱い力	ウィークボソン	10^{-5}	10^{-18}
重力	グラビトン	10^{-40}	無限大

構造を解明する試みは現在も行われている．原子核の構造に立ち入らない原子・分子の世界では，基本方程式（シュレディンガー（Schrödinger）の方程式）が確立しているが，素粒子の世界はいまだ混沌としている．

0.3　元素の周期表

元素を原子番号順に並べると，化学的性質の似た元素が周期的に現れる．これを元素の**周期律**（periodic law）という．これは原子番号が増すとともに，原子の価電子の数が周期的に変化するためである．元素を原子番号順に並べ，化学的性質が似た元素が縦に並ぶようにした表を**周期表**（periodic table）という（表紙の見返し参照）．

周期表の縦の列は左から1族，2族，……，18族，また，横の行は上から第1周期，……，第7周期とよばれる．同じ族の元素を同族元素という．同族元素は価電子の数が同じため化学的性質がよく似ている．H以外の1族元素を**アルカリ金属**（alkali metal），Be，Mg以外の2族元素を**アルカリ土類金属**（alkaline-earth metal），17族元素を**ハロゲン**（halogen），18族元素を**希ガス**（rare gas）という．また，周期表の1，2，12～18族の元素は，周期律が典型的に現れるので，**典型元素**（main group element）とよばれる．一方，3～11族の元素を**遷移元素**（transition element）という．遷移元素では，最外殻の電子は一般に1～2個であり，原子番号に伴って電子が内側の核に配置されていく．そのため，原子番号に伴う性質の変化が小さく，周期律がはっきり現れない（内側の電子は化学的性質にあまり影響しない）．

前節で述べたように，価電子を1～3個もつ原子（1，2，13族の原子）は電子を失って，陽イオンに，また，価電子を6または7個もつ原子（16，17族の原子）は電子を受けとって陰イオンになりやすい．一般に周期表の行を左から右に移るに従い，原子は電子を引きつけやすくなる（18族の希ガスは除く）．また同じ族の原子では，列を上から下に移るに従い，原子核のまわりの電子数が増すので，電子間の反発が大きくなって，電子を出しやすくなる．この2つのことをまとめると，周期表の右上にある元素ほど電子を引きつけやすい，また，左下にある元素ほど電子を出しやすいといえる．表0.3.1に，主な典型元素について，電子を引きつける相対的な強さを表す**電**

表 0.3.1　原子の電気陰性度

H 2.20						
Li 0.98	Be 1.57	B 2.04	C 2.55	N 3.04	O 3.44	F 3.98
Na 0.93	Mg 1.31	Al 1.61	Si 1.90	P 2.19	S 2.58	Cl 3.16
K 0.82	Ca 1.00	Ga 1.81	Ge 2.01	As 2.18	Se 2.55	Br 2.96
Rb 0.82	Sr 0.95	In 1.78	Sn 1.96	Sb 2.05	Te 2.10	I 2.66

気陰性度 (electronegativity) を示す．その値は右上端の F でもっとも大きく，左下端の Rb でもっとも小さいことがわかる．電子を出しやすい元素を，陽性が強い (陽イオンになりやすい)，または金属性が強い元素という[1)]．また，電子を引きつけやすい元素を，陰性が強い (陰イオンになりやすい)，または非金属性が強い元素という．元素の約 80%は金属元素で，周期表で $_{13}$Al と $_{84}$Po を結ぶ線を含み，その左側にある ($_{1}$H は除く)．

1)　金属の特徴は，光沢があり，電気や熱を伝えやすいことである．これらの特徴は電子を出しやすい原子が固体を形成して，固体内に自由に動きまわる電子が多いとき現れる (p. 15)．

人体の元素組成

表 0.3.2 に人体の元素組成を示す．元素は人体の有機物を構成する主要元素，主要無機元素 (マクロミネラル (macromineral)) および微量無機元素に大別される．

主要元素だけで，質量比にして 96%，原子数比にして 99%以上を占めている．主要元素のうち，もっとも多いのは O と H である．これは体重の約 60%を水分が占めるからである．H，C，O は体重の 10〜20%に相当する脂肪の成分である．また，H，C，O，N はタンパク質 (体重の約 15%) の主要構成元素である．

主要無機元素 Ca，P，S，K，Na，Cl，Mg のうち，P は核酸の，S はタンパク質の成分として有機物に含まれている．Ca，Mg，P は骨の無機質である．その他の元素は細胞内液 (K，Mg，Cl など) や外液 (Ca，Na，Cl など) に多く含まれている．微量無機元素のうち，Fe はヘモグロビンの成分として，Zn，Cu，Mn，Ni，Se，Mo などは酵素の成分として重要である．Co はビタミン B_{12} に，I は甲状腺ホルモン (チロキシン) に，F は歯の無機質に含まれている．Cr は糖質や脂質の代謝に必要な元素である．

表 0.3.2　人体の元素組成

種　類	元素記号	質量比 (%)	原子数比 (%)
主要元素	O	65.0	25.6
	C	18.0	9.5
	H	10.0	63.0
	N	3.0	1.4
主要無機元素（マクロミネラル）	Ca	1.5	0.24
	P	1.0	0.20
	S	0.25	0.05
	K	0.2	0.03
	Na	0.15	0.04
	Cl	0.15	0.03
	Mg	0.05	0.01
微量無機元素	Fe	0.0057	0.00064
	Zn	0.0033	0.00032
	その他 (Cu, I, Mn, F, Cr, Mo, Co, Ni, Se, Si, V, As, B)	$<10^{-3}$	$<10^{-5}$

今日では，微量元素もビタミン類と同じように健康を維持するのに重要であることがわかってきた．1日の摂取基準（推定平均必要量，推奨値，上限量など）が13の元素，Ca，Fe，P，Mg，Na，K，Cu，I，Mn，Se，Zn，CrおよびMoについて示されている（日本人の食事摂取基準，厚生労働省（2005））．

0.4　化学結合

(a)　イオン結合

陽イオンと陰イオンが静電気的な力で引き合ってできる結合を**イオン結合**（ionic bond）という．食塩（塩化ナトリウム）の結晶では，ナトリウムイオン Na^+ と塩化物イオン Cl^- が交互に規則正しく配列している（図0.4.1）．一般にイオン結晶では，陽イオンと陰イオンが，電荷が釣り合うような割合で集まっている．たとえば，塩化カルシウムの結晶中には，カルシウムイオン Ca^{2+} と塩化物イオン Cl^- が1：2の割合で存在する．このことを表す式

$CaCl_2$ を**組成式**（compositional formula）という．

陽イオンと陰イオン間の結合は強いため，イオン結晶は一般に融点・沸点が高い．また，多くのものは水に溶けやすく，水中で構成イオンに分かれ，電気を通す．

(b)　共有結合

原子が結合して独立にふるまう粒子を**分子**（molecule）という[1]．水素原子はK殻に1個電子をもつ．2個の水素原子が近づくと，互いに相手の電子を引き寄せ，それぞれの原子がヘリウムと似た電子配置になり安定化する．これが水素分子 H_2 である（図0.4.2）．このように原子間で価電子が共有されてできる結合を**共有結合**（covalent bond），共有されている電子対を**共有電子対**（shared electron pair）という．図0.4.2の上は軌道を用いた模式図，

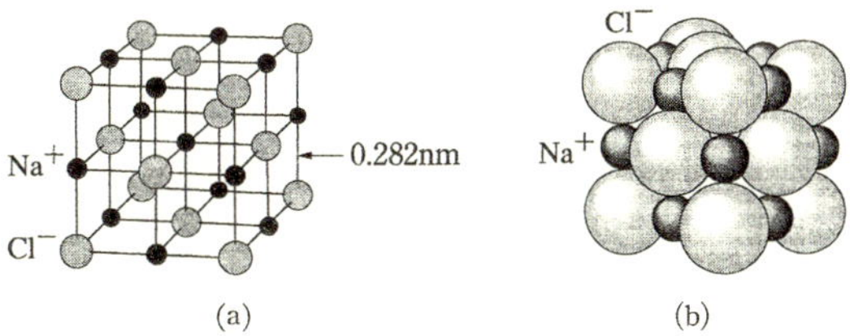

図0.4.1　食塩（塩化ナトリウム）の結晶構造
(a)模型，(b)電子分布．

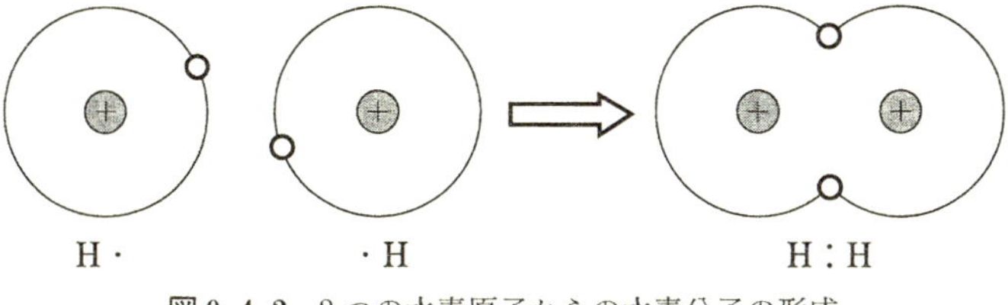

図0.4.2　2つの水素原子からの水素分子の形成
上は軌道を用いた模式図，下は電子式．

1)　希ガスのように独立に行動する原子は分子とみなし，単原子分子という．

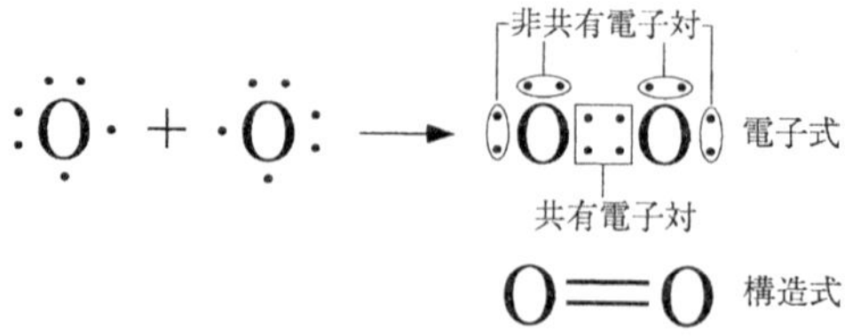

図 0.4.3　2 つの酸素原子からの酸素分子の形成

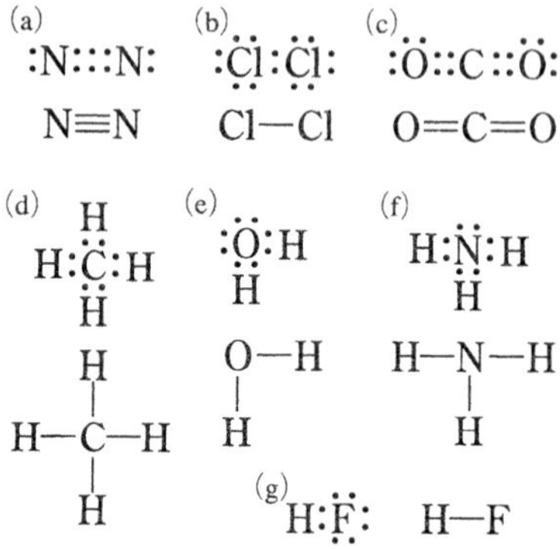

図 0.4.4　電子式と構造式
(a) 窒素，(b) 塩素，(c) 二酸化炭素，(d) メタン，
(e) 水，(f) アンモニア，(g) フッ化水素．

下は電子 1 個を 1 つの点で表した**電子式** (electron formula) である．

2 個の酸素原子から酸素分子 O_2 が形成されるときの電子式を図 0.4.3 に示す．酸素の価電子は L 殻の 6 個である．したがって，2 つの酸素原子が 2 個ずつ電子を出して 2 組の共有電子対をつくれば，各原子は価電子 8 個をもつネオンと似た電子配置となり安定化する．図で，酸素原子の価電子のうち，結合に関与しない 4 個の電子は 2 個ずつ対をつくっている．このような電子対を**非共有電子対**または**孤立電子対** (lone pair) という．1 組の共有電子対を 1 本の線 (価標) で書くと，O_2 の結合は図 0.4.3 のように表される．このような式を**構造式** (structural formula) という．図 0.4.4 にいろいろな分子の電子式と構造式を示す．水素のまわりの電子数が 2 個 (He の電子配置に相当)，他の原子のまわりの電子数が 8 個 (Ne と Ar の電子配置に相当)

であることに注意されたい．なお，各原子がつくる共有電子対の数（価標の数）を**原子価**（valence）という．水素，炭素，窒素，酸素，ハロゲンの原子価はそれぞれ1価，4価，3価，2価，1価である．図0.4.3と図0.4.4で，塩素 Cl_2，酸素 O_2，窒素 N_2 の各結合はそれぞれ1，2および3個の共有電子対（価標）で結ばれている．これらの分子の結合を**単結合**（single bond），**二重結合**（double bond）および**三重結合**（triple bond）という．

炭素，ホウ素，ケイ素などは共有結合で無限につながって結晶を形成する．共有結合は強いので，これらの結晶は融点が高く，硬い．ダイヤモンドは炭素が4本の単結合でつながった巨大分子である（図0.4.5）．

(c)　金属結合

金属原子は電子を放出して陽イオンになりやすい（p. 11）．金属の固体では，陽イオンが規則正しく配列し，そのあいだに多数の電子がある．これらの電子は固体内を自由に動くので，**自由電子**（free electron）とよばれる．固体内の陽イオンは自由電子を仲立ちにして結合している．このような結合を**金属結合**（metallic bond）という．

自由電子があるため，金属は光沢があり，電気や熱をよく伝える．また，自由電子を媒介とする結合であるため，イオン結晶や共有結合結晶と異なり，原子間の結合に方向性がない．外力を加えて変形させたとき，イオン結晶や共有結合結晶が割れるのに対し，金属が割れず，展性（広がる性質）や延性（延びる性質）があるのはこのためである．

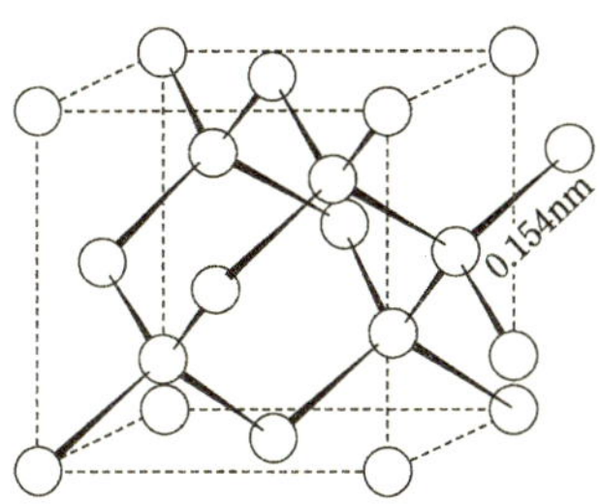

図0.4.5　ダイヤモンドの結晶構造

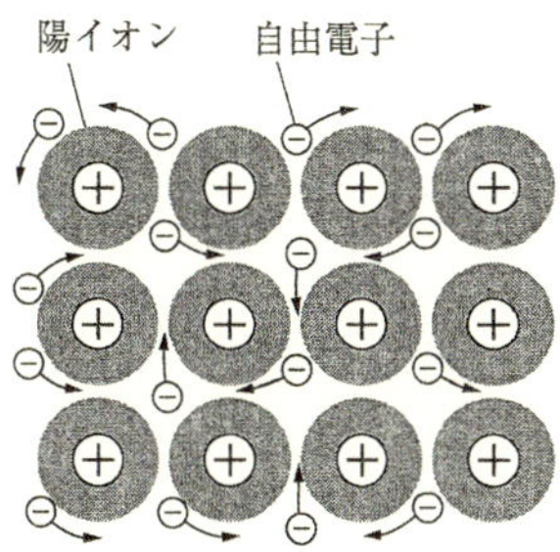

図0.4.6　金属の固体

(d)　分子間力

分子間には弱い引力がはたらく．これを**分子間力** (intermolecular force) という[1]．二酸化炭素[2] やヨウ素などの無機化合物およびほとんどの有機化合物[3] の固体は分子が集まってできた**分子結晶** (molecular crystal) である．分子間にはたらく力が弱いため，分子結晶は融点が低く，軟らかい．また昇華性の物質（固体から液体を経ずに直接気体になる物質）が多い．

［例題 0.4.1］　PH_3，C_2H_2 および SO_4^{2-} の電子式と構造式を描け．
［解］　下図参照．SO_4^{2-} の中央の S は電子 2 個を受け取り，8 個の電子をもっている．

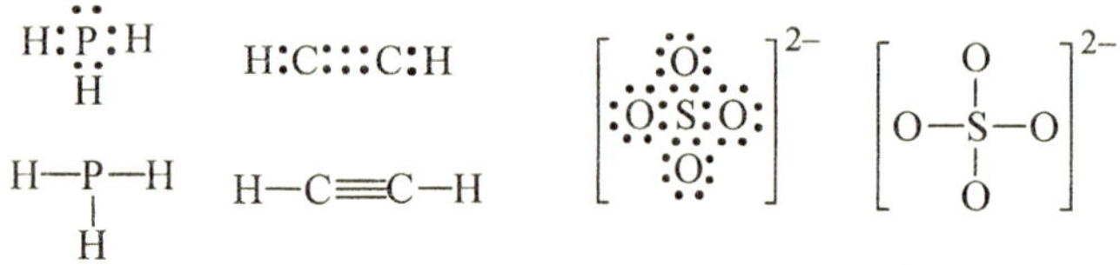

0.5　物質の量

(a)　原子量

原子 1 個の質量はきわめて小さいので，kg 単位で表すのは不便である．そこで，「**質量数 12 の炭素原子 ^{12}C の質量を 12 として，他の原子の質量を相対的に表した数値（相対質量）を原子量 (atomic weight) とする**」ことが国際的に決められて，個々の原子の質量の代わりに原子量が使われている．表 0.5.1 に水素，炭素および塩素の同位体の質量と相対質量（^{12}C を基準にして計算した値）を示す．天然の元素のほとんどはいくつかの同位体が混じったものである．その存在比は時間や場所によらず一定であるから，各原子の平均相対質量を原子量とする．たとえば，天然の炭素は ^{12}C 98.90%，^{13}C 1.10%の混合物である（表 0.2.2）．よって，

1)　ファン・デル・ワールス力 (van der Waals force) ともいう．
2)　二酸化炭素の固体がドライアイスである．
3)　無機化合物と有機化合物の違いについては，p. 37 参照．

表 0.5.1　同位体の質量と相対質量

	質量/10^{-27} kg	原子量（相対質量）
^{1}H	1.6735	1.008
^{2}H	3.3445	2.014
^{3}H	5.0083	3.016
^{12}C	19.9265	12.000
^{13}C	21.5926	13.003
^{14}C	23.2529	14.003
^{35}Cl	58.0671	34.969
^{37}Cl	61.3833	36.966

$$\text{炭素の原子量（平均相対質量）} = 12\times\frac{98.90}{100}+13.003\times\frac{1.10}{100}=12.01$$

となる（^{14}C は微量なので省略）．表紙の見返しに示した原子量はこのような平均相対質量の値である．

p. 3 で述べたように，電子の質量は無視できるので，原子の質量はほぼ陽子と中性子の質量の和に等しい．^{12}C は陽子と中性子を 6 個ずつ計 12 個含み，陽子と中性子の質量はほぼ等しいので，陽子または中性子の相対質量を約 1 とみなすことができる．表 0.5.1 で同位体の質量数が相対質量にほぼ等しいのはこのためである．

[例題 0.5.1]　次の同位体の原子番号，陽子数，電子数，中性子数および概略の相対質量（^{12}C=12 とする）を求めよ．

$$^{14}_{7}\mathrm{N},\ ^{40}_{18}\mathrm{Ar},\ ^{127}_{53}\mathrm{I},\ ^{197}_{79}\mathrm{Au},\ ^{238}_{92}\mathrm{U}$$

[解]　元素名の左下の数字が原子番号で，その値は陽子数および電子数に等しい．また，左上の数字は質量数で概略の相対質量に相当する．中性子数=質量数−陽子数である．よって，次の答となる．

同位体	原子番号	陽子数	電子数	中性子数	相対質量（概略）
$^{14}_{7}$N	7	7	7	7	14
$^{40}_{18}$Ar	18	18	18	22	40
$^{127}_{53}$I	53	53	53	74	127
$^{197}_{79}$Au	79	79	79	118	197
$^{238}_{92}$Ar	92	92	92	146	238

天然の $^{127}_{53}I$ と $^{197}_{79}Au$ の存在比は100%であるから，127と197の値はヨウ素と金の原子量，126.9と197.0にほぼ等しい．

[例題 0.5.2]　表0.5.1の相対質量の値を用いて，塩素の原子量を求めよ．ただし，自然界における ^{35}Cl と ^{37}Cl の存在比を75.77%と24.23%とする．

[解]

$$\text{塩素の原子量（平均相対質量）} = 34.969 \times \frac{75.77}{100} + 36.966 \times \frac{24.23}{100} = \underline{35.45}$$

(b)　分子量

原子量と同じ基準で求めた分子の相対質量を**分子量**（molecular weight）という．分子量は分子を構成する原子の原子量の総和に等しい．たとえば水 H_2O の分子量は次のとおりである．

H_2O の分子量＝（H の原子量）×2＋（O の原子量）＝1.008×2＋16.00＝18.02

(c)　式量

組成式で表される物質では，組成式を構成する原子の原子量の総和を求め，それを**式量**（formula weight）とよぶ．イオンの場合もイオン式に基づいて求めた原子量の総和を式量という．たとえば，食塩（塩化ナトリウム）と硝酸イオンの式量は次のようになる．

NaCl の式量＝Na の原子量＋Cl の原子量＝22.99＋35.45＝58.44

NO_3^- の式量＝N の原子量＋（O の原子量）×3＝14.01＋16.00×3＝62.01

(d)　物質量

^{12}C 原子12 g 中に含まれている原子の個数を**アヴォガドロ数**（Avogadro's number）とよぶ．^{12}C 原子1個の質量は 19.92646×10^{-24} g であるから（表0.5.1）

$$\text{アヴォガドロ数} = \frac{12\,\mathrm{g}}{19.92646 \times 10^{-24}\,\mathrm{g}} = 6.02214 \times 10^{23}$$

となる．

物質の量は質量や体積のほか，その物質に含まれている粒子の個数でも表される．**ある物質の中にアヴォガドロ数個の粒子が含まれているとき，その物質の量を1モル（記号 mol）という**．たとえば，^{12}C 原子1 mol は 6.02214×10^{23} 個の ^{12}C 原子の集団（質量12 g），水1 mol は 6.02214×10^{23} 個の水分子 H_2O の集団である．また，ナトリウムイオン1 mol は 6.02214×10^{23} 個

の Na^+ の，電子 2 mol は 12.04428×10²³ 個の電子の集まりである．

物質 1 mol (当たり) の質量を**モル質量** (molar mass) という．その単位は g/mol である．^{12}C 原子 1 mol の質量は 12 g であるから，^{12}C のモル質量は 12 g/mol となる．すなわち，^{12}C の相対質量 (12) に g/mol をつけたものが ^{12}C のモル質量である．同様に他の物質のモル質量は，その物質の相対質量 (原子量，分子量，式量) に g/mol の単位をつけたものである[1]．たとえば，分子量 18.02 の水，式量 22.99 のナトリウムイオン，式量 58.44 の塩化ナトリウムのモル質量はそれぞれ，18.02 g/mol，22.99 g/mol，58.44 g/mol である．換言すれば，18.02 g の水，22.99 g のナトリウムイオン，58.44 g の塩化ナトリウムの中には，アヴォガドロ数個のそれぞれの粒子がある．

[**例題 0.5.3**]　アンモニア NH_3 8.5 g は何 mol か．また，何個のアンモニア分子を含むか．ただし，原子量を N＝14，H＝1，アヴォガドロ定数を $6.02\times10^{23}\ \mathrm{mol^{-1}}$ とする[2]．

[**解**]　アンモニアの分子量は $NH_3 = 14+1\times3 = 17$ だから，モル質量は 17 g/mol．よって

$$NH_3\text{ のモル数} = \frac{8.5\ \mathrm{g}}{17\ \mathrm{g/mol}} = \underline{0.5\ \mathrm{mol}}$$

$$NH_3\text{ の分子数} = 6.02\times10^{23}\ \mathrm{mol^{-1}}\times0.5\ \mathrm{mol} = \underline{3.01\times10^{23}}$$

(e)　気体の体積

アヴォガドロの法則によると，**同温・同圧・同体積のすべての気体は同数の分子を含む**．したがって，同温・同圧の下では，気体の体積は分子数のみに比例して変化し，物質 1 mol (分子数 6.02214×10²³ 個) が占める体積はすべての気体で同じになる．温度 0°C，圧力 1 atm の状態を**標準状態** (stan-

---

1)　水の分子量 (相対質量) 18.02 の場合を例にとってみよう．相対質量の定義から

$$\frac{^{12}C\text{ の質量}}{H_2O\text{ の質量}} = \frac{12}{18.02} = \frac{12\ \mathrm{g}}{18.02\ \mathrm{g}}\quad\text{よって}\quad\frac{18.02\ \mathrm{g}}{H_2O\text{ の質量}} = \frac{12\ \mathrm{g}}{^{12}C\text{ の質量}}$$

上の右の式の右辺はアヴォガドロ数に等しいから，

$$\frac{18.02\ \mathrm{g}}{H_2O\text{ の質量}} = 6.02214\times10^{23}$$

となる．この式は 18.02 g の水の中にアヴォガドロ数個の水分子があることを意味する．よって 18.02 g は水 1 mol の質量で，水のモル質量は 18.02 g/mol となる．式量についても同様である．

2)　物質 1 mol 当たりに含まれている粒子数 (アヴォガドロ数) に単位をつけて表すとき，アヴォガドロ定数という．アヴォガドロ定数＝$6.02214\times10^{23}\ \mathrm{mol^{-1}}$ である．

dard state）という．標準状態で気体1 molの体積は22.4 dm^3 である[1]．

［例題 0.5.4］　二酸化炭素 CO_2 11 g は標準状態で何 dm^3 の体積を占めるか．ただし，原子量をC＝12，O＝16とする．

［解］　二酸化炭素の分子量は $CO_2 = 12 + 16 \times 2 = 44$．モル質量は44 g/molである．よって

$$11\,\text{g}\ のモル数 = \frac{11\,\text{g}}{44\,\text{g/mol}} = \frac{1}{4}\,\text{mol}$$

標準状態で気体1 molは22.4 dm^3 を占めるから，1/4 molでは，$22.4 \times (1/4) = 5.6$．よって，5.6 dm^3 となる．

0.6　化学反応

化学式を用いて**化学反応**（chemical reaction）を表す式を**化学反応式**という．たとえば，水素と酸素が反応して水が生成する式は

$$2H_2 + O_2 \longrightarrow 2H_2O$$

である．上式では各元素の原子の数が左辺と右辺で等しくなるように化学式の前に係数が付けられている．これは通常の化学反応では，原子は壊れたり，新しくできたりせず，反応の前後で原子の組み替えが起こるだけだからである[2]．係数は簡単な整数比になるようにする．

［例題 0.6.1］　メタン CH_4 と酸素 O_2 が反応して二酸化炭素 CO_2 と水 H_2O を生成する反応（メタンの燃焼反応）の化学方程式を記せ．

［解］　まず係数を付けないで，反応の式を書く．

$$CH_4 + O_2 \longrightarrow CO_2 + H_2O$$

CH_4 の係数を仮に1とすると，CO_2 と H_2O の係数が次のように決まる（O_2 の係数は空欄にしておく）．

$$1CH_4 + (\quad)O_2 \longrightarrow 1CO_2 + 2H_2O$$

右辺の係数から求めたO原子の数から，左辺の O_2 の係数 $n=2$ が得られる．係数の1を省略して次式が得られる．

$$CH_4 + 2O_2 \longrightarrow CO_2 + 2H_2O$$

化学反応式は反応物と生成物の量的関係も示す．水の生成反応

---

1)　L（リットル）の代わりに dm^3 を使うことが推奨されている（付録2参照）．

2)　核反応（原子核が壊れる反応）には膨大なエネルギーが関与する．

$$2H_2 + O_2 \longrightarrow 2H_2O$$

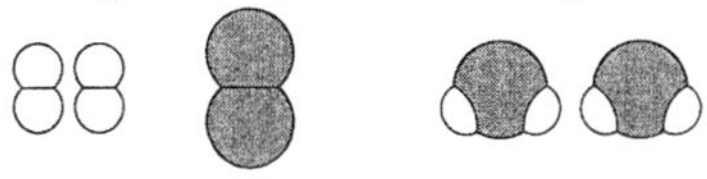

	$2H_2$	O_2	$2H_2O$
分子数	2	1	2
物質量	2 mol	1 mol	2 mol
質　量	4 g	32 g	36 g
体　積（標準状態）	44.8 dm^3	22.4 dm^3	36 cm^3（液体）

図 0.6.1　化学反応式が示す内容（水の生成反応の例）

$$2H_2+O_2 \longrightarrow 2H_2O$$

を例にとると，この反応式は 2 分子の水素と 1 分子の酸素が反応して，2 分子の水ができることを意味している．これはアヴォガドロ数の単位で考えると，2 mol（$6.02\times10^{23}\times2$ 個）の水素と 1 mol（6.02×10^{23} 個）の酸素が反応して 2 mol（$6.02\times10^{23}\times2$ 個）の水ができることに対応する．mol 数と質量および mol 数と気体の体積の関係を考慮すると，水の生成反応の量的関係は図 0.6.1 のようになる．ただし，水は液体としての体積を示した（密度約 1 g/cm^3）．

［例題 0.6.2］　プロパン C_3H_8 11 g を完全燃焼させるには何 mol の酸素が必要か．またそのとき発生する二酸化炭素の標準状態における体積と水の質量を求めよ．ただし，原子量は H＝1，C＝12，O＝16 とする．

［解］　プロパンの分子量は $C_3H_8=12\times3+1\times8=44$ であるから，11 g は 0.25 mol に相当する．完全燃焼の式から

C_3H_8	＋ $5O_2$	⟶	$3CO_2$	＋ $4H_2O$
1 mol	5 mol		3 mol	4 mol
0.25 mol	1.25 mol		0.75 mol	1 mol

の関係が得られる．したがって，必要な酸素は 1.25 mol，発生する二酸化炭素は 0.75 mol → $22.4\ dm^3\times0.75=16.8\ dm^3$（標準状態），水の質量は 1 mol → 18 g となる．

0.7　気体

「一定の温度で，一定量の気体の体積 V は圧力 P に反比例する」

これを**ボイル（Boyle）の法則**という．したがって，定数を a とすると

$$V=\frac{a}{P} \tag{0.7.1}$$

上式から，圧力 P_1 のとき体積 V_1 の気体が，同じ温度で圧力を P_2 にしたとき体積が V_2 になるとすれば，次式が得られる．

$$P_1V_1=P_2V_2 \quad \cdots\cdots \quad \text{温度一定} \tag{0.7.2}$$

「一定圧力で，一定量の気体の体積 V は，温度 t が1°C上がるごとに，0°Cのときの体積 V_0 の1/273ずつ増加する」

これを**シャルル**(Charles)**の法則**という．これを式で書くと，

$$V=V_0+V_0\times\frac{1}{273}t=V_0\frac{273+t}{273} \tag{0.7.3}$$

となる．上式で

$$T=t+273 \tag{0.7.4}$$ [1]

とおくと，

$$V=\frac{V_0}{273}T \tag{0.7.5}$$

が得られる．式(0.7.4)で決められる温度 T を**絶対温度**(absolute temperature)という(理由についてはp. 24脚注参照)．絶対温度(単位K[2])はセルシウス温度(単位°C)の0点を273°ずらしたもので，−273°Cが0Kになる．式(0.7.5)から**一定量の気体の体積は圧力が一定ならば絶対温度に比例する**ことになる．式(0.7.5)から，温度 T_1 のとき体積 V_1 の気体が，同じ圧力で，温度 T_2 のとき体積 V_2 になるとすれば，次式が得られる．

$$\frac{V_1}{T_1}=\frac{V_2}{T_2} \quad \cdots\cdots \quad \text{圧力一定} \tag{0.7.6}$$

いま，圧力 P_1，絶対温度 T_1，体積 V_1 の気体があるとする．この気体の温度を T_1 に保ったまま，圧力を P_2 にすると，式(0.7.2)から体積は $V_1\times(P_1/P_2)$ となる．このあとで，圧力を P_2 に保ったまま，絶対温度を T_2 にすると，式(0.7.6)から気体の体積は $V_1\times(P_1/P_2)\times(T_2/T_1)$ となる．この体積を V_2 で表すと，$(P_1, T_1, V_1)\rightarrow(P_2, T_2, V_2)$ の状態変化に対して

$$V_2=V_1\times\frac{P_1}{P_2}\times\frac{T_2}{T_1} \quad \cdots\cdots \quad \frac{P_1V_1}{T_1}=\frac{P_2V_2}{T_2}=\text{一定} \tag{0.7.7}$$

---

1)　現在では $T=t+273.15$ である．

2)　絶対温度の提唱者ケルビン(Kelvin)の頭文字．

となる．この式はボイルとシャルルの法則を組み合わせて得られたので，**ボイル・シャルルの法則**という．

上式から一定量の気体に対して，PV/T＝一定の関係が得られた．1 mol の気体は 0°C，1 atm で 22.4 dm³ を占めるから (p. 20)，

$$\frac{PV}{T}=\frac{1\ \mathrm{atm}\times 22.4\ \mathrm{dm^3\ mol^{-1}}}{273\ \mathrm{K}}=0.082\ \mathrm{dm^3\ atm\ mol^{-1}\ K^{-1}} \qquad (0.7.8)$$

となる．右辺の一定値を R と書き，**気体定数** (gas constant) という．このとき，上式は

$$PV=RT \qquad (1\ \mathrm{mol}) \qquad (0.7.9)$$

である．P，T 一定のままで，気体の量を n mol にすると，体積は n 倍になる．n mol の気体の体積を改めて V とすれば，1 mol の気体の体積は V/n となる．これを上式に入れると

$$PV=nRT \qquad (0.7.10)$$

である．この式を理想気体[1] の**状態方程式** (equation of state) という．

[例題 0.7.1]　酸素気体 8 g は 0.5 atm，27°C で何 dm³ を占めるか．ただし，酸素の原子量を O＝16，気体定数を $R=0.082\ \mathrm{dm^3\ atm\ mol^{-1}\ K^{-1}}$ とする．

[解]　酸素の分子量は $O_2=32$ であるから，8 g は 0.25 mol である．$n=0.25$ mol，$P=0.5$ atm，$T=(27+273)\ \mathrm{K}=300\ \mathrm{K}$ を気体の状態方程式に代入する．

$$V=\frac{nRT}{P}=\frac{0.25\ \mathrm{mol}\times 0.082\ \mathrm{dm^3\ atm\ mol^{-1}\ K^{-1}}\times 300\ \mathrm{K}}{0.5\ \mathrm{atm}}=\underline{12.3\ \mathrm{dm^3}}$$

気体の状態方程式を気体を構成する分子の運動に基づいて考えてみよう．

(1)　気体分子は容器の中で自由に運動している．気体の圧力は分子が容器の壁に衝突したとき与える力に基づく．容器の体積が 2 倍になると単位時間 (1 秒間) に容器の壁の単位面積に衝突する分子数が 1/2 になるので，圧力 P は体積 V に反比例する．また，気体のモル数 n が 2 倍になると単位時間に壁の単位面積に衝突する分子数が 2 倍になるので，P は n に比例する．

(2)　温度が上昇すると，容器内の分子の自由な運動は激しくなる．温度は分子の無秩序な運動の激しさを表す尺度である[2]．このため，壁が受ける圧力は温度が上がるとともに増す．気体分子運動論によると，圧力 P は絶対温

---

1)　理想気体については後述 (p. 24)．

2)　次頁．

度 T に比例して増加する.

上の(1), (2)を組み合わせると

$$P \propto \frac{nT}{V} \qquad (0.7.11)$$

となり, 比例定数を R とすれば, 理想気体の状態方程式 (0.7.10) が得られる.

状態方程式 (0.7.10) は, 厳密には, 分子間に相互作用がなく, 分子の大きさが無視できるときに成り立つ. 実在気体では分子間に弱い引力 (分子間力, p. 16) がはたらく. このため気体は低温になると液体になる. また, 分子に大きさがあるため, 液体になると急に圧縮が困難になる. 気体の圧力が十分低いときは, 分子間力, 分子の大きさ, ともに無視できるようになるので, 状態方程式 (0.7.10) がよい近似式となる. 式 (0.7.10) があらゆる圧力範囲で成立する気体を**理想気体** (ideal gas) という. なお, 混合気体の式については章末問題 0.8 を参照されたい.

0.8　溶液

塩化ナトリウム (食塩) やスクロース (ショ糖) は水に溶けやすい. 水のように他の物質を溶かす液体を**溶媒** (solvent), 塩化ナトリウムやスクロースのように, 溶媒の中に溶けている物質を**溶質** (solute), 溶媒と溶質の均一な混合物を**溶液** (solution) という.

塩化ナトリウム NaCl が水に溶けやすいのは, 水の中でナトリウムイオン Na^+ と塩化物イオン Cl^- がそれぞれ水分子と静電気力により結びつき, 安定に存在できるためである. その理由は次のとおりである. 水分子 H_2O の H と O は電子を共有して結合しているが (図 0.4.4 (e)), H と O の電子の引きつけやすさ (電気陰性度) に違いがある. 表 0.3.1 によると, H と O の電気陰性度の値は, それぞれ 2.20 と 3.44 であるから, 図 0.8.1 に示すよう

---

2)　$T=0$ で分子運動は止まるので (厳密には, 量子論の不確定性原理に基づく運動は残る), 0 K が最低温度である. このため, T は絶対温度とよばれる. なお, 分子が同じ方向にいっせいに動く場合は温度に寄与しない. たとえば, 物体が高速で動いても静止している場合に比べて温度は上がらない. 温度に寄与するのは分子の無秩序な運動である.

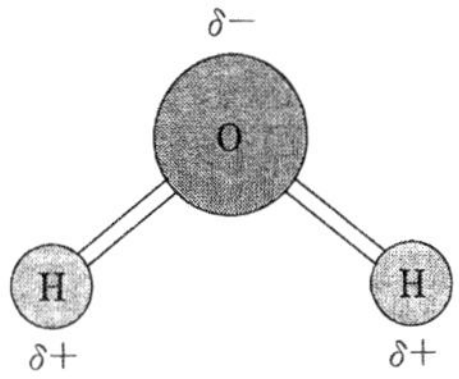

図 0.8.1　水分子の分極

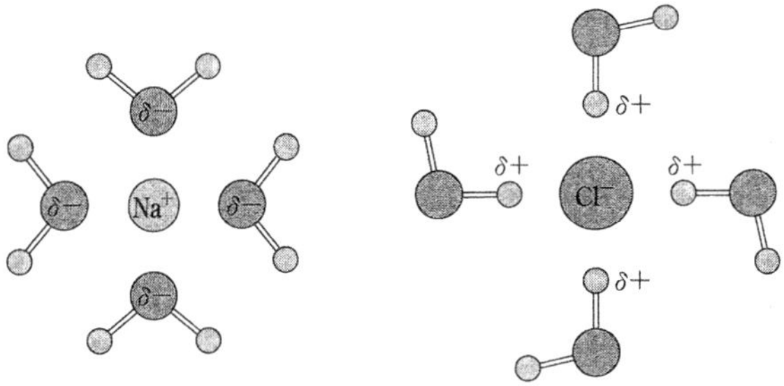

図 0.8.2　Na^+ と Cl^- の水和

に，共有結合の電子は O に引きつけられ O がいくらかの負電荷（δ−で表す）を，H がいくらかの正電荷（δ+で表す）をもつようになる．水の OH のように電荷の偏りのある結合を**極性結合**（polar bond）という．塩化ナトリウムの水溶液中では Na^+ は水の負電荷をもつ O の部分と，Cl^- は正電荷をもつ H の部分と静電気力で結びつき安定な状態になるのである（図 0.8.2）．このように水溶液中で粒子と水分子が結合することを**水和**（hydration）という．

スクロースは多くの−O−H 結合をもつ（6.5.3 項（II 巻 p. 23））．これらの結合は，水の場合と同様に，極性をもつため水と結びつく．スクロースが水に溶けやすいのはこのためである．一方，電気陰性度の差が小さい C や H からなる多くの化合物（有機化合物）は無極性で水と結合しないため，水に溶けにくい．ただし，無極性分子同士は互いによく溶け合う．

塩化ナトリウム水溶液中では，NaCl は Na^+ と Cl^- に分かれている．

$$NaCl \longrightarrow Na^+ + Cl^-$$

水溶液に電極を入れて，電圧をかけると分かれたイオンが電気を運ぶ．このように，物質がイオンに分かれることを**電離**（electrolytic dissociation）という．また，NaCl のように，溶液中で電離して電気を通す物質を**電解質**（electrolyte）という．これに対し，スクロースのように溶液中で電離せず，分子として存在する物質を**非電解質**（nonelectrolyte）という．

溶液中に存在する溶質の割合を**濃度**（concentration）という．濃度には質量パーセント濃度，モル濃度，質量モル濃度がある．

(1)　溶液（溶媒+溶質）中に含まれている溶質の質量をパーセントで表した

ものを**質量パーセント濃度**という．

$$質量パーセント濃度=\frac{溶質の質量}{溶液の質量}\times 100\ (\%)$$

(2)　溶液 1 dm^3 中に含まれている溶質のモル数を**モル濃度**という．

$$モル濃度=\frac{溶質の物質量\ (mol)}{溶液の体積\ (dm^3)}$$

(3)　溶媒 1 kg 中に含まれている溶質のモル数を**質量モル濃度**という．

$$質量モル濃度=\frac{溶質の物質量\ (mol)}{溶媒の質量\ (kg)}$$

[例題 0.8.1]　スクロース（分子量 342）20 g を 250 cm^3 の水に溶かした．この溶液の重量パーセント濃度と質量モル濃度を求めよ．

[解]　水の密度は 1 g/cm^3 であるから，水の質量は 250 g である．よって

$$重量パーセント濃度=\frac{20\ g}{(20+250)\ g}\times 100\%=\underline{7.4\%}$$

である．スクロースは水 250 g 中に 20 g 溶けているから，1 kg 中には 20 g×1000/250＝80 g 溶けていることになる．これは 80/342 mol＝0.23 mol に相当する．よって，質量モル濃度は $\underline{0.23\ mol/kg}$ である．

[例題 0.8.2]　濃度 96.0% の濃硫酸の密度は 1.84 g/cm^3 である．この濃硫酸のモル濃度を求めよ．ただし，原子量は H＝1，O＝16，S＝32 とする．

[解]　この濃硫酸 1 dm^3 の質量は 1.84 g/cm^3×1 dm^3＝1840 g である．硫酸の分子量は H_2SO_4＝98 であるから，濃硫酸 1 dm^3 に溶けている硫酸のモル数は

$$\frac{1840\ g\times 0.96}{98\ g/mol}=18.0\ mol$$

である．よって，モル濃度は $\underline{18.0\ mol/dm^3}$ となる．

0.9　酸と塩基

塩化水素 HCl や硫酸 H_2SO_4 の水溶液は酸味を示し，青色リトマス試験紙を赤変する．このような性質を**酸性**（acid または acidic）といい，酸性を示す物質を**酸**（acid）という．水酸化ナトリウム NaOH や水酸化カルシウム $Ca(OH)_2$ の水溶液は赤色リトマス試験紙を青変し，酸と反応して，酸性を打ち消す．このような性質を**塩基性**（basic）または**アルカリ性**（alkaline）といい，塩基性を示す物質を**塩基**（base）という．

1887年，アレニウス (L. A. Arrhenius) は酸と塩基を次のように定義した．

「酸は水溶液中で電離して水素イオンを生じる物質であり，塩基は水溶液中で電離して水酸化物イオンを生じる物質である」

たとえば，HCl，H_2SO_4，酢酸 (食酢) CH_3COOH は水に溶けて水素イオンを出すので酸である．

$$HCl \longrightarrow H^+ + Cl^-$$

$$H_2SO_4 \longrightarrow 2H^+ + SO_4{}^{2-}$$

$$CH_3COOH \rightleftarrows H^+ + CH_3COO^-$$ [1]

上式の H^+ は，実際には水分子と結合し**オキソニウムイオン** (oxonium ion) H_3O^+ となっている．

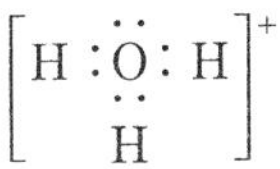

オキソニウムイオン

たとえば，塩酸 (塩化水素の水溶液) では，

$$HCl + H_2O \longrightarrow H_3O^+ + Cl^- \qquad (0.9.1)$$

である．ただし，便宜上 H_3O^+ を H^+ で表すことが多い．

NaOH や $Ca(OH)_2$ は水に溶けると電離し，水酸化物イオンを生じるので塩基である．

$$NaOH \longrightarrow Na^+ + OH^-$$

$$Ca(OH)_2 \longrightarrow Ca^{2+} + 2OH^-$$

アンモニアは水と反応してアンモニウムイオン[2] $NH_4{}^+$ と OH^- を生じるので，やはり塩基である．

$$NH_3 + H_2O \rightleftarrows NH_4{}^+ + OH^- \qquad (0.9.2)$$

表0.9.1に主な酸と塩基を示した．水溶液中でほとんど完全に解離する強酸・強塩基と解離が不十分な弱酸・弱塩基に分けてある．

1923年，ブレーンステッド (J. N. Brønsted) とローリー (T. M. Lowry) は，水溶液以外にも適用できるように，アレニウスの酸と塩基の定義を拡張した．それによると

---

1)　酢酸は弱い酸で，水溶液中で CH_3COOH と CH_3COO^- が共存しており，反応はどちらにも進むので，⇄の記号を用いた．

2)　アンモニウムイオンの構造については，図5.1.3(a) (p. 130) を参照されたい．

表 0.9.1　酸と塩基

強　酸	弱　酸	強　塩　基	弱 塩 基
塩酸 HCl 硝酸 HNO_3 硫酸 H_2SO_4	酢酸 CH_3COOH 亜硫酸 H_2SO_3 硫化水素 H_2S 炭酸 H_2CO_3† リン酸 H_3PO_4††	水酸化ナトリウム NaOH 水酸化カリウム KOH 水酸化カルシウム $Ca(OH)_2$	アンモニア水 NH_3

†　二酸化炭素の水溶液.
††　中程度の強さの酸.

「酸は水素イオンを放出する物質であり，塩基は水素イオンを受け取る物質である」

この定義によると，反応 (0.9.1) において，HCl は H_2O へ H^+ を放出しているので酸であり，H_2O は H^+ を受け取っているので塩基である．反応 (0.9.2) では NH_3 は H_2O から H^+ を受け取っている．したがって，NH_3 は塩基，H_2O は酸とみなすことができる．さらに，(0.9.2) の逆反応では $NH_4{}^+$ は OH^- に H^+ を放出しているので，$NH_4{}^+$ は酸，OH^- は塩基である．水酸化アルミニウム $Al(OH)_3$ は水に溶けないため，OH^- を放出しないが，反応

$$Al(OH)_3 + 3H^+ \longrightarrow Al^{3+} + 3H_2O$$

で H^+ を受け取るので，ブレーンステッドとローリーの定義では塩基とみなすことができる．

塩酸と水酸化ナトリウム水溶液を混合すると，反応

$$HCl + NaOH \longrightarrow NaCl + H_2O$$

が起こる．イオン反応では，

$$H^+ + Cl^- + Na^+ + OH^- \longrightarrow Na^+ + Cl^- + H_2O$$

であって，H^+ と OH^- が反応して水を生じる．このような反応を**中和** (neutralization) という．また，NaCl のように，酸の陰イオンと塩基の陽イオンからできる化合物を**塩** (salt) という．硫酸と水酸化ナトリウムの例では中和反応は

$$H_2SO_4 + 2NaOH \longrightarrow Na_2SO_4 + 2H_2O$$

で，塩は硫酸ナトリウム Na_2SO_4 である．

0.10　水素イオン指数 (pH)

水は次式に従って，わずかに電離している．

$$H_2O \rightleftarrows H^+ + OH^-$$

H^+ と OH^- のモル濃度を $[H^+]$ と $[OH^-]$ で表すと，その値は25℃で次のとおりである．

$$[H^+] = [OH^-] = 1.0 \times 10^{-7}\ \mathrm{mol/dm^3}$$

$[H^+]$ と $[OH^-]$ の積はどんな水溶液 (純水を含む) でも温度一定なら一定で，25℃で

$$[H^+][OH^-] = K_W = 1.0 \times 10^{-14}\ \mathrm{mol^2/dm^6} \qquad (0.10.1)$$

となる[1)]．これを水の**イオン積** (ion product) という．なお，$[H^+]$ を**水素イオン濃度** (hydrogen ion concentration) とよぶ．

酸を水に溶かすと，$[H^+]$ は大きくなるが，K_W が一定であるから，$[OH^-]$ は小さくなる．逆に塩基を水に溶かすと，$[OH^-]$ が大きくなるため，$[H^+]$ が小さくなる．よって，25℃において次の関係が成り立つ．

酸　性　　$[H^+] > 1.0 \times 10^{-7}\ \mathrm{mol/dm^3} > [OH^-]$

中　性　　$[H^+] = 1.0 \times 10^{-7}\ \mathrm{mol/dm^3} = [OH^-]$

塩基性　　$[H^+] < 1.0 \times 10^{-7}\ \mathrm{mol/dm^3} < [OH^-]$

酸性・塩基性の強弱は $[H^+]$ か $[OH^-]$ で表されるが，通常 $[H^+]$ の方が使われる ((0.10.1) から $[H^+]$ か $[OH^-]$ の一方から，他方がわかる)．

水溶液中の水素イオン濃度 $[H^+]$ は非常に広い範囲で変わるので，そのままの値を使うと不便である．そこで，$[H^+]$ の逆数の常用対数が用いられ

---

1)　水溶液 (純水を含む) 中で，H_2O，H^+ および OH^- のあいだに化学平衡

$$H_2O \rightleftarrows H^+ + OH^-$$

が成立しており，

$$\frac{[H^+][OH^-]}{[H_2O]} = K$$

は温度が一定ならば，どんな水溶液 (純水を含む) でも一定である．K を**平衡定数** (equilibrium constant) という．水溶液では溶媒である水のモル濃度 $[H_2O]$ は一定としてよいから，$K[H_2O]$ も一定である．その値を K_W とおくと，上式から

$$[H^+][OH^-] = K[H_2O] = K_W$$

となる．純水の場合，25℃で $[H^+] = [OH^-] = 1.0 \times 10^{-7}\ \mathrm{mol/dm^3}$ であるから，

$$K_W = (1.0 \times 10^{-7}\ \mathrm{mol/dm^3})^2 = 1.0 \times 10^{-14}\ \mathrm{mol^2/dm^6}$$

が得られる．

る[1)]．この値を**水素イオン指数** (hydrogen ion exponent) といい，pH の記号[2)] で表す．

$$\mathrm{pH}=\log\frac{1}{[\mathrm{H^+}]/\,\mathrm{mol\,dm^{-3}}}=-\log\frac{[\mathrm{H^+}]}{\mathrm{mol/dm^3}} \qquad (0.10.2)^{3)}$$

上式によると，25℃ の純水 (中性) では，$[\mathrm{H^+}]=1.0\times10^{-7}\,\mathrm{mol/dm^3}$ であるから

$$\mathrm{pH}=-\log\frac{[\mathrm{H^+}]}{\mathrm{mol/dm^3}}=-\log\frac{1.0\times10^{-7}\,\mathrm{mol/dm^3}}{\mathrm{mol/dm^3}}=-\log 1.0\times10^{-7}$$

$$=-(-7)=7$$

となる．また，$[\mathrm{H^+}]=0.1\,\mathrm{mol/dm^3}$ の酸の水溶液では

$$\mathrm{pH}=-\log\frac{10^{-1}\,\mathrm{mol/dm^3}}{\mathrm{mol/dm^3}}=-(-1)=1$$

$[\mathrm{OH^{-1}}]=0.1\,\mathrm{mol/dm^3}$ の塩基の水溶液では

$$[\mathrm{H^+}]=\frac{1.0\times10^{-14}\,\mathrm{mol^2/dm^6}}{[\mathrm{OH^-}]}=\frac{1.0\times10^{-14}\,\mathrm{mol^2/dm^6}}{0.1\,\mathrm{mol/dm^3}}=10^{-13}\,\mathrm{mol/dm^3}$$

$$\mathrm{pH}=-\log\frac{10^{-13}\,\mathrm{mol/dm^3}}{\mathrm{mol/dm^3}}=-(-13)=13$$

となる．pH＝7 が中性で，pH が 7 より小さいほど酸性が強く，7 より大きいほど塩基性が強い．表 0.10.1 に水溶液中の pH と $[\mathrm{H^+}]$ および $[\mathrm{OH^-}]$ との関係を示した．またいろいろな水溶液の pH を記した．胃液がかなり強い酸性，血液が弱い塩基性であることに注意されたい．

[例題 0.10.1]　0.001 mol/dm³ の硫酸と水酸化ナトリウム水溶液の pH を求めよ．ただし，log 2＝0.3 とする．

[解]　硫酸と塩化ナトリウムは水溶液中で次のように解離する．

$$\mathrm{H_2SO_4} \rightleftarrows 2\mathrm{H^+}+\mathrm{SO_4{}^{2-}}$$

$$\mathrm{NaOH} \rightleftarrows \mathrm{Na^+}+\mathrm{OH^-}$$

どちらも強電解質であるから，完全解離する．よって，H_2SO_4 水溶液の$[\mathrm{H^+}]=0.002\,\mathrm{mol/dm^3}$，NaOH の $[\mathrm{OH^-}]=0.001\,\mathrm{mol/dm^3}$ である．

---

1)　対数に不慣れな読者は付録 3 を参照されたい．

2)　ピーエッチと読む．ドイツ語読みはペーハーである．

3)　国際単位系 (SI) では，物理量＝数値×単位と決められている (付録 2 参照)．この例では $[\mathrm{H^+}]$ が物理量，単位が mol/dm³ である．log の中身は数値でなければならないから，SI では $\log[\mathrm{H^+}]$ と書くことはできない．

表 0.10.1　水溶液の pH (25°C)

	$[H^+]$ /mol dm^3	$[OH^-]$ /mol dm^3	pH	例
酸性	$10^0=1$	10^{-14}	0	
↑	10^{-1}	10^{-13}	1	胃液
	10^{-2}	10^{-12}	2	食酢
	10^{-3}	10^{-11}	3	炭酸飲料
	10^{-4}	10^{-10}	4	
	10^{-5}	10^{-9}	5	
	10^{-6}	10^{-8}	6	牛乳
中性	10^{-7}	10^{-7}	7	血液
	10^{-8}	10^{-6}	8	海水
	10^{-9}	10^{-5}	9	
	10^{-10}	10^{-4}	10	石けん水
	10^{-11}	10^{-3}	11	
	10^{-12}	10^{-2}	12	石灰水
↓	10^{-13}	10^{-1}	13	
塩基性	10^{-14}	$10^0=1$	14	

H_2SO_4 では

$$\mathrm{pH}=-\log\frac{[\mathrm{H}^+]}{\mathrm{mol/dm^3}}=-\log\frac{0.002\ \mathrm{mol/dm^3}}{\mathrm{mol/dm^3}}$$

$$=-\log 2.0\times10^{-3}=-(\log 2-3)=-(0.30-3)=\underline{2.7}$$

NaOH では

$$\mathrm{pH}=-\log\frac{10^{-14}\ \mathrm{mol/dm^3}}{[\mathrm{OH}^-]}=-\log\frac{10^{-14}}{10^{-3}}=-\log 10^{-11}=\underline{11}$$

[例題 0.10.2]　食酢は酢酸 (分子量 60) の約 5% 水溶液である．この水溶液において，酢酸の解離度が 0.0042 として，食酢の pH を求めよ．ただし，食酢の密度を 1.0 g/cm^3，$\log 3.5=0.54$ とする．

[解]　1 dm^3＝1000 cm^3 であるから，食酢 1 dm^3 の質量は 1.0×10^3 g である．この中に含まれる酢酸のモル数は $(1.0\times10^3\times0.05\ \mathrm{g})/(60\ \mathrm{g/mol})=0.83$ mol．解離度が 0.0042 であるから，

$$[\mathrm{H}^+]=0.83\times0.0042\ \mathrm{mol/dm^3}=0.0035\ \mathrm{mol/dm^3}$$

$$\mathrm{pH}=-\log 3.5\times10^{-3}=-(0.54-3)=\underline{2.46}$$

血液の pH の調節

ヒトの血漿など，細胞外液の pH は 7.4±0.05 の範囲に調節されている（細胞内液の pH は 6〜7 程度である）．これは pH が変わると，体液中で起こる化学反応のバランスが崩れて，身体に障害が起こるからである．血漿の pH が 7.0 に下がると，昏睡状態になるし，7.8 に上がると，骨格筋の制御できない収縮が起こる．重い**アシドーシス**（acidosis，体液が酸性側にずれた状態）や**アルカローシス**（alkalosis，体液がアルカリ側にずれた状態）は致命的である．

図 0.10.1 に示すように，体液の pH の恒常性は主に炭酸 H_2CO_3 と炭酸の塩である炭酸水素ナトリウム $NaHCO_3$ の存在，および肺から体外への二酸化炭素 CO_2 の放出によって，保たれている．H_2CO_3 は弱酸であるから，わずかに H^+ と HCO_3^- に解離している．一方，$NaHCO_3$ はほぼ Na^+ と HCO_3^- に解離している．pH の調節は次のようにして行われる．

(1)　体液が塩基性になって，OH^- の濃度が増すと，反応③が H_2O 生成の方に動き H^+ が消費される．このとき，反応①が左に進み，H^+ が補給される．これが可能なのは炭酸が弱酸であるため，H_2CO_3 が多く残っているからである．

(2)　逆に体液が酸性になって，H^+ 濃度が増すと，反応①が右に動き，H^+ 濃度の増加を打ち消す．これが可能なのは $NaHCO_3$ から生じた HCO_3^- が大量にあるためである．

このように，弱酸と弱酸の塩の混合水溶液は pH の変化を打ち消す作用をする（弱塩基と弱塩基の塩の混合水溶液も同様）．このような溶液を**緩衝溶液**（buffer solution）という．

食物の代謝（酸化）によって，生じた二酸化炭素 CO_2 は肺に運ばれて体外に排出されている．体液の OH^- の急な増加によって，H_2CO_3 が不足したときは，呼吸をゆっくりすることによって，CO_2 の濃度（分圧）を増し，反応②を左に進めて，H_2CO_3 の不足を補うことができる．逆に体液の H^+ が急に増加して，H_2CO_3 が過剰になったときは，呼吸をひんぱんにすれば，CO_2 の形で排出できる．

アシドーシスとアルカローシスは呼吸性のものと代謝性のものがある．呼吸性のアシドーシスは呼吸器疾患などで肺のガス交換速度が低下したときに起こる．CO_2 が十分に排出できないので，反応①と②が左に進み，H^+ 濃度が増加するのである．呼

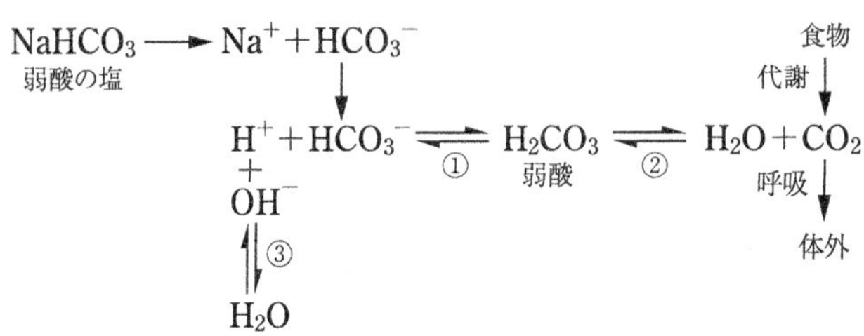

図 0.10.1　炭酸の平衡

吸性アルカローシスは発熱，酸素不足（高山など），ヒステリー症状などで過呼吸になったとき起こる．このときは CO_2 が不足するため，反応①と②が右に進み，H^+ 濃度が低下する．

体液の pH 調節は上で述べた炭酸によるものが主であるが，その他にリン酸やタンパク質も緩衝作用を示す．また，腎臓の尿細管でもイオンの選択的な排出や再吸収が行われ，pH の調節に寄与している．

0.11　酸化と還元

銅の粉末を空気中で加熱すると次の反応が起こり，黒色の酸化銅（II）CuO ができる．

$$2Cu + O_2 \longrightarrow 2CuO \qquad (0.11.1)$$

このように，**物質が酸素と化合したとき，その物質は酸化された**（oxidized）という．一方，酸化銅の粉末を乾いた水素ガスを送りながら加熱すると，反応

$$CuO + H_2 \longrightarrow Cu + H_2O \qquad (0.11.2)$$

により，銅に戻る．このように**物質が酸素を失ったとき，その物質は還元された**（reduced）という．

また，過酸化水素 H_2O_2 の水溶液に硫化水素 H_2S の気体を通じると，硫黄が析出し，水溶液は白濁する．

$$H_2S + H_2O_2 \longrightarrow S + 2H_2O \qquad (0.11.3)$$

この反応では，H_2S は酸化物 H_2O になったので，酸化されたことになるが，一方では H_2S が水素を失って S になったと考えることもできる．また，H_2O_2 は O を失って H_2O になったので，還元されたことになるが，H を 2 個受け取って，$2H_2O$ になったと考えてもよい．そこで，**物質が水素を失ったとき，その物質は酸化された，逆に物質が水素を得たとき，その物質は還元された，**ということもできる．

反応（0.11.1）で CuO は Cu^{2+} と O^{2-} からなる固体である．そこでこの式は酸化された Cu が電子 e^- 2 個を失って，Cu^{2+} になり，O_2 の O がその電子を受け取って O^{2-} になる反応と考えることもできる．反応全体では

$$\begin{array}{ll} 2Cu \longrightarrow 2Cu^{2+} + 4e^- & \text{Cuは電子を失う（酸化された）} \\ O_2 + 4e^- \longrightarrow 2O^{2-} & O_2\text{は電子を得る（還元された）} \\ \hline 2Cu + O_2 \longrightarrow 2CuO & \end{array}$$

反応（0.11.2）では還元された CuO の Cu^{2+} は電子を得て，Cu になり，H_2 は電子を失って（Cu^{2+} に電子を与えて）H_2O の $2H^+$ になっている．そこで，**物質が電子を失ったときその物質は酸化されたことになり，逆に物質が電子を得たときその物質は還元されたことになる．**

反応（0.11.3）では S^{2-} から H_2O_2 に電子が渡される．

$$\begin{array}{ll} S^{2-} \longrightarrow S + 2e^- & S^{2-}\text{は電子を失う（酸化された）} \\ 2H^+ + H_2O_2 + 2e^- \longrightarrow 2H_2O & H_2O_2\text{は電子を得る（還元された）} \\ \hline H_2S + H_2O_2 \longrightarrow S + 2H_2O & \end{array}$$

上の例でもわかるように，ある物質が電子を失ったら，必ず他の物質がその電子を得ているので，酸化と還元は同時に起こる．このような電子の授受を

表 0.11.1　酸化剤と還元剤

	物　質	水溶液中での反応の例
酸化剤	塩素　Cl_2	$Cl_2 + 2e^- \longrightarrow 2Cl^-$
	酸素　O_2	$O_2 + 4H^+ + 4e^- \longrightarrow 2H_2O$
	オゾン　O_3	$O_3 + 2H^+ + 2e^- \longrightarrow O_2 + H_2O$
	過酸化水素†　H_2O_2	$H_2O_2 + 2H^+ + 2e^- \longrightarrow 2H_2O$
	二酸化硫黄†　SO_2	$SO_2 + 4H^+ + 4e^- \longrightarrow S + 2H_2O$
	希硝酸　HNO_3	$HNO_3 + 3H^+ + 3e^- \longrightarrow NO + 2H_2O$
	濃硝酸　HNO_3	$HNO_3 + H^+ + e^- \longrightarrow NO_2 + H_2O$
	熱濃硫酸　H_2SO_4	$H_2SO_4 + 2H^+ + 2e^- \longrightarrow SO_2 + 2H_2O$
	過マンガン酸カリウム（酸性）　$KMnO_4$	$MnO_4^- + 8H^+ + 5e^- \longrightarrow Mn^{2+} + 4H_2O$
	二クロム酸カリウム（酸性）　$K_2Cr_2O_7$	$Cr_2O_7^{2-} + 14H^+ + 6e^- \longrightarrow 2Cr^{3+} + 7H_2O$
還元剤	水素　H_2	$H_2 \longrightarrow 2H^+ + 2e^-$
	過酸化水素†　H_2O_2	$H_2O_2 \longrightarrow O_2 + 2H^+ + 2e^-$
	二酸化硫黄†　SO_2	$SO_2 + 2H_2O \longrightarrow SO_4^{2-} + 4H^+ + 2e^-$
	ヨウ化カリウム　KI	$2I^- \longrightarrow I_2 + 2e^-$
	硫化水素　H_2S	$H_2S \longrightarrow S + 2H^+ + 2e^-$
	シュウ酸　$(COOH)_2$	$(COOH)_2 \longrightarrow 2CO_2 + 2H^+ + 2e^-$
	金属，Na，Mg，Al，Zn など	$Na \longrightarrow Na^+ + e^-$ など
	硫酸鉄（II）　$FeSO_4$	$Fe^{2+} \longrightarrow Fe^{3+} + e^-$
	塩化スズ（II）　$SnCl_2$	$Sn^{2+} \longrightarrow Sn^{4+} + 2e^-$

† 相手の酸化力の強弱によって，還元剤としても酸化剤としてもはたらく．

伴う反応を**酸化還元反応**(oxidation-reduction reaction) という.

電子を受け取って相手を酸化する物質を**酸化剤**(oxidant または oxidizing agent), 電子を与えて相手を還元する物質を**還元剤**(reductant または reducing agent) という. 表 0.11.1 に水溶液中ではたらく酸化剤と還元剤の例を示した. 酸化剤と還元剤を組み合わせた酸化還元反応の例については章末問題 0.11 の解答を参照されたい.

章末問題

0.1 $^{24}_{12}Mg$ は 2 族の, $^{32}_{16}S$ は 16 族の原子である. 以下の問に答えよ.

(a) これらの原子の原子番号, 陽子数, 電子数, 質量数および中性子数を示せ.

(b) これらの原子はどのようなイオンになるか. 答には理由も記すこと.

0.2 次の化合物の添字(下つき数字) m と n とを求めよ.

Na_mS, As_mO_n, K_mSO_4, $Ca(NO_3)_n$, $Ba_m(PO_4)_n$

0.3 C_2H_4 および CH_3Br の電子式と構造式を描け.

0.4 天然のホウ素には ^{10}B と ^{11}B が含まれており, 原子量は 10.8 である. それぞれの相対質量を推定した後, 同位体の存在比 (%) を求めよ.

0.5 水酸化アルミニウム $Al(OH)_3$ 101.4 g の物質量を求めよ. また, この中に何個の水素原子があるか. ただし, 原子量を H=1, O=16, Al=27, アヴォガドロ定数を $6\times10^{23}\ mol^{-1}$ とする.

0.6 次の反応の係数, k, l, n, m を求めよ.

$kH_2SO_4+lNaOH=mNa_2SO_4+nH_2O$　　$kH_2S+lO_2=mS+nH_2O$

$kC_{12}H_{22}O_{11}+lO_2=mCO_2+nH_2O$　　$kH_3PO_4=lH^++mPO_4^{3-}$

0.7 水酸化ナトリウム NaOH は反応: $2NaOH+CO_2=Na_2CO_3+H_2O$ により二酸化炭素 CO_2 を吸収する. 次の問に答えよ. ただし H=1, C=12, O=16, Na=23 とする.

(a) NaOH 1 mol は何 mol の CO_2 と反応するか. この CO_2 の体積は 0°C, 1 atm で何 dm^3 か. また, 27°C, 2 atm では何 dm^3 か.

(b) 100 g の NaOH が反応すると, Na_2CO_3 が何 g 生成するか.

(c) 上の反応で 72 cm^3 の液体の H_2O が生じた. 反応した NaOH は何 g か. また, 反応した NaOH の分子数はいくらか. ただし, アヴォガドロ定数を $6\times10^{23}\ mol^{-1}$ とする.

0.8 互いに反応しない気体 A (n_A mol) と気体 B (n_B mol) の混合物がある. この混合気体の圧力 (全圧) を P, 絶対温度を T, 体積を V とする. また気体 A と B がそれぞれ単独で混合気体の全体積 V を占めるときの圧力を P_A, P_B とし,それらを**分圧** (partial pressure) という．

(a) 全圧は分圧の和に等しいこと，すなわち，$P=P_A+P_B$ が成り立つことを示せ．これをドルトン (Dalton) の**分圧の法則**という．

(b) (a)の結果を用いて，27°C，1 atm の酸素 2 dm^3 と 27°C，2 atm の窒素 4 dm^3 を 5 dm^3 の容器の中に入れ，温度を 27°C に保ったときの，酸素と窒素の分圧と全圧を求めよ．

0.9　1 dm^3 の水に HCl 36.5 g を溶かした．この溶液の重量パーセント濃度を求めよ．また，HCl 3.65 g を水に溶かして溶液の体積を 0.1 dm^3 にした．この溶液のモル濃度および pH を求めよ．ただし，H＝1，Cl＝35.5 とする．

0.10　NaOH 0.8 g を水に溶かして溶液の体積を 0.5 dm^3 にした．この溶液のモル濃度および pH を求めよ．ただし，Na＝23，H＝1，O＝16，log 2＝0.301 とする．

0.11　表 0.11.1 の反応式を用いて，硫酸酸性水溶液中での過マンガン酸カリウムと過酸化水素との反応式をつくれ．

1 有機化合物

1.1 有機化学

生命現象に関係する物質は昔から**有機物**（organic substance）[1)]とよばれ，空気，水，鉱物などの**無機物**（inorganic substance）と区別されてきた．1828年ドイツのウェーラー（F. Wöhler）は無機物であるシアン酸アンモニウムを加熱すると人間の尿中に含まれている尿素に変わることを発見し，天然有機化合物が人工的に合成できることを示した．

$$\underset{\text{シアン酸アンモニウム}}{NH_4OCN} \longrightarrow \underset{\text{尿素}}{(NH_2)_2CO}$$

現在では，生体関連物質に限らず，炭素を含む化合物を**有機化合物**（organic compound）または有機物，それ以外の化合物を**無機化合物**（inorganic compound）または無機物という．ただし，簡単な炭素化合物（CO, CO_2 等の酸化物，KCN 等のシアン化物，$CaCO_3$ 等の炭酸塩など）は無機化合物に含める．また有機化合物を対象とする化学を**有機化学**（organic chemistry），無機化合物を対象とする化学を**無機化学**（inorganic chemistry）という．

1.2 有機化合物の特徴

無機化合物と比べて，有機化合物の特徴は次のとおりである．

1) 有機物（organic substance）という言葉は動植物がもつ organ（器官または組織）に由来している．

(1)　構成元素の種類は少ないが，化合物の数はきわめて多い．

主な構成元素は炭素，水素，酸素，窒素で，その他に硫黄，リン，ハロゲンなどを含むこともある．このように少ない種類の元素で多くの化合物ができる理由は，炭素原子が共有結合で次々と結合し，多数の異なった構造の鎖状や環状の化合物を作るためである．現在までに見出されている有機化合物の数は3000万程度といわれる．これに対し無機化合物の数は数十万である．

(2)　融点や沸点が低い．

イオン結合や金属結合で強く結びついたイオンや原子からなる無機物に比べて，一般の有機物の構成単位は分子であるから，固体や液体中で分子相互にはたらく力が弱いため，融けやすく，蒸発しやすい．

(3)　一般に有機溶媒には溶けるが，水には溶けにくい．

アルコールやエーテルなどの有機物の溶媒には溶けるが（似たもの同士は混じり合う），水には溶けにくい．また，水に溶けてもイオンになるものは少ない．

(4)　反応は複雑で，反応条件により生成物が異なる．

一般に分子同士の反応であるから，無機物で起こるイオン反応などに比べて，反応速度が遅く，また反応過程も複雑になる．

1.3　炭素の共有結合

この節では，有機化合物中の結合でもっとも重要な炭素の共有結合について述べる[1]．炭素は14族の原子であるから，原子核のまわりの最外電子殻に4個の電子がある（図1.3.1(a)）．この4個の電子が1つずつ**共有結合**（covalent bond）に参加するので，炭素の**原子価**（valence，結合手の数）は4価である．炭素原子が1族の水素（電子1個，1価，図1.3.1(b)）4個と電子を共有すると，メタンCH_4の電子式（ルイス（Lewis）の構造式）が得られる（図1.3.1(c)）．このような電子の共有によって炭素の最外殻に8個の電子が存在するようになり，その電子配置は18族のNeと同様になるため，Cが安定になる．また，Hは電子の共有により原子核のまわりに2個の電

1)　共有結合の詳細については，0.4節(b)(p.13)を参照されたい．

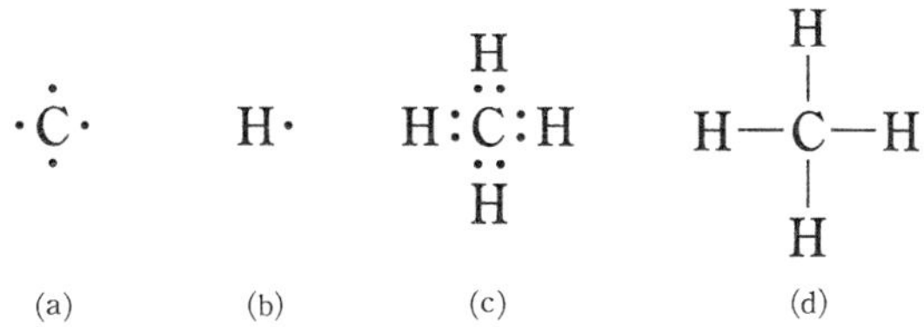

図 1.3.1 メタンの結合

(a) 炭素原子，(b) 水素原子，(c) メタン（電子式），(d) メタン（構造式）.

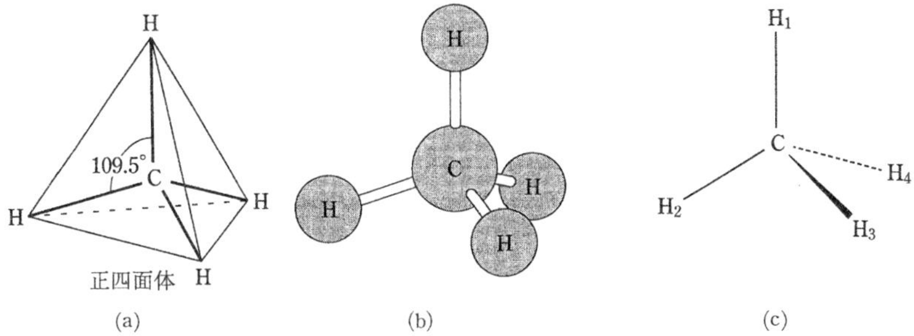

図 1.3.2 メタン分子の形

子をもつ He と同様な電子配置となり，安定化する．この式において，1 対の電子に対し結合線（価標）1 本が引かれるので，図 1.3.1(d)が得られる．これがもっとも簡単な有機化合物メタンの**構造式**（structural formula）である．メタン分子の実際の形は図 1.3.2 のように表される．炭素原子は正四面体の中心にあり，4 つの頂点の位置に水素原子がある．したがって，C—H 結合の距離はすべて等しい．また，C—H 結合の成す角はすべて等しく 109.5° である．メタンの立体的な形を表すのに，図 1.3.2(c)のような描き方がある．図で C，H_1，H_2 は紙面上にある．H_3 は紙面から前方につきだしていることを表すため，結合線の先端が太くなっている．H_4 は紙面の後方にあることを表すため点線で描いてある．炭素が 4 本の手（原子価）を 1 本ずつ使って 2 つつながるとエタン C_2H_6 ができる（図 1.3.3）．エタン分子の実際の形を図 1.3.4 に示す．結合角 ∠HCC および ∠HCH はすべてほぼ四面体角（109.5°）である．室温では，2 つの CH_3 基は両者を結ぶ 1 本の結合軸（**単結合**（single bond）の軸）のまわりで自由に回転できる．

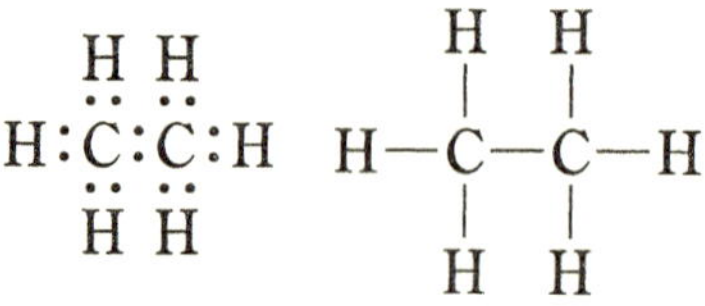

(a)　(b)

図1.3.3　エタン

(a)電子式，(b)構造式．

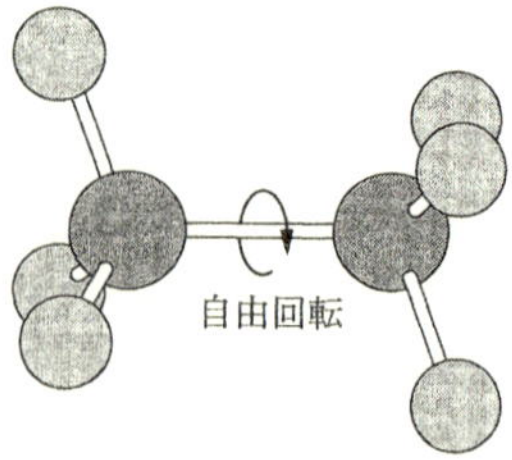

図1.3.4　エタン分子の形

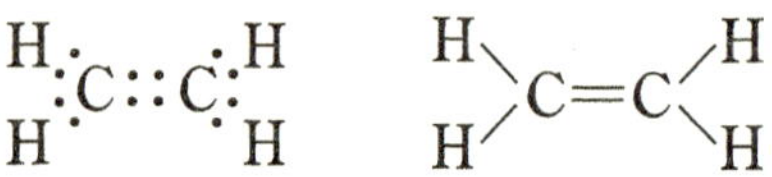

(a)　(b)

図1.3.5　エチレン

(a)電子式，(b)構造式．

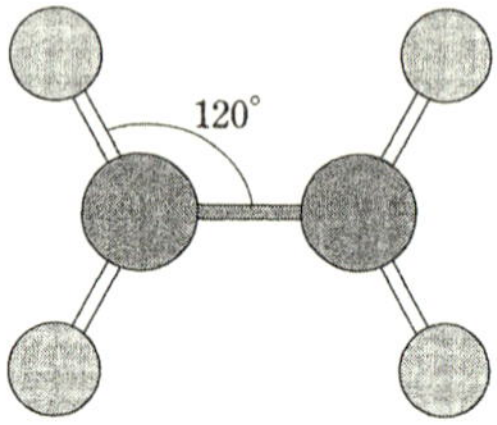

図1.3.6　エチレン分子の形

次に2つの炭素原子が2本の手を使ってつながるエチレン C_2H_4 の場合は図1.3.5のような電子図と構造式となる．この場合炭素原子間に2対の電子があるので，**二重結合**（double bond）となる．この場合もC原子のまわりに8個，H原子のまわりに2個の電子があり，分子は安定化する．後に述べるように，図の2本の結合のうち1本は弱く，結合が開いて他の原子と反応することがある．分子の形は図1.3.6に示すとおりである．各原子は紙面上にあり，結合角 ∠HCC および ∠HCH はすべてほぼ120°である．なお，2つの CH_2 基は両者を結ぶ軸（2重結合の軸）のまわりで互いに回転できない．すなわち分子は平面を保つ．

最後に炭素が3本の手でつながるアセチレン C_2H_2 の電子図と構造式を図1.3.7に示す．電子がCのまわりに8個，Hのまわりに2個あるのはメタンやエチレンの場合と同じである．炭素原子間には3対の電子があり，**三重結合**（triple bond）である．3本の結合のうち2本は弱く，結合が開いて他の原子と反応することがある．図1.3.8にアセチレン分子の形を示す．4つの原子は一直線上にある．

図1.3.9にメタン，エチレンおよびアセチレンの空間充塡模型を示す．分

H:C:::C:H　　H—C≡C—H

(a)　　　　(b)

図 1.3.7　アセチレン

(a) 電子式，(b) 構造式．

図 1.3.8　アセチレン分子の形

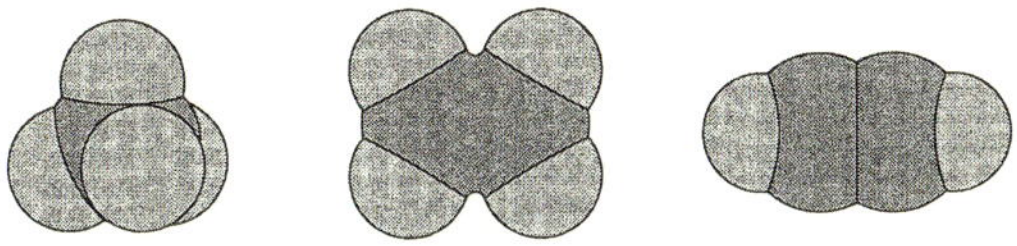

(a)　　(b)　　(c)

図 1.3.9　空間充填模型

(a) メタン，(b) エチレン，(c) アセチレン．

子中の各原子の原子核のまわりには電子があるが，その分布まで含めて分子の形を表したのがこの模型である．固体では，分子はこの形で充填されていると考えてよい．

1.4　電子の軌道

前節では，3 つの簡単な炭化水素 (炭素と水素とからなる有機化合物)，メタン，エチレンおよびアセチレンの分子の形を述べた．本節と次節でこれらの分子の形がどのように説明されるか述べる．

原子番号 6 番の炭素原子 $_6C$ は原子核に陽子 6 個があるが，核のまわりに 6 個の電子が存在し，電気的に中性となっている．この 6 個の電子は 1 番内側の K 殻に 2 個，その外側の L 殻に 4 個入っている．ところで，電子は太陽のまわりの地球のように，原子核のまわりで一定の軌道 (orbit) を回っているのではない．核のまわりで一定の割合で存在しているのである．より正確には，原子核の周囲で電子がどこにあるか探すと，場所によって異なる一定の確率（確からしさ）で見出される．この殻のまわりで電子が見出される確率の分布を**電子分布**（electron distribution）という．K殻の電子分布は図1.4.1左上（1s）のように核を中心とした球状である．このような球状の電子分布を**s軌道**（s orbital）[1]という．L殻にはs型の球状の軌道の他に**p軌道**（p orbital）がある．これらの軌道を区別するため，K殻のs軌道を1s軌道，L殻のs軌道とp軌道を2sおよび2p軌道という．図1.4.1にこれらの軌道の電子分布を示す．2s軌道は1s軌道と同じく球形であるが，より広い分布をもつ．2p軌道は3種類あり，図のように空間のx，y，z軸方向に団子を2つ重ねたような形に広がっている．それぞれを$2p_x$，$2p_y$および$2p_z$軌道という．K，L殻より外側のM，N殻にはそれぞれ3s，3p，3dおよび

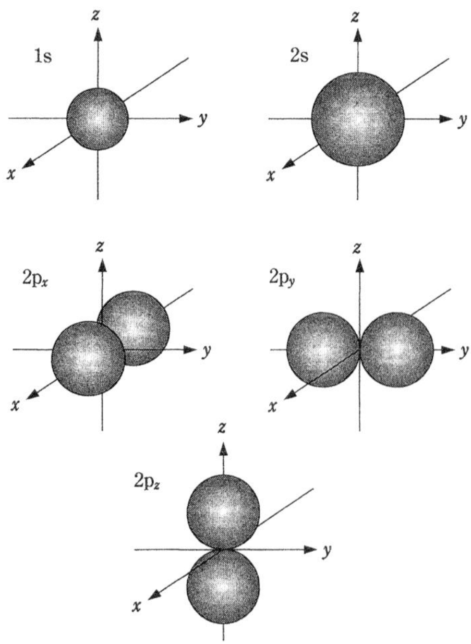

図1.4.1　1s，2s，$2p_x$，$2p_y$および$2p_z$軌道の電子分布

1)　英語では，太陽のまわりを回る地球のような，位置と速度のはっきりとした道筋をorbitという．これに対し，原子核のまわりの電子の確率分布をorbitalという．日本語では，orbitとorbitalに同じ訳語「軌道」を使っているが，両者は別のものである．

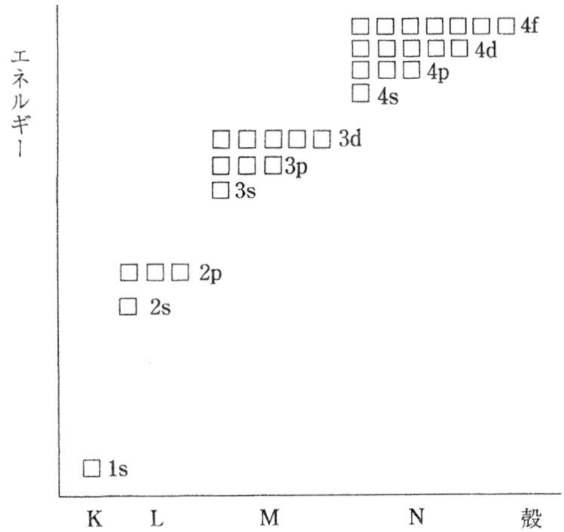

図 1.4.2　電子軌道のエネルギー

p 軌道は p_x，p_y，p_z の 3 種類があるので，3 個の□で示してある．同様に d 軌道は 5 種類，f 軌道は 7 種類あるので，それぞれ 5 個および 7 個の□で示してある．

4s，4p，4d，4f の軌道がある．d 軌道（5 種類ある）および f 軌道（7 種類ある）の電子分布については省略する．

以上述べたいろいろの軌道のエネルギーを図 1.4.2 に示す．ところで，原子核のまわりの電子はエネルギーの低い順に各軌道を 2 個ずつ占める（**パウリ (Pauli) の原理**）[1]，また同じエネルギーの軌道にはなるべく分かれてはいる（**フント (Hund) の規則**）[2]．原子番号 1 番の水素から 10 番の Ne までの各軌道への電子の入り方（**電子配置** electron cofiguration）を図 1.4.3 に示す．

図 1.4.3 を用いて水分子の結合を考えてみよう．酸素の電子配置は図によると O：$(1s)^2(2s)^2(2p_z)^2 2p_x 2p_y$ である[3]．電子が対になって結合が形成されると考えると，電子対となっていない O の $2p_x$ と $2p_y$ 軌道が H との結合

1)　電子間の相互作用のため，電子が入る順序が必ずしもエネルギーの順にならないことがある．図 1.4.2 では電子は 1s，2s，2p，3s，3p，4s，3d，4p，… の順に入る．

2)　たとえば，N では電子は 3 つの 2p 軌道に 1 つずつ入る（図 1.4.3 参照）．

3)　空間の方向を記述するため，x, y, z 軸は適当にとったものであるから，電子配置として $(2p_x)^2 2p_y 2p_z$ の代わりにこのように書いてもよい．

周期	原子番号	原子	1s	2s	2p	電子配置
1	1	H	•			1s
	2	He	••			$(1s)^2$
2	3	Li	••	•		$(1s)^2 2s$
	4	Be	••	••		$(1s)^2(2s)^2$
	5	B	••	••	• | |	$(1s)^2(2s)^2 2p$
	6	C	••	••	• | • |	$(1s)^2(2s)^2(2p)^2$
	7	N	••	••	• | • | •	$(1s)^2(2s)^2(2p)^3$
	8	O	••	••	•• | • | •	$(1s)^2(2s)^2(2p)^4$
	9	F	••	••	•• | •• | •	$(1s)^2(2s)^2(2p)^5$
	10	Ne	••	••	•• | •• | ••	$(1s)^2(2s)^2(2p)^6$

図 1.4.3　周期表の第1および第2周期の原子の電子配置

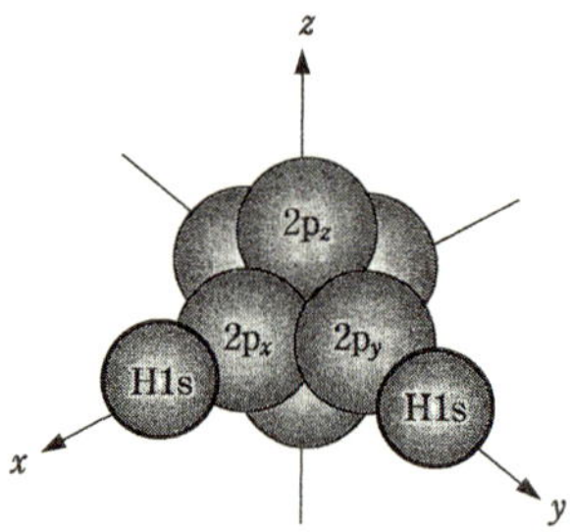

図 1.4.4　水の結合

に参加することになる．これらの軌道が2個のHの1s軌道と電子対を作ると考えると，水分子の電子配置として，H_2O：$(1s)^2(2s)^2(2p_z)^2(2p_xH1s)(2p_yH1s)$が得られる．これは図1.4.4のように表される．この図から水分子の結合角∠HOHは90°と予想される．この値は実測値104.5°に近い(図1.4.5(a))．予想値と実測値に差があるのは電子間の相互作用のためである．同様にアンモニアNH_3ではN：$(1s)^2(2s)^2(2p_z)^2 2p_x 2p_y 2p_z$の不対電子の軌道$2p_x$，$2p_y$および$2p_z$が結合に関与すると考えると，その電子配置は$NH_3$：$(1s)^2(2s)^2(2p_xH1s)(2p_yH1s)(2p_zH1s)$となり，結合角∠HNHは90°と予想される．この値も実測値106.7°に近い(図1.4.5(b))．またフッ化水素の場合は電子配置をHF：$(1s)^2(2s)^2(2p_x)^2(2p_y)^2(2p_zH1s)$と考える

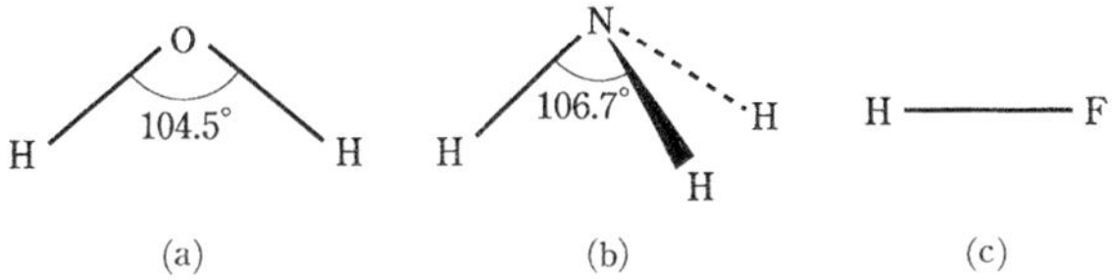

図 1.4.5 分子の形
(a) 水，(b) アンモニア，(c) フッ化水素.

と直線上になる (図 1.4.5 (c)).

図 1.4.3 によると，炭素では不対電子は 2p 軌道に 2 個しかないので，その原子価は 2 価のはずである．ところが，前節で述べたように炭素原子は 4 本の手で他の原子と結合する．炭素の原子価が 4 価になるためには，2s 電子の 1 個が 2p 準位に上がればよい．これを**昇位** (promotion) という．すなわち，

$$\mathrm{C:(1s)^2(2s)^2 2p_x 2p_y \longrightarrow C:(1s)^2 2s 2p_x 2p_y 2p_z} \quad (\text{昇位})$$

このとき，不対電子は 4 個となり，4 本の手が実現するのである[1]．ただし，このままでは 2s，$2p_x$，$2p_y$ および $2p_z$ の各軌道が結合に参加するので，メタンの 4 つの同等な結合は説明できない．そこで考えられたのが，これらの 4 つの軌道の混合で生じる，新しい 4 つの軌道 h_1，h_2，h_3 および h_4 である．これらの軌道を **sp^3 混成軌道** (hybridized orbital) という．

$$\mathrm{C:(1s)^2 2s 2p_x 2p_y 2p_z \longrightarrow C:(1s)^2 h_1 h_2 h_3 h_4} \quad (\mathrm{sp^3}\ \text{混成})$$

sp^3 混成軌道は C の原子核を中心とする四面体の 4 つの頂点の方向に伸びており，互いに同等である．これらの軌道が水素の 1s 軌道と対を作ればメタン分子が形成される (図 1.4.6).

次にエチレンの結合であるが，この場合は 2s，$2p_x$ および $2p_y$ 軌道が混じり合う **sp^2 混成**が考えられる．すなわち

$$\mathrm{C:(1s)^2 2s 2p_x 2p_y 2p_z \longrightarrow C:(1s)^2 h_1 h_2 h_3 2p_z} \quad (\mathrm{sp^2}\ \text{混成})$$

h_1, h_2 および h_3 の 3 つの軌道は同等で，xy 面内で互いに 120° をなす 3 つの方向に分布する．これらの軌道が水素の 1s 軌道と対を作るとエチレンの骨

1) 昇位のためにはエネルギーが必要であるが，それによって新しい 2 つの結合ができるので，その結合エネルギー分だけ分子は安定化する．よって，昇位のために使ったエネルギーは回収される．

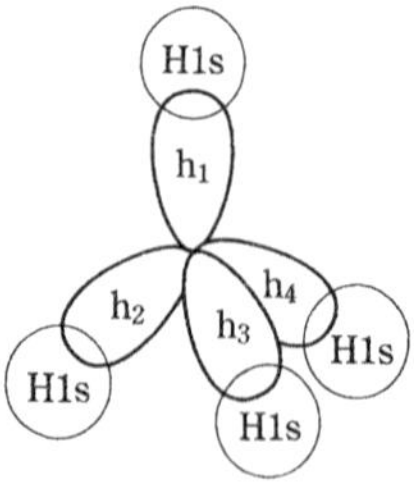

図 1.4.6　メタンの結合

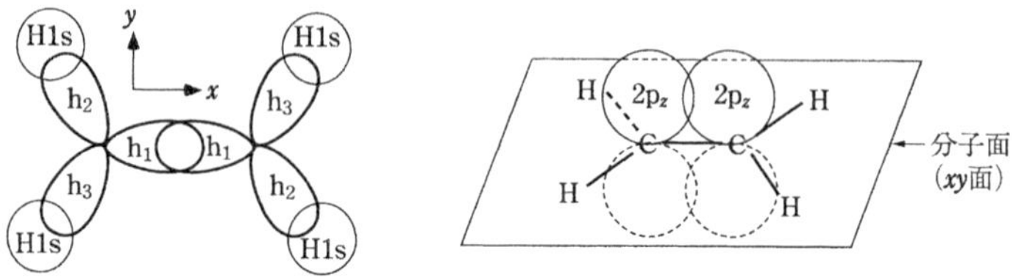

(a)　　　　　　　　　　(b)

図 1.4.7　エチレンの結合

(a) σ 結合，(b) π 結合

格が形成される（図 1.4.7(a)）．一方 $2p_z$ 軌道は CC 結合軸（および分子面）に対して垂直の方向に分布し，側面で重なって結合を形成する（図 1.4.7(b)）．このような結合を **π 結合**（π bond），また π 結合に参加する電子を **π 電子**（π electron）という．これに対し混成軌道（h_1～h_4 軌道）による結合は CC および CH 結合軸のまわりに分布している．このような軸対称の結合を **σ 結合**（σ bond）という．σ 結合では，混成軌道が結合相手の原子の方向に伸びているので，π 結合の場合より電子分布間の重なりが大きい．一般に共有結合は電子分布間の重なりが大きいほど強いので，σ 結合は π 結合に比べて強い．エチレンの 2 本の結合のうち，1 本が弱いのは，それが π 電子（$2p_z$ 電子）によるためである．なお，図 1.4.7(b)において，2 つの CH_2 基が CC 軸のまわりで互いに逆方向に回転すると，$2p_z$ 軌道の重なりが減少し，π 結合が弱くなるので，そのようなことは起こらない[1]．すなわち，分子は

1)　結合が弱くなると，分子の安定化に寄与する結合エネルギーが減るので，分子のエネルギーが増す．分子は低いエネルギーをとろうとする傾向があるので，CC 軸のまわりで分子がねじれることはない．

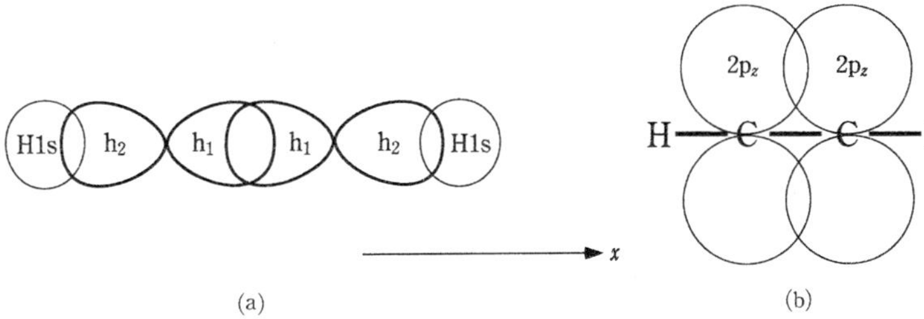

図 1.4.8　アセチレンの結合

(a) σ 結合，(b) π 結合（紙面と垂直方向に分布した $2p_y$ 軌道による結合は省略してある）．

平面を保つ．

最後にアセチレンの結合では，2s 軌道と $2p_x$ 軌道からなる sp 混成軌道が生じる．すなわち

$$C：(1s)^2 2s 2p_x 2p_y 2p_z \longrightarrow C：(1s)^2 h_1 h_2 2p_y 2p_z \quad (\text{sp 混成})$$

h_1 と h_2 の軌道は同等で，x 軸上で互いに逆方向に分布する．これらの軌道が水素の 1s 軌道と対を作るとアセチレンの直線状の骨格が形成される（図 1.4.8(a)）．これが σ 結合である．なお，エチレンの場合と同様に，2 つの C 原子の $2p_z$ 軌道同士，$2p_y$ 軌道同士が側面で重なり合うと 2 つの π 結合ができる（図 1.4.8(b)）．この場合も 2 つの π 結合は軌道間の重なりが小さく σ 結合に比べて弱い．

1.5　分子の極性と電気陰性度

水素分子 H—H や酸素分子 O=O はそれぞれ同じ原子でできており，共有結合に関与している電子が一方の原子に偏ることはない．しかし，異なる原子のあいだの結合では，原子が電子を引きつける強さ（電気陰性度，p. 10, 11）が違うから，原子の電荷に偏りが生じる．水の場合については，0.8 節で述べた．水の O—H は電荷の偏りがある**極性結合**（polar bond）である．これに対しメタンやエタンでは H と C の電気陰性度にほとんど差がないので電荷が偏ることがない．すなわち C—H はほとんど極性がない結合，水素分子 H—H は完全な**無極性結合**（non-polar bond）である．なお食塩の場合には，Na と Cl の電気陰性度に著しい違いがあるので，電子が 1 個ほぼ

完全にNaからClに移り，Na^{+}とCl^{-}のあいだで**イオン結合**(ionic bond)が形成される．すなわち，極性結合は無極性結合とイオン結合の中間にある．

水分子のOは負電荷を，Hは正電荷をもつ(p. 25，図0.8.1)．液体や固体の水分子間では，正負の電荷が引き合うため，分子がバラバラになりにくい．水の融点や沸点が高いのはこのためである[1)]．これに対し，無極性結合からなる多くの有機化合物の融点や沸点は低い．水の分子間の結合のように水素原子を介して静電気的引力で結びつく結合を**水素結合**(hydrogen bond)という．水素原子は内殻電子をもたないし，小さいので負電荷をもつ原子と近づきやすく強い引力を生み出す．水素結合による水分子の相互作用と氷の構造を図1.5.1に示す．

原子が3個以上ある分子では，極性結合を含んでいても分子全体として極性が打ち消し合って無極性になる場合もある．図1.5.2に示すように，塩化水素，水，アンモニア等は極性分子であるが，対称的な原子配置の四塩化炭

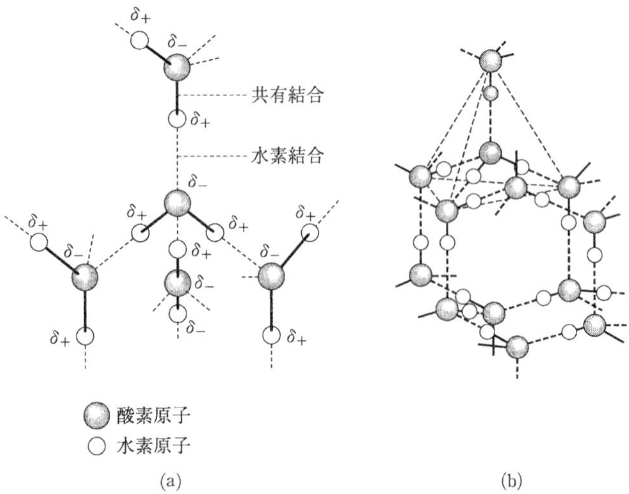

図1.5.1　(a)水分子間の水素結合（点線）と(b)氷の構造

1)　分子量18の水の融点と沸点は0°Cと100°Cであるのに対し，分子量28の窒素の値は−209.9°Cと−195.8°Cである．

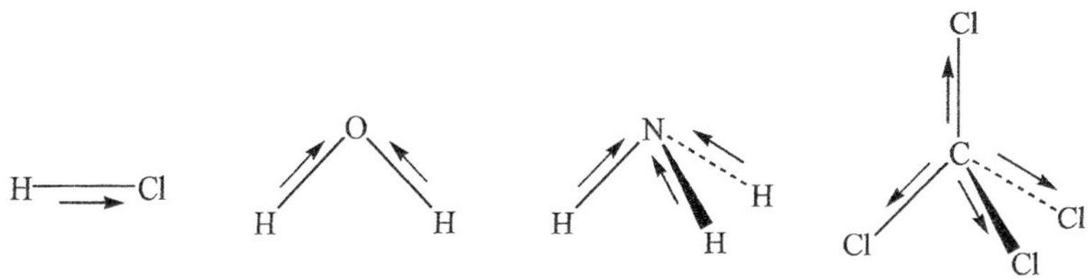

図 1.5.2　塩化水素，水，アンモニアおよび四塩化炭素の極性
矢印は電子が引きつけられる方向を示す．

素は無極性である．極性分子同士は互いに静電的に相互作用する．このため，極性分子は極性溶媒である水に溶けやすい．イオン性の物質も水によく溶ける（0.8 節（p. 25）参照）．有機化合物の多くは無極性分子であるから，1.2 節で述べたように，水に溶けにくく，有機溶媒に溶けやすい．

1.6　有機化合物の分類

まず，炭素と水素の化合物である**炭化水素**（hydrocarbon）を分類しておこう．分類した表を図 1.6.1 に示す（図の構造式は簡略化した形で描かれている．構造式の簡略化についてはこの節の末尾で述べる）．

炭化水素は炭素原子が鎖状につながった**鎖式炭化水素**（chain hydrocarbon）と環状につながった**環式炭化水素**（cyclic hydrocarbon）に大別される．さらに，それぞれは単結合だけからなる炭化水素である**飽和炭化水素**（saturated hydorcarbon）と二重結合，三重結合を含む炭化水素である**不飽和炭化水素**（unsaturated hydrocarbon）[1] に分類される．その他に，図 1.6.1 に示した，ベンゼン環 C_6H_6 を含む炭化水素である**芳香族炭化水素**（aromatic hydorocarbon）がある．なお，鎖式炭化水素を**脂肪族炭化水素**（aliphatic hydrocarbon）とよぶことがある．その化学構造が脂肪中に存在する脂肪酸[2] と関連しているからである．また，芳香族炭化水素以外の環状炭化水素は**脂環式炭化水素**（alicyclic hydrocarbon）ともよばれる．

1)　二重結合や三重結合をもつ化合物では，弱い π 結合が切れて，他の原子や原子団が付加する余地を残している．したがって，このような化合物を**不飽和化合物**という．
2)　脂肪酸は鎖式炭化水素の末端の H を COOH に置き換えた構造をもっている．

	鎖式炭化水素（脂肪族炭化水素）	環式炭化水素	
飽和炭化水素	$CH_3-CH_2-CH_2-CH_3$ 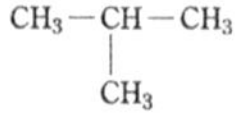	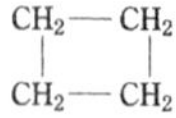	脂環式炭化水素
不飽和炭化水素	$CH_2=CH-CH=CH_2$ $CH_3-C\equiv C-CH_3$	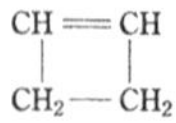	
芳香族炭化水素		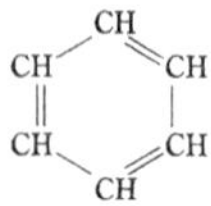	

図 1.6.1　炭化水素の分類

炭化水素の水素原子を炭素と水素以外の他の原子や原子団[1]で置き換えると多様な化合物が得られる．たとえば，もっとも簡単な炭化水素であるメタン CH_4 の水素原子1個をヒドロキシル基（—OH）にするとメタノール CH_3OH となる．メタンは水に溶けない気体であるが，メタノールは液体で，極性基 OH をもっているため，水によく溶ける．また，CH_4 の H を極性基であるカルボキシル基—COOH で置換すると，水に溶けて酸性を示す酢酸 CH_3COOH が得られる．

同一の基をもつ化合物は一般に共通の性質を示す．このように有機化合物の性質を決める原子や原子団を**官能基**（functional group）という．裏表紙の見返しの表5に代表的な官能基を示す．有機化合物は炭化水素の骨組みのほかに，官能基によっても分類される．

表の有機化合物の例は簡略化された式で示されている．たとえば，塩化メチルの分子模型と構造式は図 1.6.2(a)，(b) に示すとおりであるが，それを簡単にしたのが (c) である．このように構造式を簡単にして，官能基の部分がわかるようにした化学式を**示性式**（rational formula）という．同様にエタノールとジメチルエーテルの分子模型，構造式および示性式を図 1.6.3 に

1)　このような原子団を**置換基**（substituent）または単に**基**という．

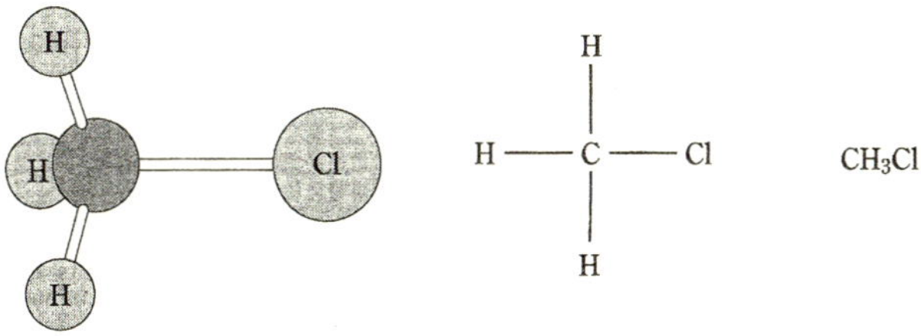

(a)　(b)　(c)

図 1.6.2　塩化メチル

(a) 分子模型，(b) 構造式，(c) 示性式.

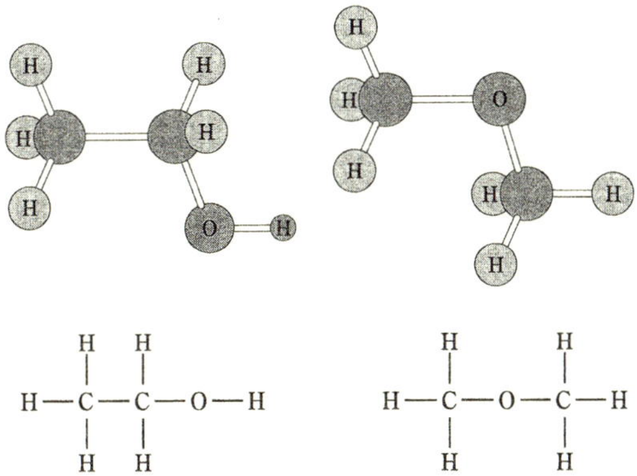

C_2H_5OH　CH_3OCH_3

(a)　(b)

図 1.6.3　エタノールとジメチルエーテルの分子模型，構造式および示性式

エタノールの分子模型において，右下の H からは隣の O に電子が移動しているので，この H については，電子分布を表す球の直径が小さく表現されている.

示す．原子をまとめて表す**分子式** (molecular formula) ではエタノールとジメチルエーテルは同じ式 C_2H_6O となることに注意されたい.

1.7　有機化合物の分離と分析

1.7.1　分離と精製

天然の有機化合物はほとんど混合物として存在している．また，ある有機化合物を合成すると一般にそれ以外の化合物（副反応による生成物）も生じ，混合物となる．これらの混合物から目的とする化合物を分離し，その化学構造を決定することは有機化学の研究における大切なステップである．

混合物から目的の化合物を分離するためにもっともよく使われる方法は溶解度の差を利用した**抽出**（extraction）法である．抽出溶媒には目的の化合物をよく溶かす有機溶媒が使われることが多い．たとえば，水溶性の物質と有機溶媒に溶ける物質を分離するには，混合物を水と有機溶媒に溶かし，分液漏斗に入れてよく振る．しばらくおいて，漏斗中の液が水溶液の層と有機溶液の層の2層に分かれた後，コックを開いて上層と下層の液を分けとる（図1.7.1）．固体からの抽出にはソクスレーの抽出器が使われる（図1.7.2）．

図1.7.1　分液漏斗による抽出

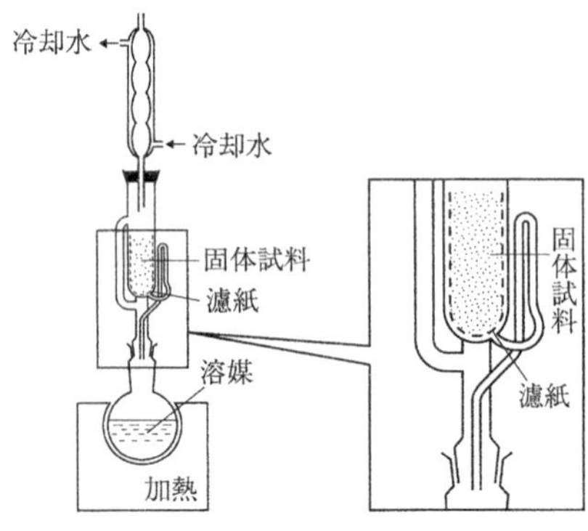

図1.7.2　ソクスレーの抽出器

固体試料は図のように濾紙の筒の中に入っている．下部のフラスコに溶媒を入れて加熱すると，溶媒の蒸気は上部で冷却されて液体となり，試料の上に落ちる．抽出物を溶かした溶液は一定量たまると側管を経て下のフラスコに落ちる．加熱をつづけると，溶媒だけふたたび蒸発する．このようにして一定量の溶媒を用いて固体試料から目的の有機物を抽出できる．

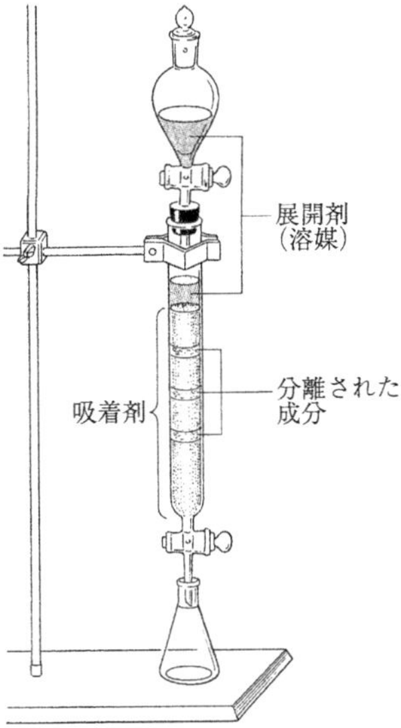

図 1.7.3 液体クロマトグラフィーによる
試料の分離

抽出により得られた物質は，再結晶[1)]，分留[2)]，昇華[3)]，クロマトグラフィーなどにより精製する．液体クロマトグラフィーでは吸着剤（アルミナやシリカゲルなど）のカラム（円筒）の上に試料混合物を置き，それを適当な溶媒（展開剤）に溶かして移動させ，混合物中の各成分の移動速度の違い（カラムへの吸着力の差）により分離精製する（図 1.7.3）．展開剤が気体の場合にはガスクロマトグラフィーという．これらの精製を繰り返して行い，目的の化合物の沸点や融点が一定になれば，それを純粋とみなしてよい．

1.7.2 組成式の決定

純粋な化合物は次に元素分析される．**元素分析**（elementary analysis）とは有機化合物に含まれる元素の種類と割合を調べることをいう．通常の有機

1) 固体試料を高温で適当な溶媒に溶かした後，冷却し再結晶させて分離する．不純物は液中に残る．

2) 蒸留して沸点の差を利用して分離すること．

3) 温度を上げると固体から気体に直接変化する試料（昇華する試料）の場合，昇華温度の差を利用して分離する．

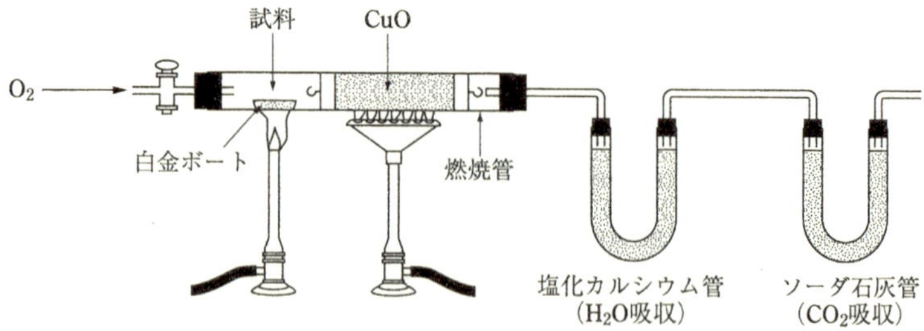

図 1.7.4　元素分析

化合物は炭素，水素，窒素，酸素から成るが，それらの質量は次のようにして決められる．

(1)　一定量の有機化合物を，酸素の気流中，酸化銅(II) CuO の存在下で完全燃焼させると，水素は水 H_2O，炭素は二酸化炭素 CO_2 となる．H_2O は塩化カルシウム $CaCl_2$ に，CO_2 はソーダ石灰[1] に吸収させて，その質量増加から水素と炭素の質量を求める（図 1.7.4 参照）．

(2)　窒素の質量は，一定量の有機化合物を二酸化炭素気流中，酸化銅(II)の存在下で加熱分解し，生じた窒素 N_2 の体積を測定して求める（デュマ(Dumas) 法）[2]．

(3)　酸素の質量は上の分析で求めた酸素以外の元素の残りとして求める．

各元素の質量をその原子量で割ると，その比が原子数の比となる．したがって，化合物の原子数の比[3] を与える**組成式**（compositional formula）（または**実験式** empirical formula）が決められる．

［**例題 1.7.1**］　炭素，水素，酸素から成る化合物 5.22 mg を完全燃焼させたところ，二酸化炭素 10.05 mg，水 6.07 mg を得た．この化合物の組成式を求めよ．

---

1)　CaO に NaOH の濃い水溶液を加えて加熱し，粒状にしたもの．

2)　この他に，有機物を濃硫酸中で分解して，生じた窒素をアンモニアに変え，それを蒸留して一定量の酸の溶液に吸収させ，逆滴定によって定量する方法がある（**キエルダール** (Kjeldahl) **法**）．

3)　この場合，もっとも簡単な整数比とする．たとえば，C，H，O の原子数の比が 2：4：2，または 0.5：1：0.5 となるときは，いずれも 1：2：1 とする．

［解］

$$C の質量 = CO_2 の質量 \times \frac{C の原子量}{CO_2 の分子量} = 10.05\,\mathrm{mg} \times \frac{12.0}{44.0} = 2.74\,\mathrm{mg}$$

$$H の質量 = H_2O の質量 \times \frac{H の原子量 \times 2}{H_2O の分子量} = 6.07\,\mathrm{mg} \times \frac{1.0 \times 2}{18.0} = 0.67\,\mathrm{mg}$$

$$O の質量 = 試料の質量 - (C の質量 + H の質量) = 5.22\,\mathrm{mg} - (2.74 + 0.67)\,\mathrm{mg} = 1.81\,\mathrm{mg}$$

$$原子数の比\quad C:H:O = \frac{2.74}{12.0} : \frac{0.67}{1.0} : \frac{1.81}{16.0} = 0.228 : 0.670 : 0.113 \fallingdotseq 2:6:1$$

組成式は $\underline{C_2H_6O}$ となる．

1.7.3 分子式の決定

分子式 (molecular formula) とは分子中にある原子の数を示す式である．たとえば，表 0.9.1 の酢酸 CH_3COOH の分子式は $C_2H_4O_2$ である．これに対し酢酸の組成式は原子数のもっとも簡単な整数比を表す式であるから，CH_2O である．一般に，分子式は組成式の整数倍であるから，分子量を求めれば組成式から分子式が得られる．たとえば，組成式が CH_2O のとき，分子量が 60 とわかれば，組成式の式量 $CH_2O = 30$ であるから，分子式は組成式の 2 (=60/30) 倍となる．よって，分子式 $C_2H_4O_2$ が得られる．気化しやすい化合物の分子量は気体の状態方程式から決めることが多い (例題 1.7.2)．溶液にして蒸気圧降下，沸点上昇，浸透圧などから分子量を求めることもある[1]．

［例題 1.7.2］ 組成式が C_2H_6O の化合物 0.152 g を 1 atm，150℃ で気体にしたところ，体積が 114 $\mathrm{cm^3}$ となった．この化合物の分子式を求めよ．ただし気体定数を $R = 0.0821\ \mathrm{dm^3\,atm\,mol^{-1}\,K^{-1}}$ とする．

［解］ 理想気体の状態方程式 $PV = nRT$ において，モル数 n は気体の質量を w，モル質量を M とすると $n = w/M$ である．よって $PV = (w/M)RT$．この式から，モル質量は

$$M = \frac{wRT}{PV} = \frac{0.152\,\mathrm{g} \times 0.0821\,\mathrm{dm^3\,atm\,mol^{-1}\,K^{-1}} \times (273+150)\,\mathrm{K}}{1\,\mathrm{atm} \times 0.114\,\mathrm{dm^3}} = 46.3\,\mathrm{g\,mol^{-1}}$$

したがって，この化合物の分子量は 46.3 である．分子式は組成式の整数倍だから，k を整数として $(12.0\times2+1.0\times6+16.0)k = 46.0k \fallingdotseq 46.3$．よって $k=1$ となる．

---

1) 目的の化合物をある溶媒に溶かしたとき，純溶媒の場合と比べて，溶液の蒸気圧の降下，沸点の上昇，および浸透圧は溶液のモル濃度に比例して，すなわち，化合物の分子量の逆数に比例して，増加する．よって，比例常数 (溶媒ごとに一定の値をとる) がわかっていれば分子量が求められる．

分子式は C_2H_6O である．

1.7.4　構造式の決定

分子式が決まると，化合物中に含まれている官能基の種類を調べ，構造式を決定する．たとえば分子式が C_2H_6O の化合物の構造式としては図1.6.3のエタノールとジメチルエーテルが考えられる．目的の化合物に金属ナトリウムを作用させたとき，水素を発生するならば，—OH 基が含まれていることになるので，構造式がエタノールのものに確定する (p. 102)．

複雑な化合物については，光吸収スペクトル法[1)]，核磁気共鳴 (NMR)[2)]，X 線回折[3)]，質量分析[4)] などの機器分析法によって，構造式が総合的に決定される．

1)　吸収スペクトルは，連続光を試料中に透過させたとき，どの波長の光が吸収されるか示す図である．化合物はそれぞれ特定の波長の光を吸収するので，スペクトルから化合物の種類が推定される．試料に当てる光としては，紫外光，可視光および赤外光が用いられる．

2)　核磁気共鳴法では試料を磁場中に置き，一定波長の電波を吸収させる．磁場の強さを変えたとき，化合物は原子の種類とその結合の様子が異なると，異なった磁場の強さのときに電波を吸収する．よって，磁場の強さと電波の吸収強度の関係 (NMR スペクトル) から化合物の構造が推定される．

3)　化合物の結晶に X 線を当てたとき，X 線は化合物中の電子と相互作用して回折する．X 線の回折の方向と強度を詳細に調べると，結晶中の電子の分布がわかる．電子分布から原子の位置を求め，原子の位置から化学構造を決定する．

4)　化合物をイオン化して電磁場の中を走らせ，イオンの質量を知る方法．イオンの質量から分子量が求められる．

コンピューター断層撮影法

X 線や本文で述べた核磁気共鳴 (NMR) などを用いて，人体の輪切像 (断層像) をコンピューターで求める方法を**コンピューター断層撮影法** (computed tomography, **CT**) という．これを医学の診断に用いることによって，従来困難であった頭蓋内の病変や臓器の疾患が外部から診断できるようになった．

もっとも多く使われているのは X 線を用いる **CT スキャン** (CT scan (走査)) である．通常の X 線写真は 3 次元の情報を 2 次元の影絵にしたものであるが，CT スキャンでは体のいろいろな方向から X 線を照射し，人体組織による X 線の吸収度の違いをコンピューターで分析することによって，2 次元断層像を得る．このような断層像を積み重ねることによって 3 次元像を求めるのである．特定の組織を診るために，静脈に造影剤を注入する場合もある．

磁気共鳴映像法 (magnetic resonance imaging, **MRI**) では核磁気共鳴の原理を用

いて断層像を得る．体の中には水や有機物の成分として多数の水素原子がある．水素の原子核（陽子）は極微の棒磁石としての性質をもち，磁場がないときはいろいろな方向を向いている．外から強い磁場をかけると陽子（棒磁石）は一定の方向を向く．次に特定波長の高周波電磁波を加えると，陽子はそのエネルギーを吸収して，向きを変える（これを共鳴吸収という）．その後，電磁波を切ると，陽子は吸収したエネルギーを放出しながらもとの向きに戻る（これを緩和という）．このエネルギーを信号として検出してコンピューター処理をし，断層像を求める．緩和の速度は組織や病変により異なるので，断層像を分析して診断することができる．最近，MRI は主に脳や中枢神経系の病気の診断に応用されている．X 線に比べて，骨に妨害されず，脊椎や脊髄などの柔らかい組織に対しても，水素原子の濃度や運動状態を反映した像が得られる．MRI を開発したラウターバー（P. C. Lauterbur）とマンスフィールド（P. Mansfield）は 2003 年度のノーベル生理学・医学賞を受賞している．

最近，陽電子（電子の反粒子，電子と同じ質量で反対の正電荷をもつ）を用いる**陽電子断層撮影法**（Positron Emission Tomography, PET）が注目されている．この方法では陽電子を放出する同位元素を含む薬剤を体内に注射した後，その体の中における分布を断層像として求める．放出した陽電子は近くの電子と結合して消滅し（対消滅），ガンマ線に変わるので，ガンマ線による信号をコンピューター処理して画像にする．陽電子を放出する薬剤としては ^{11}C，^{13}N，^{15}O，^{18}F などを含む化合物が使われる．たとえば，^{18}F-FDG

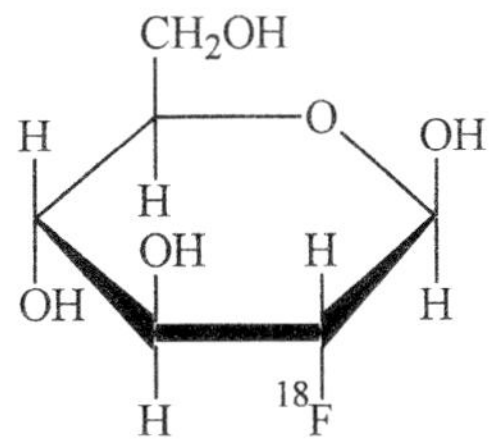

^{18}F-フルオロデオキシグルコース（^{18}F-FDG）

では，^{18}F が陽電子を放出して ^{18}O に変わる．がん細胞は正常細胞より分裂や増殖が盛んなため，多量のグルコースを必要とする．このため，^{18}F-FDG ががん細胞に集まってくるので，PET によってがん細胞の所在がわかる．PET の長所は全身のがん検査が 1 回でできること，ミリ単位のがんの診断ができることなどである．なお，^{18}F や ^{11}C を含む薬剤を用いて，PET により脳の機能検査も行われている．急にめまいや呼吸困難などの発作が起こるパニック障害の患者では，発作が起きていないときでも，脳の扁桃体やそこへの情報の入り口となる視床や海馬が活発化していることが PET でわかった．最近では PET と X 線による CT スキャンを組み合わせた PET/CT 装置で，診断精度を高めるとともに，設備コストの削減が図られるようになっている．

章末問題

1.1　次の原子の基底状態の電子配置を示せ．

(a) ${}_{12}Mg$　(b) ${}_{14}Si$　(c) ${}_{17}Cl$　(d) ${}_{18}Ar$

1.2　次の分子の電子式（ルイス構造式）と構造式を示せ．

(a) CH_3OH　(b) HCN　(c) PH_3　(d) $SiCl_4$

1.3　次の分子の立体的な形を示せ．

(a) エタン CH_3CH_3　(b) メタノール CH_3OH　(c) プロペン $CH_2{=}CHCH_3$

(d) プロピン $CH{\equiv}CCH_3$

1.4　次の結合の極性の方向を示せ．

(a) $H_3C{-}OH$　(b) $H_3C{-}NH_2$　(c) $H_3C{-}Li$　(d) $H_3C{-}Br$

1.5　次の分子式をもつ化合物は2つずつある．それらの構造式を示せ．

(a) C_4H_{10}　(b) C_3H_6

1.6　分子式 C_3H_8O をもつ化合物は3つある．それらの構造式と示性式を示せ．

1.7　ある炭化水素を元素分析したところ，炭素と水素の質量は79.6%と20.4%であった．また，この化合物の3.4gは標準状態（0°C，1atm）で2.5 dm^3 の体積を占めた．この化合物の組成式と構造式を求めよ．

1.8　ある有機化合物20.0mgを完全燃焼させると，二酸化炭素が39.8mg，水が16.4mg得られた．この化合物の分子量の測定値は44.0であり，分子中にアルデヒド基をもっていた．この化合物の組成式，分子式，示性式および構造式を示せ．

2 脂肪族炭化水素

2.1 アルカン

2.1.1 アルカンの構造と所在

鎖状の飽和炭化水素を**アルカン** (alkane) と総称する．アルカンのうち，もっとも簡単な化合物はメタン (methane) CH_4 であり，アルカンは**メタン系炭化水素**または**パラフィン炭化水素** (paraffin hydrocarbon)[1] ともよばれる．メタンのH1個をCH_3—で置き換えると，エタン (ethane) CH_3CH_3 またはC_2H_6が得られる．CH_3—をメチル基 (methyl group) という．同様にエタンのH1個をメチル基で置き換えるとプロパン (propane) $CH_3CH_2CH_3$ またはC_3H_8となる．プロパンのC末端のHをメチル基で置き換えると *n*-ブタン$CH_3CH_2CH_2CH_3$が，また，中央のCについたHをメチル基に変えるとイソブタン$CH_3CH(CH_3)CH_3$（または$CH_3CH(CH_3)_2$）が得られる．この2つの化合物の分子式はともにC_4H_{10}である．

このように分子式が同じで原子の配置の仕方が違う化合物を**異性体** (isomer) という．特にブタンのように原子の結合の仕方や不飽和結合の位置が違う異性体を**構造異性体** (structural isomer) とよぶ．図2.1.1に *n*-ブタンとイソブタンの構造式と実際の形を示す．*n*-ブタンのような分子は枝分かれがないので，**直鎖** (normal chain) 状であるという[2]．

---

1) パラフィンは石油からとれる結晶性の白色固体で，主成分は炭素数20〜30のアルカンである．パラフィン紙，マッチ，クレヨンなどの原料となる．

2) *n*-ブタンの *n* は normal の頭文字をとったものである．

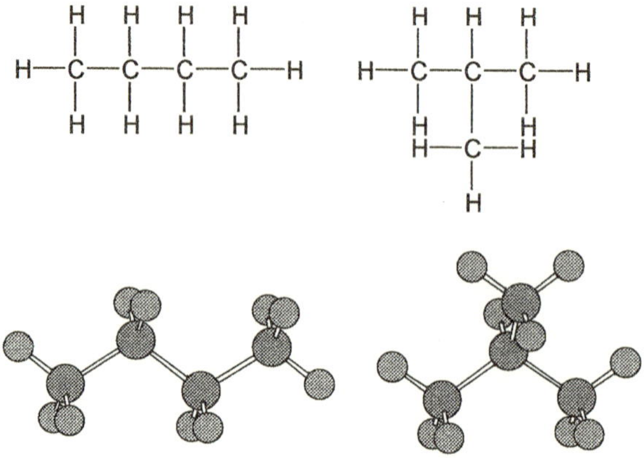

図 2.1.1　ブタンとイソブタンの構造式と分子模型

両分子とも C—C 結合のまわりで自由に回転できるので，立体的な原子配置（これを**立体配座**（conformation）という）は無数にある．図の分子模型はもっとも安定な立体配座を示したものである．この模型では，C—H 結合同士が互いに避け合うように配置されていることに注意されたい．これは C—H 結合の電子対のあいだに反発力がはたらくためである．この反発力のため炭素の主骨格がジグザグ構造になっている．

[例題 2.1.1]　炭素を 5 個含む鎖状飽和炭化水素の異性体の構造式と示性式をすべて示せ．
[解]　構造式は次のとおりである．

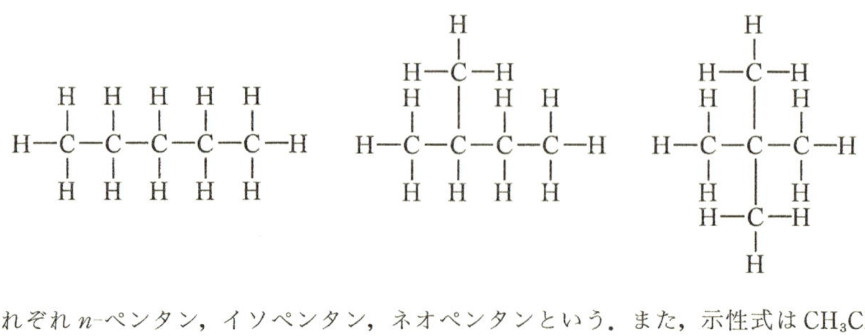

それぞれ *n*-ペンタン，イソペンタン，ネオペンタンという．また，示性式は $CH_3CH_2CH_2CH_2CH_3$, $CH_3CH(CH_3)CH_2CH_3$（または $(CH_3)_2CHCH_2CH_3$）および $CH_3C(CH_3)_2CH_3$（または $C(CH_3)_4$）である．

表 2.1.1 に C の数が 10 までの直鎖状の炭化水素を示す．これらの化合物の一般式は C の数を n とすると C_nH_{2n+2} となる．表によると C の数が増す

表 2.1.1 直鎖状飽和炭化水素

名　称	分子式 C_nH_{2n+2}	融点/°C	沸点/°C	異性体数
メタン (methane)	CH_4	−182.4	−161.5	1
エタン (ethane)	C_2H_6	−182.8	−88.6	1
プロパン (propane)	C_3H_8	−187.6	−42.1	1
n-ブタン (*n*-butane)	C_4H_{10}	−138.2	−0.5	2
n-ペンタン (*n*-pentane)	C_5H_{12}	−129.7	36.0	3
n-ヘキサン (*n*-hexane)	C_6H_{14}	−95.3	68.7	5
n-ヘプタン (*n*-heptane)	C_7H_{16}	−90.6	98.5	9
n-オクタン (*n*-octane)	C_8H_{18}	−56.8	125.6	18
n-ノナン (*n*-nonane)	C_9H_{20}	−53.5	150.8	35
n-デカン (*n*-decane)	$C_{10}H_{22}$	−29.7	174.1	75

につれて融点と沸点が上昇することがわかる．常温 (25°C) では C の数が 5 以上は液体である．また，C の数が 18 以上で固体となる．異性体の数も C の数の増加とともに増加する．C の数が 10 のときは異性体数は 75 であるが，20 では 36 万 6319，30 になると 41 億 1184 万 6763 にも達する．このように枝分かれの違いで異性体の数が増えるので，有機化合物の数が多くなるのである．

メタンは無色無臭の気体で天然ガスの主成分である．都市ガスには天然ガスが使われているのでメタンが多く含まれている．メタンは植物が酸素のない条件で腐敗すると生じる．沼やどぶからわき出す気体はメタンである (このためメタンを沼気ともいう)．プロパンは石油精製の際に得られ，家庭燃料として使われる．気体のアルカンを吸入すると，窒息の危険がある以外は，人体に無害である．液体のアルカンを吸うと肺で非極性物質を溶かし，肺炎に似た症状になる．高分子アルカンの混合物は無害のため，薬品 (ワセリン) や包装 (パラフィン) などに使われる．

石油は古代にプランクトンや藻類などの死骸が海底に堆積し，岩石層に閉じこめられて，高熱・高圧の条件下で生成したものといわれている．地下から汲み出した石油 (原油) の主成分は炭化水素であり，直鎖状のアルカンを多く含む．原油は精油所で図 2.1.2 のように分留する．沸点が低い成分は蒸気となって分留塔の上部に到達するが，沸点が高い成分は途中で液化するので C の数に従って分けられる．分留した各成分を触媒の存在下高圧で熱分

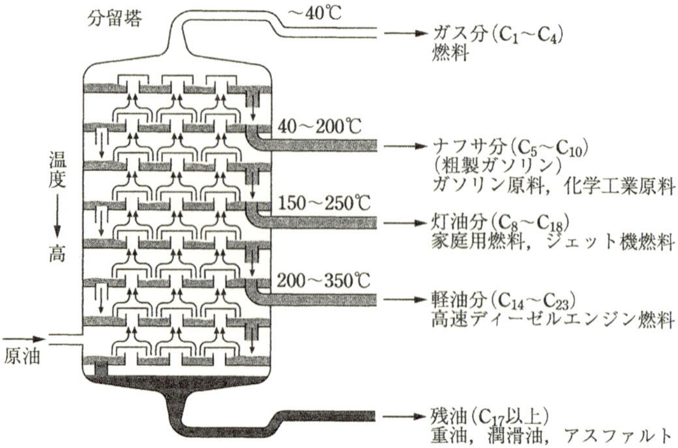

図2.1.2　原油の分留

表2.1.2　主なアルキル基

名　称†	示　性　式	英語表記	略　号
メチル基	CH_3—	methyl	Me-
エチル基	CH_3CH_2—	ethyl	Et-
プロピル基	$CH_3CH_2CH_2$—	propyl	Pr-
イソプロピル基	$(CH_3)_2CH$—	isopropyl	*iso*-Pr または *i*-Pr
n-ブチル基	$CH_3CH_2CH_2CH_2$—	*n*-butyl	*n*-Bu
イソブチル基	$(CH_3)_2CHCH_2$—	*iso*-butyl	*iso*-Bu または *i*-Bu
sec-ブチル基	$CH_3CH_2CH(CH_3)$—	*sec*-butyl	*sec*-Bu または *s*-Bu
tert-ブチル基	$(CH_3)_3C$—	*tert*-butyl	*tert*-Bu または *t*-Bu

†　*sec* は secondary (2級の) の，*tert* は tertiary (3級の) の略である．
$CH_3CH_2C^*H(CH_3)$— の C^* は2個のアルキル基と結合している．このような炭素を第2級炭素という．また，$(CH_3)_3C^*$— の C^* は3個のアルキル基と結合しており，第3級炭素とよばれる．1個のアルキル基と結合している炭素が第1級 (primary) 炭素である．

解 (**クラッキング** (cracking) という) して，より小さい炭化水素 (エチレン $H_2C{=}CH_2$ やプロペン $CH_3CH{=}CH_2$ など) にすることも多い．それらは石油化学工業の原料として用いられる．

アルカンからHを1個取り去った基を**アルキル基** (alkyl group) とよび，記号R—で表す[1]．メチル基はメタンからHを取り除いたもので，もっと

1)　R は rest (残り) の頭文字である．

も簡単なアルキル基である．同様にエタンからHを取り去ったものがエチル基である．表2.1.2に主なアルキル基を示す．

2.1.2 命名法

有機化合物は無数にあるので，系統的に名前をつけることが望ましい．次に述べるのは，国際純正および応用化学連合(International Union of Pure and Applied Chemistry, IUPAC(アイユーパック))で採用された有機化合物の命名法の要約である．

(1) IUPAC名は接頭語—母体名—接尾語よりなる．接尾語はその化合物が属するグループを，母体名は主炭素鎖や環の大きさを，接頭語は主炭素鎖についた置換基を示す．

(2) 接尾語として使われるグループ名のいくつかを表2.1.3に示す．

(3) 母体名として使われる主炭素鎖の炭素数については，表2.1.1の*n*-アルカンのものを使う．たとえば，Cの数が4のアルコールはブタノール(butanol)である．表2.1.3の化合物はすべてCの数が3の場合である．なお，表2.1.2のアルキル基の炭素数についても同様で，たとえば，Cの数が3のアルキル基はプロピル基，5のアルキル基はペンチル基である．

(注) 主鎖はもっとも長い炭素鎖であるから，次のように曲がって描かれているときは注意しなければならない．この場合主鎖の炭素数は5個ではな

表2.1.3 IUPAC命名法の接尾語

接尾語	化合物の総称	例	示性式
-アン (-ane)	アルカン (alkane)	プロパン (propane)	$CH_3CH_2CH_3$
-エン (-ene)	アルケン (alkene)	プロペン (propene)	$CH_2=CHCH_3$
-イン (-yne)	アルキン (alkyne)	プロピン (propyne)	$CH\equiv CCH_3$
-オール (-ol)	アルコール (alcohol)	プロパノール (propanol)	$CH_3CH_2CH_2OH$
-オン (-one)	ケトン (ketone)	プロパノン (propanone)	$(CH_3)_2C=O$
酸† (-oic acid)	カルボン酸 (carboxylic acid)	プロパン酸 (propanoic acid)	CH_3CH_2COOH

† 日本語と英語では語尾が異なる．

く6個である．

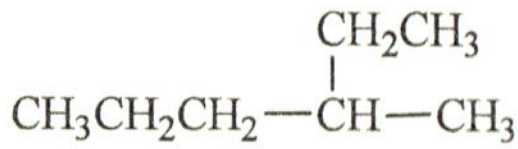

(4)　アルキル基の他，接頭語として使われる置換基のいくつかを次に示す．

置換基	名称	置換基	名称
—X	ハロゲノ	$—NH_2$	アミノ
—F	フルオロ	$—NO_2$	ニトロ
—Cl	クロロ	—NO	ニトロソ
—Br	ブロモ	—CN	シアノ
—I	ヨード	$—C_6H_5$	フェニル

化合物の例は次のとおりである．

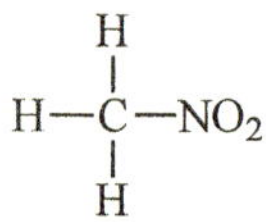

ニトロメタン

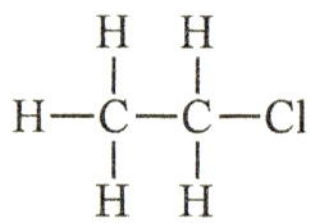

クロロエタン

(5)　同じ置換基が2個以上あるときは，置換基名の前にギリシャ数詞を付ける．ギリシャ数詞は次のとおりである．

1	モノ (mono)	10	デカ (deca)
2	ジ (di)	11	ウンデカ (undeca)
3	トリ (tri)	12	ドデカ (dodeca)
4	テトラ (tetra)	14	テトラデカ (tetradeca)
5	ペンタ (penta)	16	ヘキサデカ (hexadeca)
6	ヘキサ (hexa)	18	オクタデカ (ocatadeca)
7	ヘプタ (hepta)	20	(エ) イコサ ((e) icosa)
8	オクタ (octa)	22	ドコサ (docosa)
9	ノナ (nona)	100	ヘクタ (hecta)

例：

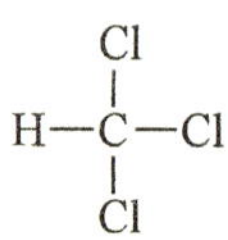

トリクロロメタン（クロロホルム）

(6) 異なった基が炭素鎖に付いているときは，それらをアルファベット順に書く．たとえば，エチルメチルアミン，クロロヨードメタンなどである．

(7) 置換基の位置を示すために，主炭素鎖の端から炭素原子に番号を付け，その番号を置換基の前に書く．ただし，その番号はできるだけ小さくする．

例：

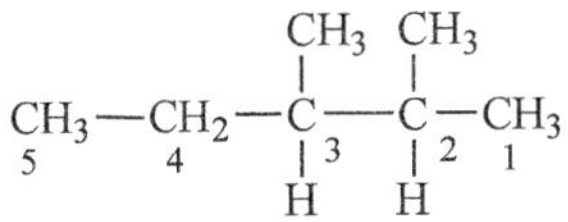

2,3-ジメチルペンタン

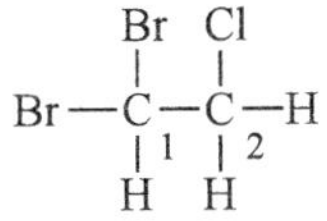

1,1-ジブロモ-2-クロロエタン

左の化合物では番号を炭素鎖の左端から付けると，3,4-ジメチルペンタンとなり，番号の数が大きくなる．右の化合物では，番号を右からふると2,2-ジブロモ-1-クロロエタンとなり，やはり番号の数が大きくなる．なお，置換基をアルファベット順にするとき，ギリシャ数詞を含めないので，di*b*romo が *c*hloro より先である．

[例題 2.1.2] 2-クロロ-2,3,6-トリメチルヘプタンの構造式を描け．

[解] まず主鎖（C 7 個）を描き，炭素の番号順に塩素と 3 個のメチル置換基を付ける．

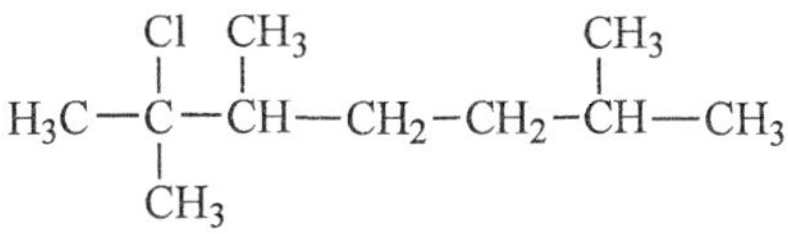

自動車のエンジンでは，シリンダー内で圧縮した燃料と空気の混合物を，スパークプラグで点火して，燃焼させ動力を得ている．燃料に直鎖アルカンを用いるとシリンダーの熱い表面で点火前に不規則な燃焼が起こり，シリンダーのクランクシャフトに無理な力がかかる．これがノッキングとよばれる現象である．枝分かれのあるアルカンではノッキングは起こりにくい．ガソリンのオクタン価は枝分かれのある 2,2,4-トリメチルペンタン（イソオクタン）と，ノッキングが起こりやすい *n*-ヘプタンを基準として見積もられる．

$CH_3CH_2CH_2CH_2CH_2CH_2CH_3$

n-ヘプタン
オクタン価 0

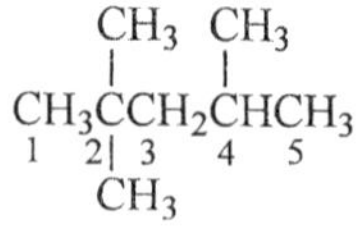

2,2,4-トリメチルペンタン（イソオクタン）
オクタン価 100

2.1.3　アルカンの反応

アルカンのC—CおよびC—H単結合は丈夫なため，アルカンは反応しにくい．特にC—C共有結合は強い．C—C共有結合から構成される結晶，ダイヤモンドが，硬く，安定なのはそのためである(p. 15，図0.4.5)．ただし，アルカンでも以下に示すような反応は起こる．

(a)　燃焼反応

アルカンを空気中で完全燃焼させると，二酸化炭素と水を生じ，その際に熱エネルギーが発生する．たとえば，メタンやプロパンを燃焼させると

$$CH_4+2O_2=CO_2+2H_2O+890.8\ \mathrm{kJ}$$

$$C_3H_8+5O_2=3CO_2+4H_2O+2219.2\ \mathrm{kJ}$$

の反応が起こる[1)]．アルカンを燃料とするときは，この熱を利用している．上式で酸素が不足すると CO_2 の代わりにCOが生じる．COは赤血球中のヘモグロビンと O_2 よりも強く結合するので，ヘモグロビンは酸素を体内で運搬できなくなり，ヒトは一酸化炭素中毒になる．

[例題 2.1.3]　上の熱化学方程式で常温常圧（25℃，1 atm）のメタンとプロパンをそれぞれ $1\ \mathrm{dm^3}$ 燃焼させたとき放出される熱量（kcal）を求めよ．

[解]　上の式は CH_4 と C_3H_8 の1 molについての式である．気体1 molは標準状態（0℃，1 atm）で $22.4\ \mathrm{dm^3}$ を，25℃，1 atmでは

$$22.4\ \mathrm{dm^3}\times\frac{(25+273)\ \mathrm{K}}{273\ \mathrm{K}}=24.5\ \mathrm{dm^3}$$

を占める（圧力が同じなら気体の体積は絶対温度に比例する）．よって，気体 $1\ \mathrm{dm^3}$ 当たりの燃焼熱はメタンでは $890.8\ \mathrm{kJ}/24.5\ \mathrm{dm^3}=36.4\ \mathrm{kJ/dm^3}=(36.4/4.184)\ \mathrm{kcal/dm^3}=8.70\ \mathrm{kcal/dm^3}$，プロパンで $2219.2\ \mathrm{kJ}/24.5\ \mathrm{dm^3}=90.6\ \mathrm{kJ/dm^3}=(90.6/4.184)\ \mathrm{kcal/dm^3}$

1)　エネルギーの単位として，力学に基づく単位J（ジュール）の代わりに，calが使われることも多い．カロリーはもともと1 gの水の温度を1℃上げるために必要な熱量として決められたものであるが，現在では1 cal≡4.184 Jと定義されている．

= 21.7 kcal/dm^3．よって，8.70 kcal/dm^3，21.7 kcal/dm^3 [1]．

(b) 置換反応

アルカンとハロゲンを混合して紫外線を照射すると，光のエネルギーによって，水素原子がハロゲン原子と置き換わる反応，すなわち**置換反応** (substitution reaction) が起こる[2]．たとえば，

$$CH_4 + Cl_2 = \underset{\text{クロロメタン}}{CH_3Cl} + HCl$$

Cl_2 の量と反応時間によっては，置換反応はさらに進み，CH_2Cl_2 (ジクロロメタン)，$CHCl_3$ (トリクロロメタン)，CCl_4 (テトラクロロメタン) 等も生じる．メタンやエタンの水素原子を塩素やフッ素原子で置換した化合物を**フロン** (fron) という．フロン 22 ($CHClF_2$)，フロン 12 (CCl_2F_2)，フロン 113 (CCl_2FCClF_2) などである．これらは不燃性で無毒，また金属を腐食しないので，冷蔵庫の冷却気体や噴霧剤に用いられてきた．しかし，フロンは地球上空 20〜50 km 付近にあるオゾン層を破壊するので，現在は使用禁止になっている[3]．オゾン O_3 は太陽光に含まれている有害な短波長の紫外線 ($\lambda <$ 320 nm) を吸収し，地球上の生物を保護している．オゾン層が破壊されると，皮膚病や白内障が増加するばかりでなく，遺伝を司る DNA に障害が起きる

---

1) メタンとプロパンの熱化学方程式から，1 mol 当たりの酸素の消費量はメタンでは 2 mol，プロパンでは 5 mol である．それに応じてこのように 1 dm^3 当たりの発熱量が異なる．したがって，都市ガス (メタンが主成分) とプロパンガスでは同じガス器具が使えない．

2) 光は波であると同時に，粒子としての性質をもっている．光の粒子としてのエネルギーは $E = h\nu$ で表される．ただし，$h = 6.63 \times 10^{-34}$ J s で定数 (プランク定数)，ν は光の振動数で，波長を λ とすると $\nu = c/\lambda$ である (c は光の速度)．結局，光の粒子としてのエネルギーは波長の逆数に比例して大きくなる ($E \propto (1/\lambda)$)．紫外線は可視光線より波長が短いのでエネルギーが大きい．このエネルギーにより置換反応が起こる．直射日光の下で日焼けするのは紫外線のエネルギーによって皮下の細胞で化学反応が起こり，メラニンという色素が生じるからである．日焼け止めクリームは日焼けを起こす短波長の紫外線を吸収する物質を含んでいる

3) $CHClF_2$ を例にとると，オゾン層破壊の機構は次のとおりである．まず，太陽光のエネルギー $h\nu$ によって，塩素のラジカル ·Cl が生じる．

$$CFCl_3 \xrightarrow{h\nu} \cdot CFCl_2 + \cdot Cl$$

ラジカルは結合の手 (対になっていない電子を・で示す) をもっているので反応性がきわめて強い．この ·Cl ラジカルが次の 2 つの反応の連続 (連鎖反応) で次々と O_3 を O_2 に変える．

$$\boxed{\cdot Cl} + O_3 \longrightarrow ClO\cdot + O_2 \qquad ClO\cdot + O_3 \longrightarrow \boxed{\cdot Cl} + 2O_2$$

1 個のフロン分子で 10 万個の O_3 が失われるといわれている．

と予想される．

エネルギーと温室効果

地球上で植物は太陽の光エネルギーを吸収して，炭水化物やアミノ酸などを合成している（光合成）．たとえば，グルコース（ブドウ糖）は葉緑素をもつ植物によって二酸化炭素と水から合成される．

$$6CO_2 + 6H_2O + \underset{\text{太陽エネルギー}}{2802.5\,\mathrm{kJ}} = \underset{\text{グルコース}}{C_6H_{12}O_6} + 6O_2$$

動物は植物が合成したものを食べて生きている．たとえば，われわれが酸素を吸って食事からとったグルコースを体内で酸化すると，上の逆反応が起こり，二酸化炭素と水が生じる．二酸化炭素は肺から吐き出されるし，水は尿や汗の形で放出される．上の逆反応で生じるエネルギーはわれわれの生命活動（運動や身体の必要な物質の合成など）に使われる．このようにして，動植物は太陽エネルギーのおかげで生きていられるのである．

一方，われわれは石油，石炭，天然ガスなどを燃焼（酸化）して，エネルギーを取り出し，生産活動を行っている．石油，石炭，天然ガスなどは動物や植物の死骸から地中で長時間かかって生じたものである．すなわち，これらのエネルギー源は過去の太陽エネルギーが蓄積されたものである．したがって，地球上のエネルギーの根源は太陽であるといえる．太陽エネルギーは太陽の中心部で水素の原子核（陽子）が4個核融合してヘリウムの原子核になるときに発生する．太陽の水素は約45億年もつと見積もられており，ほぼ無限と考えてよい．これに対し，地球上のエネルギー源は有限である．近年人間の生産活動が活発になり，石油などの枯渇が心配されている．

石油，石炭などを燃焼させると二酸化炭素が発生するが，その量は急激に増えている．また，樹木が伐採され，二酸化炭素を吸収する量も減っている．二酸化炭素は酸素や窒素に比べて分子量が大きいので，地球の周辺に蓄積し，その大気中の濃度が徐々に増えている．二酸化炭素は太陽光を通すが，人間の活動に伴って地球上で発生した熱（赤外線）を逃がさない．このような二酸化炭素のはたらきを温室効果という．この温室効果によって地球の温度は年々上昇している（現状のままでは，21世紀末に温度が約3℃上昇すると見積もられている）．地球の温度が上がると，南極等の氷が溶けて海面が上昇し，多くの人が住む土地を奪われる．また，気候の変動が起こり，農作物に被害を与えたり，マラリア等の伝染病が流行するようになる．

2.2　アルケン

2重結合を含む炭化水素を**アルケン**（alkene）という．そのもっとも簡単な化合物はエチレン $H_2C{=}CH_2$ である．そのためアルケンを**エチレン系炭化水素**ともいう．またアルケンは**オレフィン**（olefin）[1] ともよばれる．

エチレンは原油や天然ガスに少量含まれている．工業的には原油の溜分であるナフサ（p. 62，図 2.1.2 参照）の熱分解によってつくられる．エチレンはポリエチレン，塩化ビニル樹脂，スチレン，エタノールなど重要な化学工業製品の原料として，もっとも大量に生産される有機化合物である．石油の分留で得られるナフサの約 3 割がエチレンの生産に使われており，2001 年のわが国の生産量は約 740 万トンである．エチレンはまた植物から放出され，果実の成熟を促進するホルモンの一種である．食品会社は未熟な果物をエチレンで処理して出荷している．活性炭などのガスを吸着する物質とともに野菜や果物を袋に詰めておくとエチレンが吸着されるため長もちする．

2.2.1 命名法

アルケンの IUPAC 命名法は次のとおりである．

(1) アルケンの接尾語は-エン（-ene）である（p. 63，表 2.1.3 参照）．エチレンはエテン，$CH_2{=}CHCH_3$ はプロペンとよばれる．

(2) 主炭素鎖としては二重結合を含むもっとも長いものをとる．

たとえば，

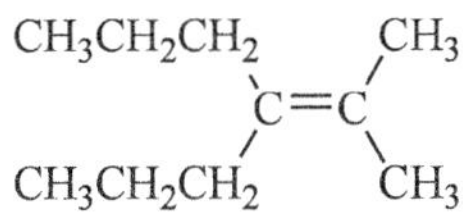

はヘプテンではなく，ヘキセンとして命名する．ヘプテンでは主鎖に二重結合が含まれないからである．

(3) 炭素鎖中の炭素原子の番号は二重結合に近い端からつける．二重結合の位置は最初の炭素原子の番号で表す．

たとえば，

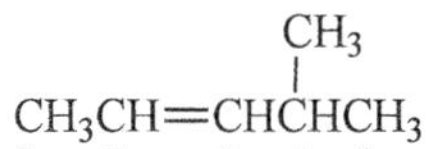

4-メチル-2-ペンテン

1）（前頁注）オレフィンとは油を生成するという意味である．この種の炭化水素が塩素や臭素と反応して油状の付加物をつくることから名づけられた．

(4)　二重結合が2つ以上ある場合は，それぞれの位置を番号で示して，接尾語を-ジエン（-diene），-トリエン（-triene）などとする．

たとえば，

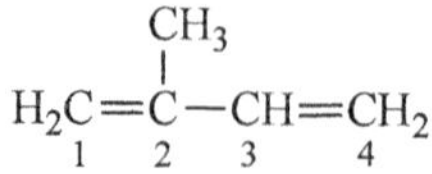

2-メチル-1,3-ブタジエン（イソプレン）

［例題 2.2.1］　3-クロロ-2,2-ジメチル-3-ヘプテンの構造式を描け．

［解］　炭素数7で，末端から3番目の炭素に2重結合がある炭素鎖を描き，置換基を付ける．

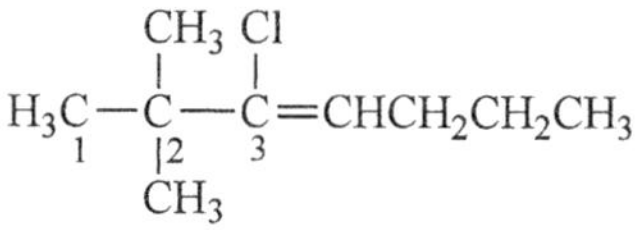

2.2.2　幾何異性

1.4節（p.46）でエチレン分子は平面を保ち，分子の両端の CH_2 は二重結合を軸として互いに回転できないことを示した．これはエタンの CH_3 同士が単結合のまわりで自由に回転できるのと対照的である（p.40，図1.3.4）．このために，異性体が生じる．2-ブテンの場合を考えてみよう．

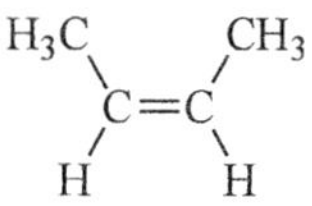

cis-2-ブテン

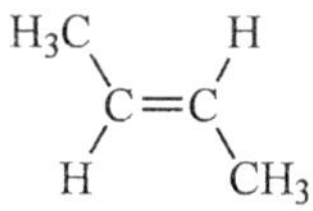

trans-2-ブテン

上図のように2-ブテンでは2つのメチル基が二重結合の同じ側（図の左）にあっても，反対側（図の右）にあってもよい．しかも置換基は二重結合のまわりで回転できないので，両者は分子式は同じでも，異なった化合物になるのである．これらの化合物を**幾何異性体**（geometrical isomer），または**シス-トランス異性体**（cis-trans isomer）とよび，置換基が同じ側についているものを *cis*-2-ブテン，反対側についているものを *trans*-2-ブテンという[1]．

1）　*cis*-はこちら側の，*trans*-は越えて，を意味するラテン語である．

生体反応においてはシスとトランスの違いは重要である．生体分子は異性体の違いを認識するからである．生体反応は酵素の触媒作用で進行しているが，通常，酵素は異性体の一方だけにはたらく．たとえばマレイン酸は有毒であるが，フマル酸は細胞のエネルギー生成に関わるクエン酸回路（II巻 p. 199，図 11.2.6）の中間生成物である．

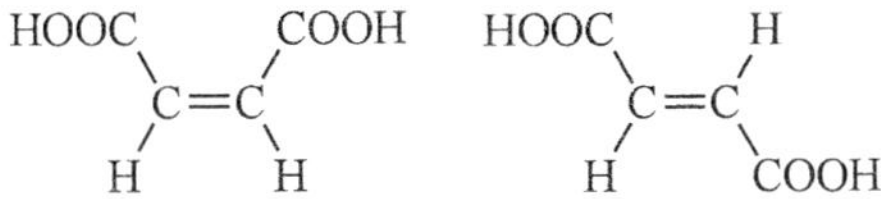

マレイン酸　　フマル酸

眼とシス-トランス転移

眼の網膜には光の強弱を感じる杆状体と色を感じる錘状体があり，どちらにも 11-*cis*-レチナールとタンパク質のオプシンとの結合体であるロドプシンがある．錘状体ではレチナールは 3 種の異なるオプシンと結合し，吸収できる光の波長を赤，青，緑に変える．ロドプシンが光を吸収すると，11-*cis*-レチナールの部分が *trans*-レチナールに変化する．これに伴い，オプシンに連なるニューロン（神経細胞）に信号が伝達されて光に対する感覚が生じる．その後，*trans*-レチナールは *cis* 型に戻り，再利用される．

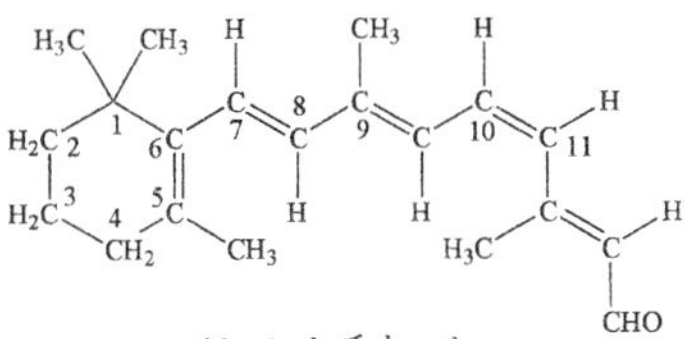

11-*cis*-レチナール

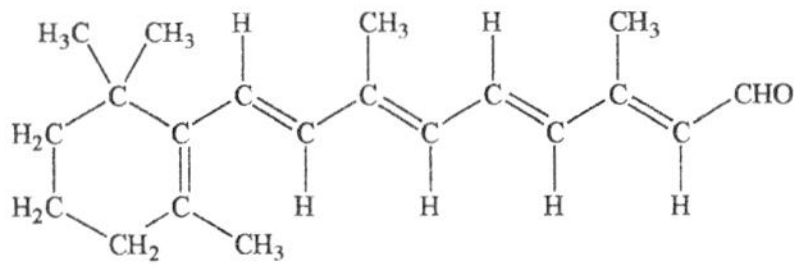

trans-レチナール

明るい場所では錘状体がはたらくので色が見える．暗い場所では杆状体がはたらくので色は見えないが，光に対する感度が高い．夜盲症（鳥目）はビタミン A（*trans*-レチノール）の不足によって，暗いところで鋭敏にはたらく杆状体が障害を受けたときに起こる．なお，ニンジンなどの黄緑色野菜に含まれている β-カロテンは小腸で 2 つに分解してビタミン A になる（II巻 p. 115）．

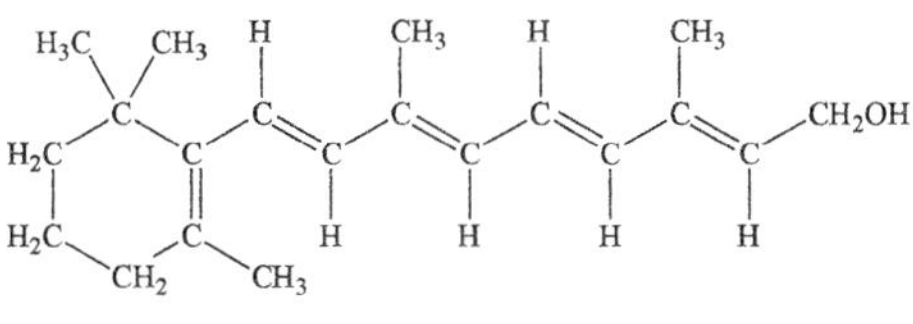

trans-レチノール（ビタミンA）

2.2.3　アルケンの反応

(a)　酸化反応

アルケンは燃焼などで完全に酸化されると二酸化炭素と水を生じる.

$$\underset{\text{プロピレン}}{H_2C{=}CH{-}CH_3} + \frac{9}{2}O_2 \longrightarrow 3CO_2 + 3H_2O$$ [1]

また，アルカンを過マンガン酸カリウムのアルカリ性溶液で処理すると，不完全な酸化が起こり，二重結合の両端にヒドロキシル基が入る.

$$H_2C=CH_2 \xrightarrow{KMnO_4} \begin{array}{c} H_2C-CH_2 \\ | \quad | \\ OH \; OH \end{array}$$

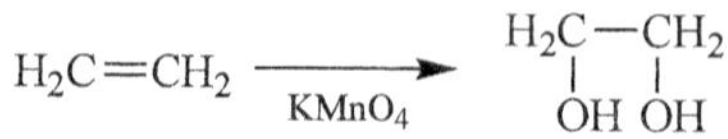

エチレン　　　　　エチレングリコール

上の反応では酸化剤である $KMnO_4$ が (O)＋H_2O の形で作用して，2つのOHを二重結合に付け加えたことになる.

(b)　付加反応

1.4節 (p.46) で述べたように，エチレンの π 結合は弱いので，しばしば結合が開いて他の原子と反応し二重結合が単結合になる．たとえば，エチレンと塩素を反応させると，

$$\begin{array}{c} H \; H \\ | \; | \\ H-C=C-H \end{array} + Cl-Cl \longrightarrow \begin{array}{c} H \; H \\ | \; | \\ H-C-C-H \\ | \; | \\ Cl \; Cl \end{array}$$

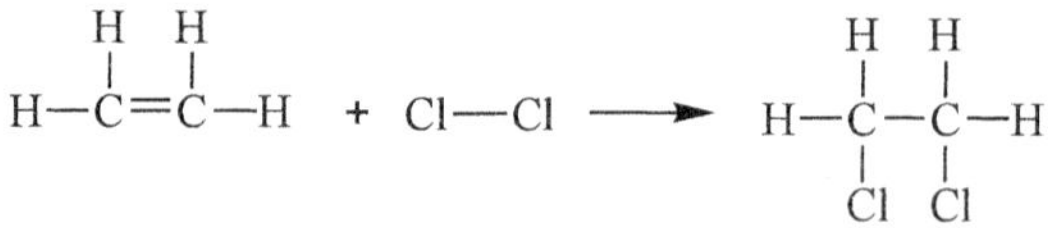

エチレン　　　　　1,2-ジクロロエタン

このような反応を**付加反応** (addition reaction) という．上のエチレンの $KMnO_4$ による酸化も付加反応の例である．同様な付加反応は臭素 Br_2 でも起こる．臭素の付加反応は不飽和結合 (二重結合または三重結合) の検出に用いられる．ある物質をジクロロメタン CH_2Cl_2 に溶かし，臭素を加えたとき，臭素の赤色が消えれば，その物質は不飽和結合を含むことになる．また，二重結合へのヨウ素の付加反応は脂肪酸の不飽和の程度を調べるのに使われる (ヨウ素価，II巻 p.47参照)．以上はハロゲンの付加の例であるが，他の分子もアルケンに付加する．たとえばエチレンに水素が付加すると

1)　この反応は式の両辺を2倍すれば

$$2H_2C{=}CH{-}CH_3 + 9O_2 \longrightarrow 6CO_2 + 6H_2O$$

となり，分数の係数がとれる.

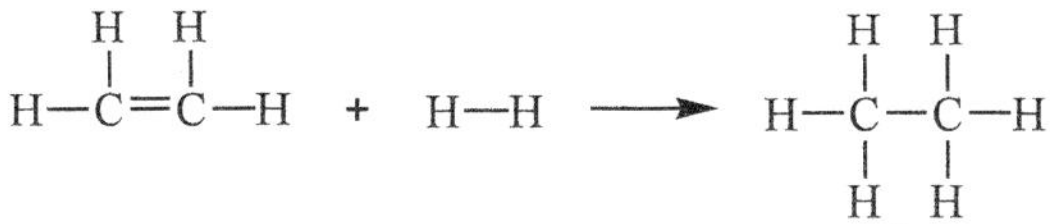

$$\underset{\text{エチレン}}{\overset{\text{H}\quad\text{H}}{\text{H}-\text{C}=\text{C}-\text{H}}} + \text{H}-\text{H} \longrightarrow \underset{\text{エタン}}{\overset{\text{H}\quad\text{H}}{\underset{\text{H}\quad\text{H}}{\text{H}-\text{C}-\text{C}-\text{H}}}}$$

水素付加反応は液体の植物油（不飽和脂肪酸を含む）を固体にしてマーガリンなどを作るのに利用される（後述，II巻 p. 42 参照）．塩化水素 HCl が付加すると，

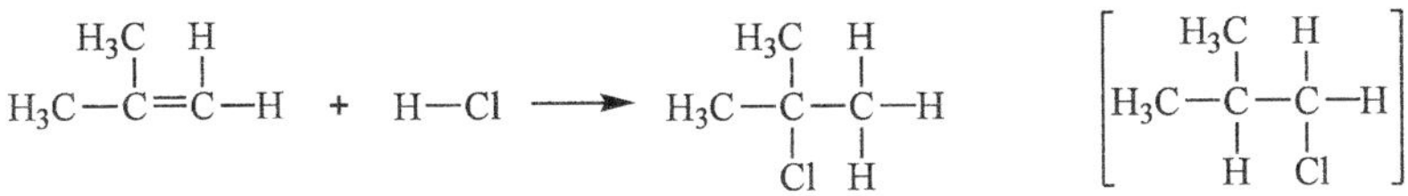

$$\underset{\text{2-メチル-1-プロペン}}{\overset{\text{H}_3\text{C}\quad\text{H}}{\text{H}_3\text{C}-\text{C}=\text{C}-\text{H}}} + \text{H}-\text{Cl} \longrightarrow \underset{\text{2-クロロ-2-メチルプロパン}}{\overset{\text{H}_3\text{C}\quad\text{H}}{\underset{\text{Cl}\quad\text{H}}{\text{H}_3\text{C}-\text{C}-\text{C}-\text{H}}}} \quad \left[\underset{\substack{\text{1-クロロ-2-メチルプロパン}\\ \text{(生成しない)}}}{\overset{\text{H}_3\text{C}\quad\text{H}}{\underset{\text{H}\quad\text{Cl}}{\text{H}_3\text{C}-\text{C}-\text{C}-\text{H}}}}\right]$$

上の反応で 1-クロロ-2-メチルプロパンは生成しない．一般にハロゲン化水素 HX がアルケンに付加するときは，H 原子はアルキル置換基の少ない方の炭素に結合する．これを発見者の名前をとって，**マルコヴニコフ則** (Markovnikov's rule) という．エチレンに水を付加するとエタノール（エチルアルコール）ができる．

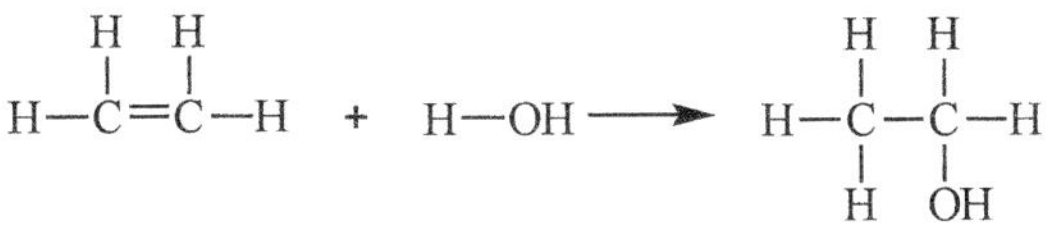

$$\underset{\text{エチレン}}{\overset{\text{H}\quad\text{H}}{\text{H}-\text{C}=\text{C}-\text{H}}} + \text{H}-\text{OH} \longrightarrow \underset{\text{エタノール}}{\overset{\text{H}\quad\text{H}}{\underset{\text{H}\quad\text{OH}}{\text{H}-\text{C}-\text{C}-\text{H}}}}$$

工業的に大量のエタノールがこの方法で合成される．

(c) 重合反応

エチレンは高温（100～250°C），高圧（1000～3000 atm）で触媒を用いて，付加反応で多数（数百～数千）結合した鎖，ポリエチレンをつくることができる．

$$n\text{H}_2\text{C}=\text{CH}_2 \longrightarrow \cdots-\text{CH}_2\text{CH}_2-\text{CH}_2\text{CH}_2-\text{CH}_2\text{CH}_2-\text{CH}_2\text{CH}_2\cdots$$
ポリエチレン

このように**単量体**（モノマー monomer）とよばれる分子の単位が多数結合して**重合体**（ポリマー polymer）とよばれる大きい分子をつくる過程を**重合** (polymerization) という[1]．ポリエチレンはエチレンを単量体とする重合体である．多くのプラスチックが数百から数千個の単量体の重合によってつくられる（表2.2.1）．これらのプラスチックは多くの長所をもつ．たとえば，成形加工が容易であること，軽量の割に強度が高いこと，熱・電気を伝えにくいこと，化学薬品に対して耐性があることなどである．しかし，本来天然に存在しないものであるから，微生物で分解されない，また，燃焼などで処理すると有毒な物質を出すなどの欠点があるので，リサイクルの必要性が強調されている．

自然界にも重合体は多い．たとえば，デンプンはグルコースの（II巻 p. 25），タンパク質はアミノ酸の（II巻 p. 65），核酸はヌクレオチドの（II巻 p. 138～139）重合体である．また，生ゴムはゴムの木の樹液を水洗，乾燥後，加熱して固めたもので，2-メチル-1,3-ブタジエン（イソプレン）が平均して5000個重合したものである．

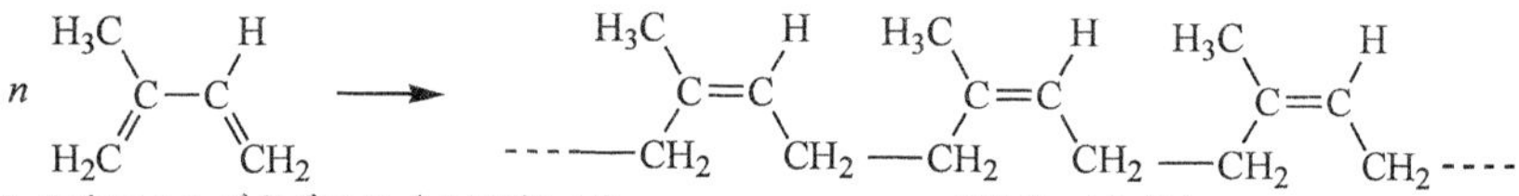

2-メチル-1,3-ブタジエン（イソプレン）　　重合体　（生ゴム）

表 2.2.1　アルケンの重合体と用途

単量体	分子式	重合体名	用　途
エチレン	$H_2C{=}CH_2$	ポリエチレン	フィルム，絶縁体，容器
プロペン（プロピレン）	$H_2C{=}CHCH_3$	ポリプロピレン	成形品，ロープ，カーペットの繊維
スチレン	$H_2C{=}CHC_6H_5$	ポリスチレン	成型品，発泡プラスチック
クロロエチレン（塩化ビニル）	$H_2C{=}CHCl$	ポリ塩化ビニル	フィルム，パイプ，絶縁体，容器
アクリロニトリル	$H_2C{=}CHC{\equiv}N$	ポリアクリルニトリル	繊維
テトラフルオロエチレン	$F_2C{=}CF_2$	テフロン†	フィルム，絶縁体，人工血管
酢酸ビニル	$H_2C{=}CHOCOCH_3$	ポリ酢酸ビニル	塗料，接着剤

† テフロンがフライパンなどの内面加工に使われるのは，熱に強い（融点327°C，270°C で連続使用可能）上，炭素と結合したフッ素が不活性で，ものが付着しないためである．

1)（前頁注）重合の式では結合する分子数を n で表すことにする．

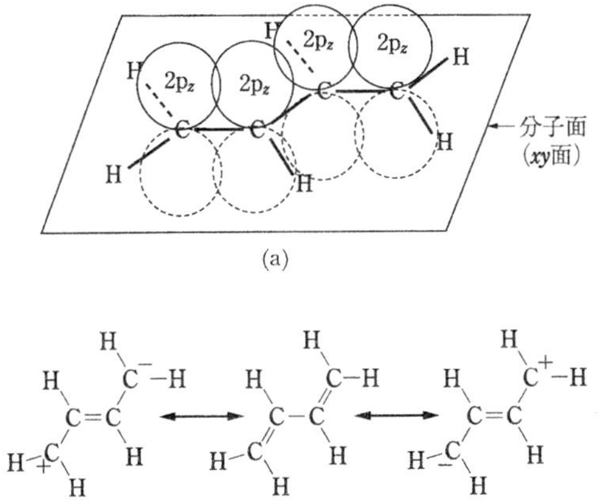

(a)

(b)　(c)　(d)

図 2.2.1　*trans*-1,3-ブタジエンの π 結合

この分子では，(a)のように各炭素電子にある $2p_z$ 電子が相互作用して分子全体にわたる結合が形成される．このような状態を普通の構造式で書くと，(b)，(c)，(d)の構造が混じり合ったものと解釈される．末端の炭素原子の＋と－の電荷は，電子1個が一方の端の炭素原子から他方の端の炭素原子に移動したために生じる（このとき両端の炭素原子の価数はともに3価となる）．

生ゴムは柔らかくてそのままでは使えない．硫黄と加熱して，高分子鎖のあいだに炭素—硫黄結合の橋を網目状にかけ，丈夫にして使う．この処理を加硫という．ゴムは通常高分子鎖がよじれて絡まり合っている．引き延ばすと鎖が引っ張った方向に整列して伸びる．

イソプレンでは炭素間の二重結合が単結合を挟んで1つおきにある．このように交互に配列した二重結合を**共役二重結合**（conjugated double bond）という．共役二重結合をもつ分子では，各原子に π 電子がある．図 2.2.1 の *trans*-1,3-ブタジエンの例で示すように，π 電子はお互いに相互作用して分子全体にわたる結合が形成される．このため，共役二重結合をもつ分子は安定である（p. 88 で述べるように，ベンゼン分子も共役二重結合をもち，安定である）．

2.3　アルキン

アルキン (alkyne) は炭素—炭素三重結合をもつ炭化水素である．もっとも簡単なアルキンはアセチレン HC≡CH で，アルキンのことを**アセチレン系炭化水素**ともいう．アセチレンは爆発性の気体で，カルシウムカーバイドを水で分解すると得られる．

$$CaC_2 + 2H_2O \longrightarrow HC{\equiv}CH + Ca(OH)_2$$

カルシウムカーバイド　　アセチレン　　水酸化カルシウム

アセチレンは明るい光を放って燃えるので，電灯がない時代には照明に用いられた．また酸素とともに燃焼させると高熱を発するので，溶接に使われる．

アルキンの命名法は語尾に-イン (-yne) が付く以外は，アルケンの場合と同じである．たとえばアセチレンは-エチン (-ethyne)，$CH_3C{\equiv}CCH_3$ は 2-ブチンである．

アルキンの反応はアルケンの反応と同様である．ただし，アルケンの二重結合に対し，アルキンは三重結合をもつため，水素，ハロゲン，ハロゲン化水素等が 2 分子付加する．ただし，触媒や反応条件を選べば，1 分子の付加で止めることもできる．たとえば，Pd の特別な触媒 (Lindler 触媒) により

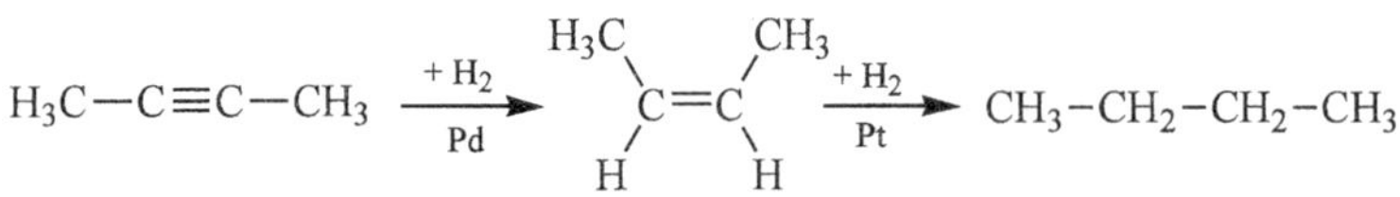

2-ブチン　　*cis*-2-ブテン　　*n*-ブタン

アルキンを硫酸水銀を触媒として希硫酸で処理すると，水が付加してエノール (エン＝アルケンとオール＝アルコールからなる基をもつ化合物) ができるが，それはより安定なケトンに変わる[1]．

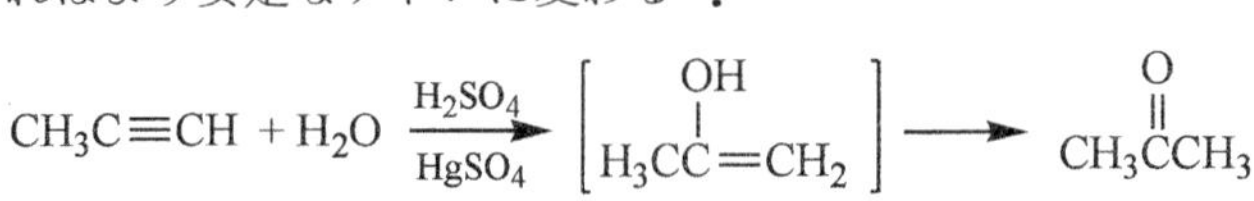

1-プロピン　　エノール　　アセトン

アルキンを重合して高分子をつくることは現在ではほとんど行われていな

1)　エノールとケトンは速やかに相互変換する．このような過程を**互変異性** (tautomerism) という．ケト-エノール互変異性の平衡はケトン側に大きく偏っている．

い．

アセチレンを重合すると共役二重結合をもつポリアセチレンが生じる．

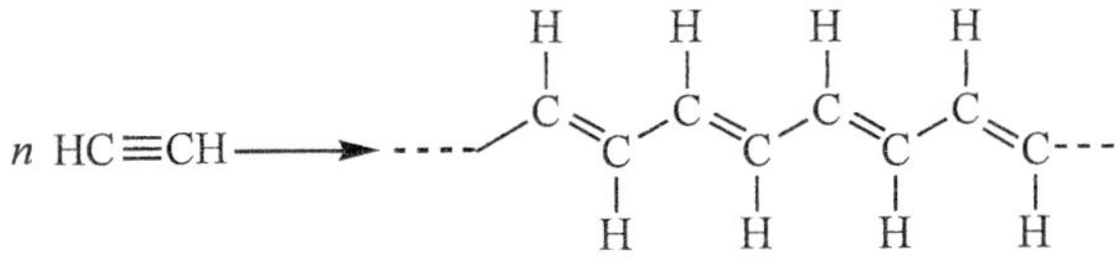

ポリアセチレン

ポリアセチレンとしては従来黒色の粉末しか得られていなかったが，1967年白川英樹博士は金属光沢の膜をつくることに成功した（研究生が間違って触媒を所要量の1000倍加えたところできたという）．この膜にヨウ素を加えると，電気伝導度は12桁も増加し，金属に匹敵する電気伝導度が得られた．有機高分子は電気の絶縁体であることが常識であったが，この発見によって導電性ポリマーの概念が確立した．この業績によって，白川博士はアメリカのマクダイアミド（A. MacDiarmid）およびヒーガー（A. Heeger）両氏とともに2001年度のノーベル化学賞を受賞した．

なお，三重結合を含む物質は生物の行う化学反応には関与していない．

［例題 2.3.1］ 同じ体積のエタン，エチレンおよびアセチレンをそれぞれ完全燃焼させるとき，それらの燃焼に必要な酸素の体積比を求めよ．

［解］ 各気体1 molの燃焼の化学方程式は次のとおりである．

$$C_2H_6+(7/2)O_2=2CO_2+3H_2O$$
$$C_2H_4+3O_2=2CO_2+2H_2O$$
$$C_2H_2+(5/2)O_2=2CO_2+H_2O$$

気体1 molの体積はすべて同じだから，燃焼に必要な酸素の体積比は上式のO_2の係数比となる．よって，酸素の体積比は(7/2)：3：(5/2)＝7：6：5となる[1]．

2.4 脂環式炭化水素

p. 49で述べたように，**脂環式炭化水素**（alicyclic hydrocarbon）とは芳香族炭化水素（ベンゼン環C_6H_6を含む炭化水素）以外の環状の炭化水素であ

1) 酸素–アセチレン炎が高熱を発するのは，燃焼に必要な酸素の体積が少ないので，熱が発散しないためである．なお，アセチレンの明るい光は燃焼のときに分解して生じた炭素粒子が白熱光を出すことによる．

る．

シクロアルカン (cycloalcane) はアルカンが輪になったもので，$-CH_2-$がつながって輪になっているので，一般式はC_nH_{2n}となる．nが3から6までのシクロアルカンである，シクロプロパン，シクロブタン，シクロペンタンおよびシクロヘキサンを図2.4.1に示す．図で(a)は構造式，(b)はその簡略形（各頂点のCとそれに結合した2つのHを省いたもの），(c)は各分子のCが平面に配置していると考えたときの内角である．ところで，シクロアルカンの各炭素原子はsp^3混成軌道で結合しているので，結合角は四面体角109.5°のはずである (p. 39，図1.3.2)．しかし，図2.4.1によると，アルカン分子の各C原子が平面にあると考えたとき，CCC結合角（多角形の内角）の値は109.5°からずれている．たとえば，シクロプロパンのCCC結合角の値は60°で（この分子は三角形だから3つのC原子は一平面上になければならない），四面体角からの大幅なずれが見られる．このような場合，混成軌道は重なりが悪いので，結合が不安定で反応性が強い（図2.4.2)．

図2.4.3にシクロアルカンの分子の形を示す．Cがつくる面はシクロプロパンでは平面にならざるをえないが，シクロブタンでは四面体角からのずれを解消するため，少し平面からずれている．シクロペンタンとシクロヘキサンも非平面である．シクロペンタンの場合，非平面になると，CCC結合角は108°より小さくなり，四面体角からのずれが大きくなるが，隣り合った

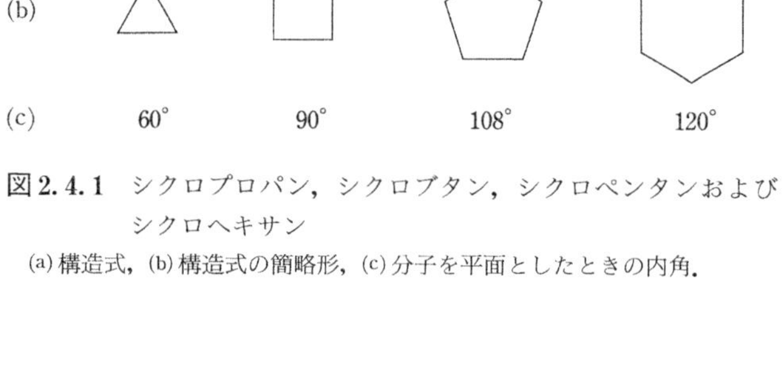

図2.4.1　シクロプロパン，シクロブタン，シクロペンタンおよびシクロヘキサン

(a)構造式，(b)構造式の簡略形，(c)分子を平面としたときの内角．

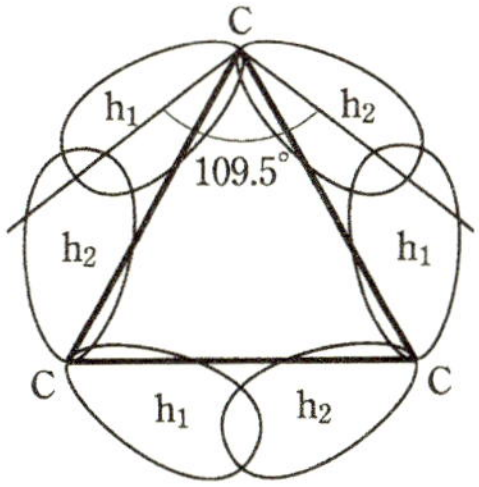

図 2.4.2　シクロプロパンの混成軌道の重なり

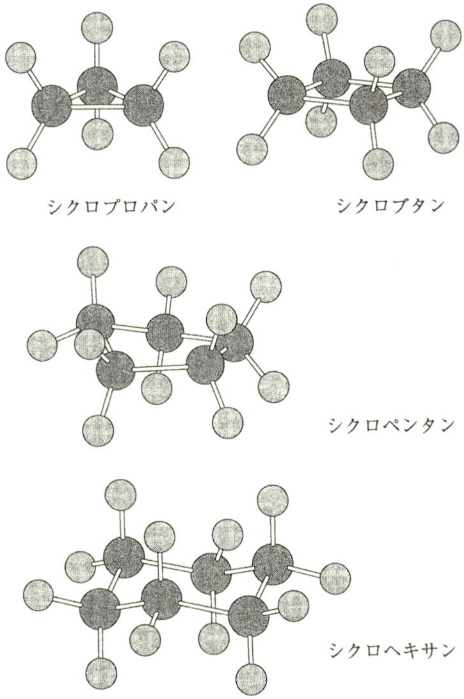

図 2.4.3　シクロアルカンの原子模型

炭素の C—H 結合間の反発が小さくなるので，むしろ安定になる．シクロヘキサンでは図 2.4.3 の形をとると，CCC 結合角は四面体角 109.5° となり安定である．これは次のように図示される．

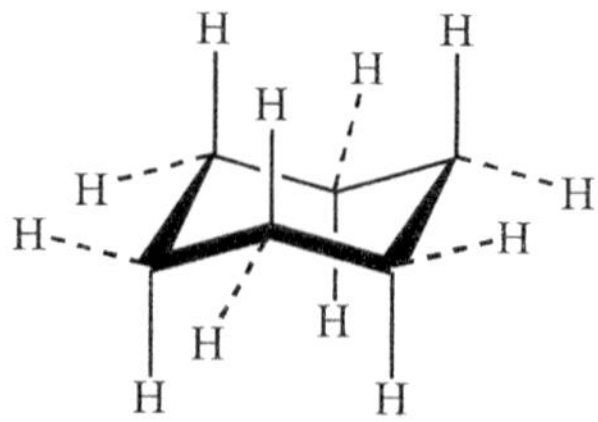

このときC−H結合間の反発も小さい．この形を**イス形配座**（chair conformation）という．上図で環の上下に垂直方向に結合した水素（CH結合を実線で示す）を**アキシアル水素**（axial hydorgen）[1)]，環のほぼ面内で結合した水素（CH結合を点線で示す）を**エクアトリアル水素**（equatorial hydrogen）[2)]という．

脂環式炭化水素の命名法は，シクロ（cyclo-）を接頭語とするほかは，鎖式炭化水素の場合と同じである．たとえば，

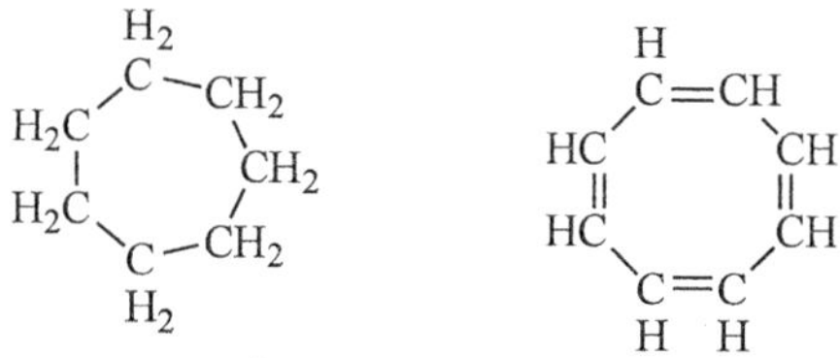

シクロヘプタン　　　シクロオクタテトラエン

置換基が2つ以上付いている場合は環に番号を付けるが，番号の合計がなるべく小さくなるようにする（置換基が1つのときは番号は不要である）．また，異なった置換基の場合はアルファベット順に番号を付ける．たとえば，

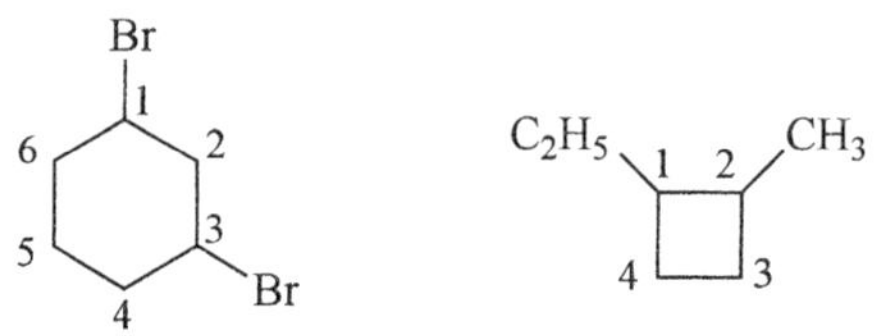

1,3-ジブロモシクロヘキサン　　　1-エチル-2-メチルシクロブタン

上式で環についた水素はすべて省いてあることに注意されたい．1,3-ジブロモシクロヘキサンでは，1と3の位置に水素が1個ずつ，2，4，5，6の位置

1）　環の軸（axis）に平行に結合していることを意味する．

2）　環の赤道（equator）面にあることを意味する．

に水素が2個ずつある．このように簡略化した式では，環についた原子については，一般に水素以外の原子のみを示す．

環式化合物では，C−C単結合の場合でも，結合軸のまわりの自由回転はできない．その結果シス-トランス異性体，すなわち幾何異性体が生じる．たとえば，

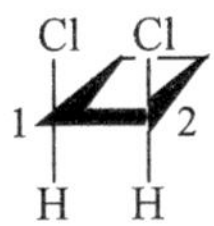

cis-1,2-ジクロロシクロブタン

trans-1,2-ジクロロシクロブタン

cis-1,4-ジメチルシクロヘキサン

trans-1,4-ジメチルシクロヘキサン

のように，シス体は置換基が環の面の同じ側に，トランス体は反対側にある．

章末問題

2.1　炭素6個を含む鎖式飽和炭化水素の示性式をすべて示し，IUPAC名を記せ．

2.2　次のアルカンのIUPAC名を記せ．

(a)
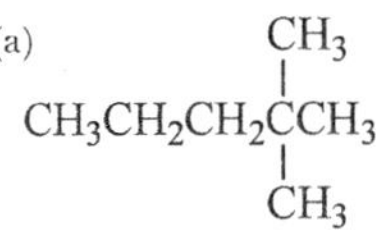

(b)
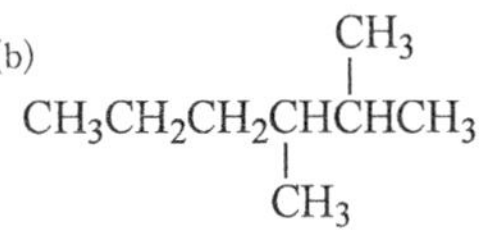

(c)
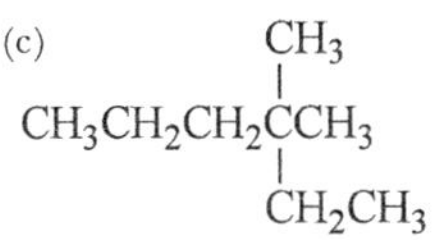

(d)
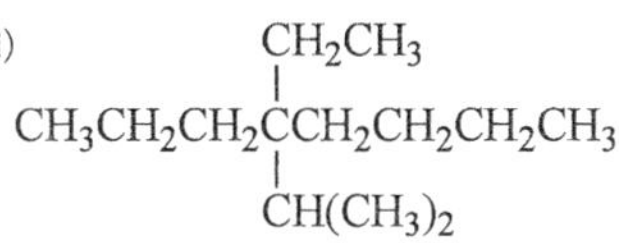

2.3　次のIUPAC名をもつ化合物の示性式を描け．

(a) 2,2-ジメチルノナン　　(b) 3-エチル-3,4-ジメチルヘキサン

(c) 2,4,4-トリメチルオクタン　　(d) 4-エチル-3-イソプロピルヘプタン

2.4　次の化合物のIUPAC名を記せ．

(a) 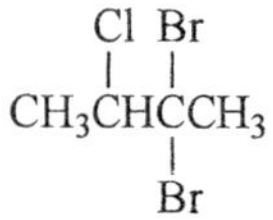

(b) 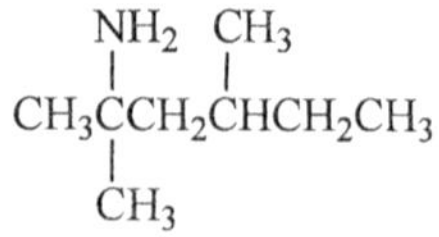

(c) 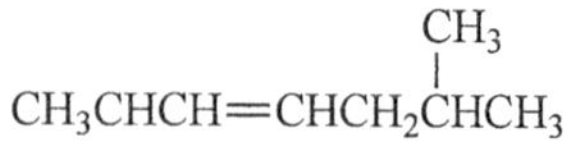

(d) $H_2C=CHCH_2CH_2CH_2CH=C(CH_3)_2$

(e) 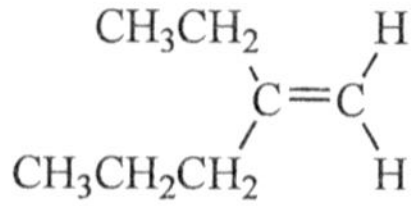

(f) $CH_3CH_2C\equiv CCH_3$

(g) 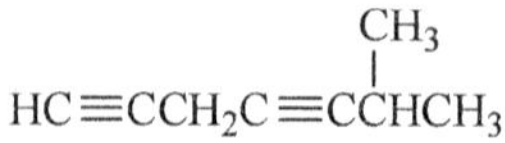

(h) 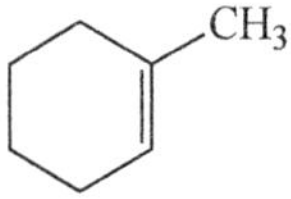

(i) 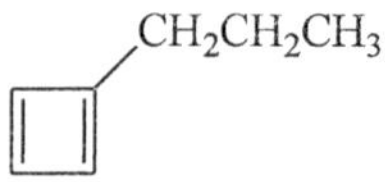

(j) 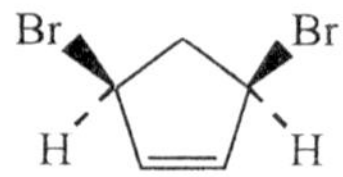

2.5　次の化合物の示性式を描け．

(a) 1-ニトロ-2,2-ジメチルブタン　(b) シアノメタン

(c) 3-エチル-1-ヘプテン　(d) 1,5-ヘキサジエン　(e) *cis*-2-ペンテン

(f) 2,2-ジメチル-4-オクチン　(g) 3-メチル-4-ヘキセン-1-イン

(h) 3-メチルシクロオクテン　(i) *trans*-1,2-ジメチルシクロペンタン

2.6　シクロプロパン C_3H_6 1 mol を完全燃焼させると，2091.3 kJ の熱量が発生する．次の問に答えよ．

(a) 燃焼反応の熱化学方程式を記せ．

(b) シクロプロパン 1 mol を完全燃焼させたとき，発生する二酸化炭素の体積は 1 atm，25°C で何 dm^3 か．

(c) 標準状態で体積 1 dm^3 のシクロプロパンを完全燃焼させると，何 kcal の熱が発生するか．

2.7　プロパンと臭素の混合物に紫外光を照射したとき生成する臭素一置換体と二置換体の構造式をすべて示し，それらを命名せよ．

2.8　次の反応の付加生成物を記せ．

(a) $CH_3CH=CHCH_2CH_3$ + HBr

(b) 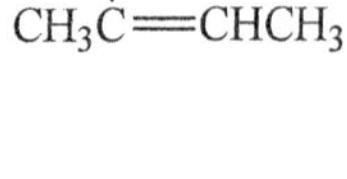 + HBr

(c) 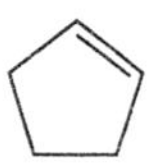 + H_2O

2.9　ポリ塩化ビニルの構造を記せ．ただし，塩化ビニル（クロロエチレン）は $CH_2=CHCl$ である．

2.10　1 mol の 1-ブチンに 1 mol の水素分子を付加させた化合物の示性式と IUPAC 名を記せ．この生成物にさらに 1 mol の塩化水素を付加させた化合物の示性式と IUPAC 名も記せ．

3 芳香族化合物

芳香族化合物 (aromatic compound) とは，二重結合が3つある6員環，ベンゼン環をもつ化合物のことである．芳香族の名前は，この種の化合物が芳香をもつ物質を含むことに由来する[1]．この章では，**芳香族炭化水素** (aromatic hydrocarbon) が他の炭化水素，アルカン，アルケン，アルキンなどとどのように異なるか述べる．

3.1 ベンゼンの構造

ベンゼンは特有の臭気をもち，有毒である (白血病の原因になる)．コールタールの分留で得られ，溶媒として，また芳香族化合物合成の原料として，広く使われる．ベンゼン環を含む物質は生命活動にとって必要である．植物はベンゼン環を合成することができるが，動物はできないので，食物からとらなければならない．たとえば，フェニルアラニンやトリプトファンはベンゼン環を含み，必須アミノ酸に属する (II巻 p. 68，69)．

ベンゼンが C_6H_6 の化学式をもち，安定で，臭素と反応してもアルケンの場合から予想される付加生成物 $C_6H_6Br_2$ ではなくて，1種類のモノブロモ置換体 C_6H_5Br しか与えないことは以前から知られていた．1865年，ドイツの化学者ケクレ (F. A. Kekulé) はベンゼンの構造として次のものを提案した．ただし，右は略記形である．

---

1) ベンズアルデヒド C_6H_5CHO はサクランボやアーモンドの，トルエン $C_6H_5CH_3$ はトルーバルサム (南米の木から採れる芳香のあるゴム状物質) の香りのもとである．

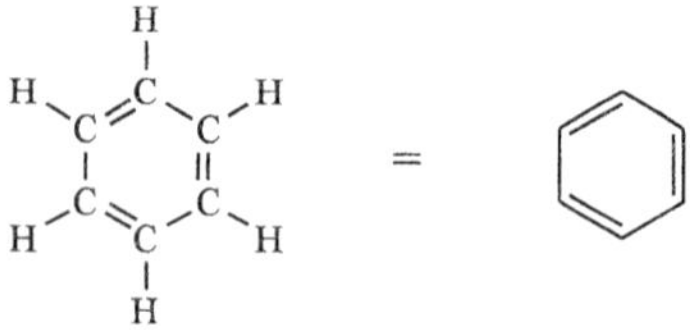

この構造式によって，モノ置換体 C_6H_5Br が1種類しかできないことは説明される．しかし，次の2置換体もそれぞれ1種類しかなく，(I)と(II)および(III)と(IV)は区別できない．

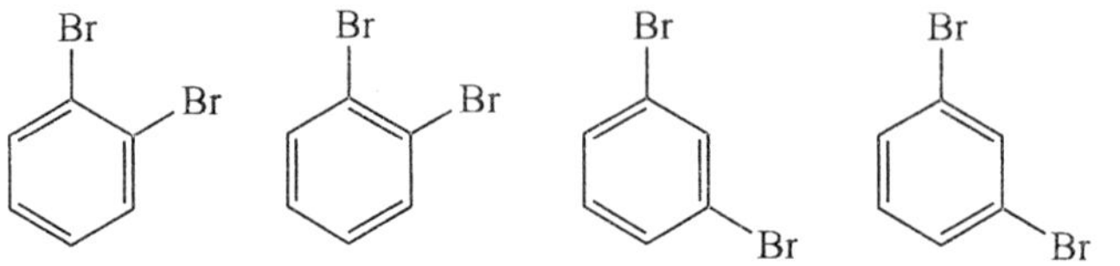

(I)　(II)　(III)　(IV)

このことを説明するため，ケクレはベンゼンでは次のように二重結合の位置が入れ替わった，構造(A)と(B)が速い速度で移り変わっているとした．このような転移を**共鳴**（resonance）といい，(A)，(B)のような構造を共鳴構造という．

(A)　(B)

しかし，この説ではベンゼンの安定性（付加物を与えない）は説明できない．また，その後の進歩した測定法でも(A)または(B)の構造が実在することは証明できなかった．

ベンゼンの構造は20世紀になって量子化学[1]の進歩によって説明された．ベンゼンの各炭素原子が1.4節（p. 47）で述べた sp^2 混成軌道を形成しているとすれば，ベンゼンの σ 結合は図3.1.1(a)のようになる．また，$2p_z$ 電子による π 結合は(b)，(c)のようになる．ただし，(c)では $2p_z$ 電子が2つだ

1)　20世紀初頭に物理学の分野で登場した量子力学を化学に応用した学問．

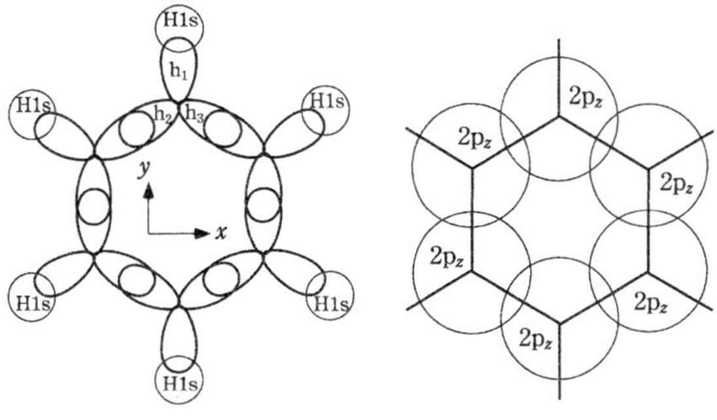

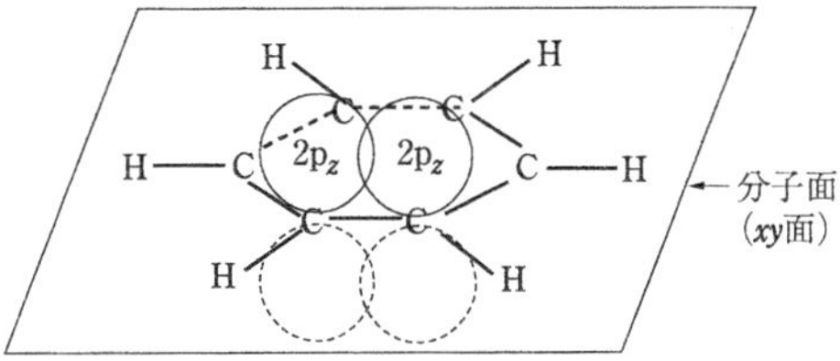

図 3.1.1　ベンゼンの結合

(a) は σ 結合，(b) と (c) は π 結合，ただし (b) は真上から見た図，(c) では $2p_z$ 電子が 2 つだけ示してある．なお，σ 軌道 (h_1，h_2，h_3 および H1s の各軌道) の電子分布に比べて，$2p_z$ 軌道の電子分布は重なりを強調するため大きく描いてある．

け示してある．図において，各 $2p_z$ 電子は環の炭素原子に 1 つずつあり，隣の $2p_z$ 電子と電子分布が重なり合って π 結合を形成している．したがって，π 結合は (A) または (B) のように，特定の炭素の対に局在しているのではなくて，6 つの炭素原子全体に広がっているのである．このような事情は下図のように表されるであろう．

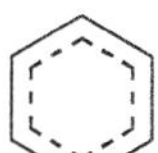

(C)　　または　　

(D)

したがって，環のC—C結合は等価で二置換体の(I)と(II)および(III)と(IV)は区別できないのである．上の(C)または(D)の構造は，(A)と(B)の共鳴構造の中間で，(A)，(B)両構造を混ぜ合わせたものと考えることもできる．このように考えると，ベンゼン環は正六角形であり，各C—C結合は単結合と二重結合の中間で，いわば1.5重結合とみなしてもよい．実際，炭化水素のC—C結合距離は表3.1.1のようになり，ベンゼンのC—C間隔はエタンとエチレンの値の中間になるのである．

表3.1.1　C—C結合距離

化　合　物	結　合	結合距離/nm
エ　タ　ン	単結合	0.1535
ベンゼン		0.1399
エチレン	二重結合	0.1087
アセチレン	三重結合	0.1060

1 nm＝1×10^{-9} m

一般にベンゼンのように分子が共鳴構造をもつときはその分子は安定である．ところで，ベンゼンの(A)または(B)の構造は二重結合が1つおきにある共役二重結合構造である．共役二重結合をもつ分子はπ結合が分子全体に広がり安定化することはすでに述べた（2.2.3項（p. 75）参照）．なかでも，環のπ電子数が2個（エチレン），6個，10個，……（一般には（$4n+2$）個）の分子は特に安定であることが理論的に示されている[1]．したがって，同じ共役系でもシクロブタジエンやシクロオクタテトラエンはベンゼンほど安定ではない．

シクロブタジエン　シクロオクタテトラエン

ベンゼン環の構造式は通常(A)，(B)または(D)で示される．本書では以後ベンゼン環を表すのに(A)または(B)を使うことにする．

1)　このような性質を**芳香族性**（aromaticity）という．

3.2 芳香族化合物の命名法

芳香族化合物は慣用名が使われることが多く，IUPAC でも表 3.2.1 に示した化合物名は例外として使用を認めている．次に IUPAC 命名法を述べる．

表 3.2.1 芳香族化合物の慣用名

構 造	名 前	構 造	名 前
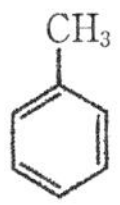	トルエン (toluene)	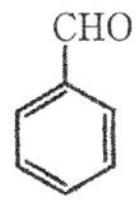	ベンズアルデヒド (benzaldehyde)
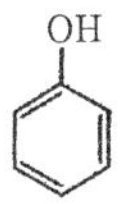	フェノール (phenol)	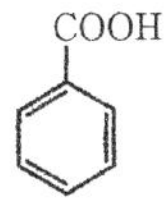	安息香酸 (benzoic acid)
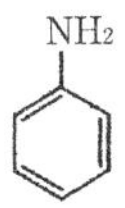	アニリン (aniline)	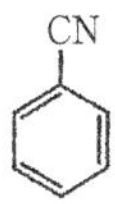	ベンゾニトリル (benzonitrile)
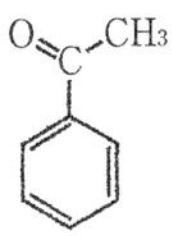	アセトフェノン (acetophenone)	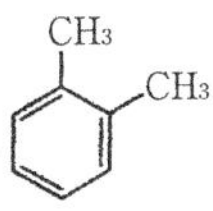	o-キシレン (o-xylene)†

† *m*-および *p*-キシレンもある．

(1) ベンゼンの一置換体は，母体名をベンゼンとし，他の炭化水素と同様に命名される．下に例を示す．

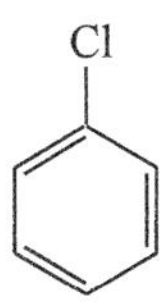

クロロベンゼン

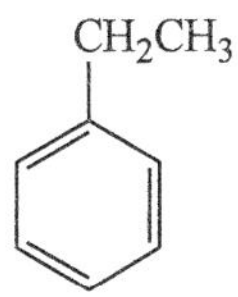

エチルベンゼン

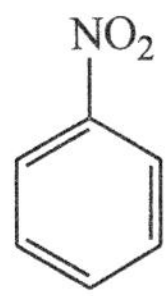

ニトロベンゼン

(2) ベンゼン二置換体では，2 番目の基の位置をオルト (ortho, *o*-)，メタ (meta, *m*-)，パラ (para, *p*-) で表す．

例：

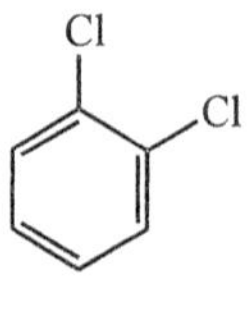

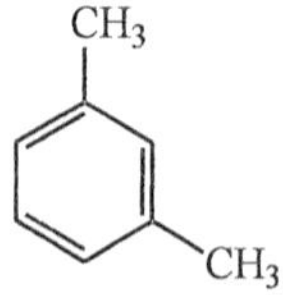

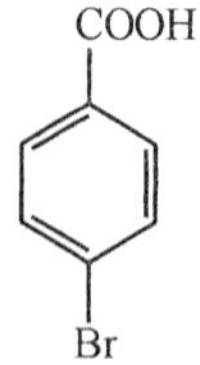

o-ジクロロベンゼン　*m*-キシレン　*p*-ブロモ安息香酸

(3)　3個以上の置換基があるベンゼン誘導体では，合計がもっとも小さい数になるように環状の各置換基の位置に番号を付ける．また，置換基はアルファベット順に並べて，接頭語とする．

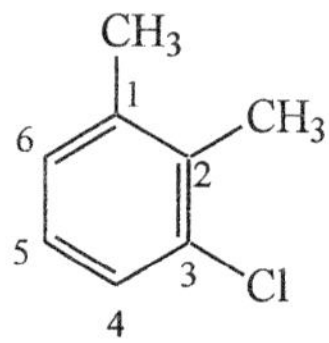

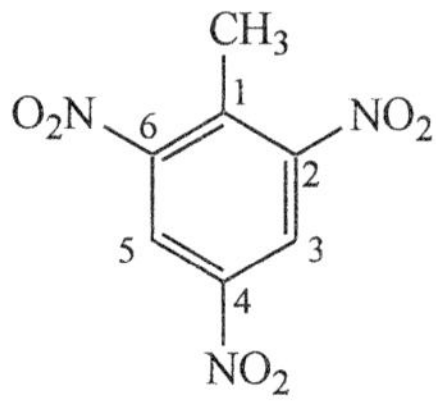

3-クロロ-1,2-ジメチルベンゼン　2,4,6-トリニトロトルエン(TNT)[1]

上の2番目の例では，表3.2.1の慣用名が用いられている．その場合，主な置換基（上例ではメチル基）はClの位置にあるものとする．

(4)　ベンゼン環が置換基と考えられるときは，C_6H_5—をフェニル基とよぶ．また，$C_6H_5CH_2$—をベンジル基という．

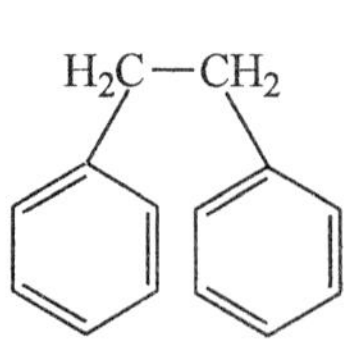

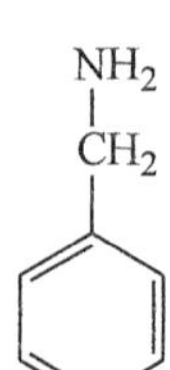

1,2-ジフェニルエタン　ベンジルアミン

1)　この化合物がTNT爆薬である．分子内に酸素原子が6個もあり，それらの酸素原子が分子内の炭素原子や水素原子と接触すると爆発的な酸化が起こり，二酸化炭素と水が生じる．このような原子の接触を起こすために，アジ化鉛（$Pb(N_3)_2$）のような起爆剤が使われる．アジ化鉛は叩いたり，電気火花を飛ばしたりすると，たやすく大量のN_2気体を放出し，TNTに衝撃波を及ぼす．

［例題 3.2.1］　次の化合物を命名せよ．

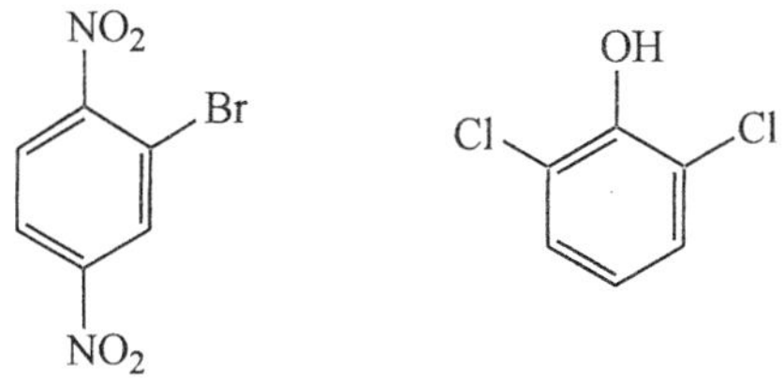

［解］　左の化合物は，NO_2 基を起点として時計回りに番号を付けて，2-ブロモ-1,4-ジニトロベンゼンとなる（アルファベット順でブロモが先）．右の化合物は，OH 基を起点として番号を付けて，2,6-ジクロロフェノールとなる．

3.3　ベンゼンの反応

ベンゼン環は非常に安定なので，通常，環が壊れたり，環の二重結合に付加が生じることはない．水素原子が他の原子や原子団で置き換わる置換反応が起こるだけである．

ベンゼンと臭素や塩素との置換反応は触媒の存在下で起こり，一置換体を与える．

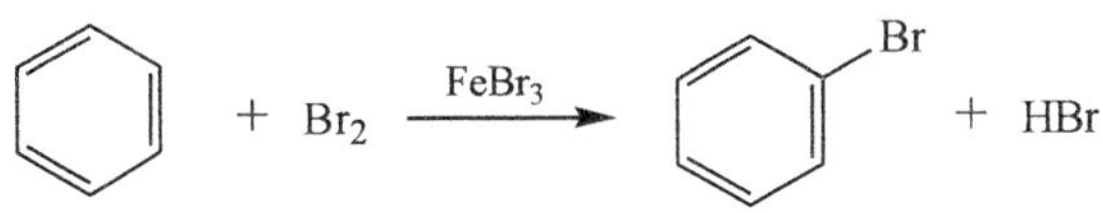

ブロモベンゼン

濃硫酸と濃硝酸の混合物を作用させるとニトロ化される．

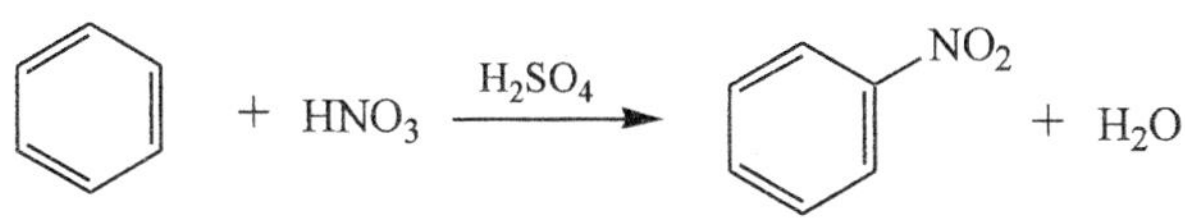

ニトロベンゼン

また発煙硫酸（SO_3 と H_2SO_4 の混合物）の作用でスルフォン化が起こる．

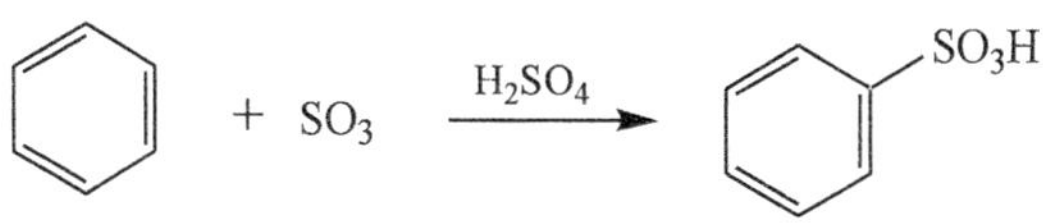

ベンゼンスルホン酸

$AlCl_3$ 触媒を用いてハロゲン化アルキルを作用させるとアルキル基が環に導入される．この反応は**フリーデル-クラフツ** (Friedel-Crafts) **のアルキル化反応**とよばれる．

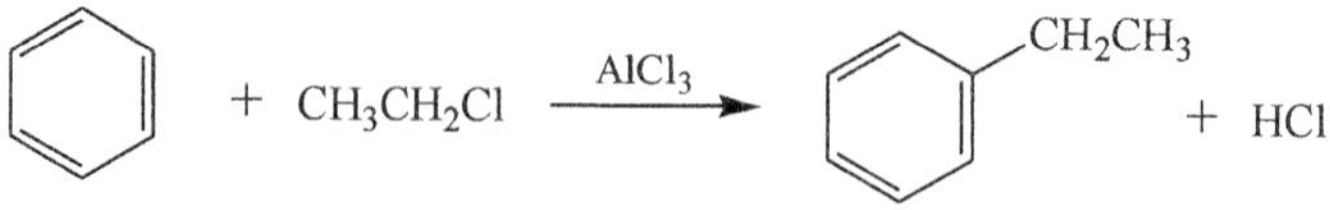

エチルベンゼン

以上の反応は π 電子を豊富にもつベンゼン環に試薬の陽イオンがはたらくことによって開始される[1]．なお，フリーデル-クラフツ反応はカルボン酸のハロゲン化物でも起こる．

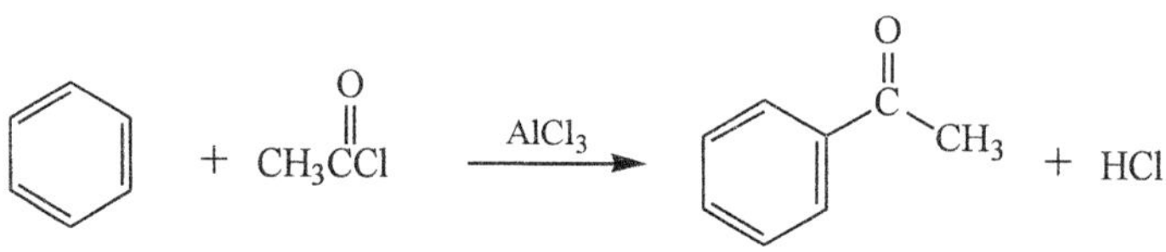

塩化アセチル　　　アセトフェノン

3.4　他の芳香族化合物

ビフェニル (biphenyl，ジフェニル diphenyl ともいう) はベンゼン環が2つつながった化合物であり，コールタール中に存在する．触媒の存在下，溶融したビフェニルに塩素ガスを作用させると，ポリクロロビフェニル (PCB，置換塩素原子数が2以上の混合物，平均の塩素原子数は3～6) が得られる．

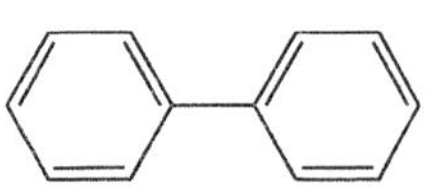

ビフェニル

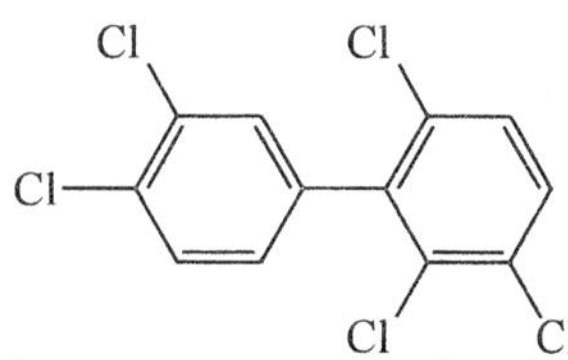

ポリクロロビフェニル(PCB)の1つ

1)　陽イオンはそれぞれ次の反応によってできる．
$FeBr_3 + Br_2 \longrightarrow Br^+ + FeBr_4^-$，$HNO_3 + H_2SO_4 \longrightarrow NO_2^+ + HSO_4^- + H_2O$
$SO_3 + H_2SO_4 \longrightarrow SO_3H^+ + HSO_4^-$，$CH_3CH_2Cl + AlCl_3 \longrightarrow CH_3CH_2^+ + AlCl_4^-$

PCBは耐熱性があり，電気特性もすぐれているので，コンデンサーや変圧器の絶縁油，熱媒体，印刷インキなどに利用された．しかし，排出されたPCBが安定で分解されないため，水や土壌に蓄積して動植物に吸収された．また，食物連鎖によって濃縮されて鳥類，魚介類，牛乳，卵などの食品類が汚染された．人体に対する毒性もきわめて強いため，生産および使用が禁止されている．第二次大戦中殺虫剤として米国兵が使用し，戦後も農薬として

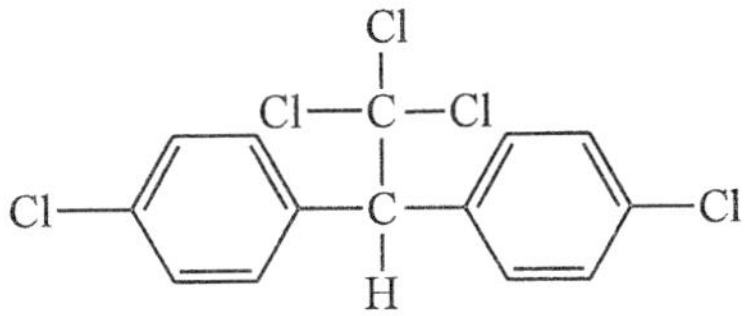

DDT（ジクロロジフェニルトリクロロエタン）

大量に使われたDDTも安定で，食物連鎖により鳥類に被害を与える．しかも昆虫も耐性を示すようになったので，日本および米国で相次いで使用禁止となった．

ベンゼン環が2つ縮合したナフタレンは昇華性の化合物で，衣類の防虫剤として使われる（商品名はナフタリン）．環が3つ縮合したアントラセンは染料の原料である．どちらもコールタール中にある．コールタールからはベ

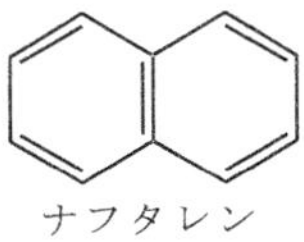

ナフタレン

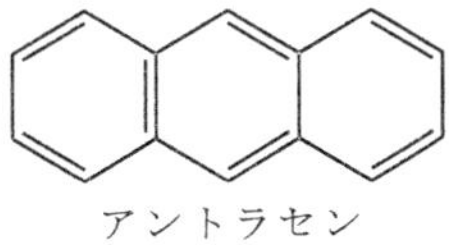

アントラセン

ンゼン環がいくつも縮合した多環芳香族炭化水素も得られる．それらには発がん性を示すものがある．特に発がん性が強いのはベンゾ[a]ピレンである．コールタールを扱う労働者が皮膚がんにかかることはイギリスで見出されていたが，1915年山極勝三郎，市川厚一両博士は，長期間コールタールをウサギの耳に塗って皮膚がんが発生することを証明した．その後コールタール中の主な発がん物質はベンゾ[a]ピレンであることがわかった．ベンゾ[a]ピレンは体内でジオールエポキシドに変わるが，この物質がDNAと反応して突然変異を引き起こし，がんを誘発する（次頁「がん」参照）．

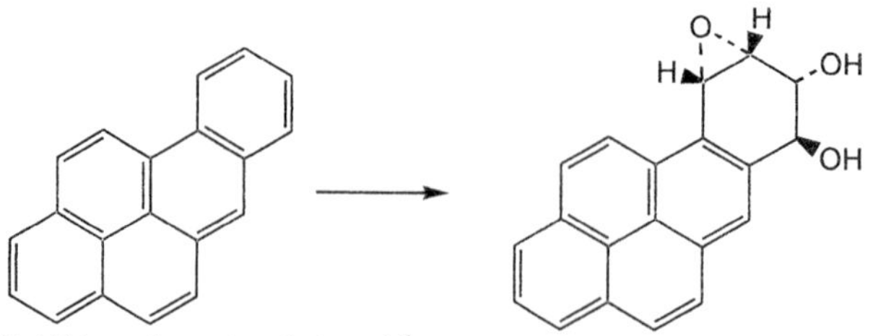

ベンゾ[a]ピレン（1,2-ベンゾピレン）[1]　　ジオールエポキシド

現在，ベンゾピレンはコールタール中だけでなく，排気ガスやたばこの煙などにも含まれていることが知られている．

1）　この名前はピレンの誘導体に由来する．a の位置を 1,2 とすることもある．

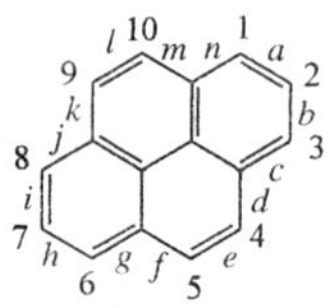

ピレン

がん

表 3.4.1 は 1910 年（明治 43 年）と 1999 年（平成 11 年）のわが国の死亡率を比較した表である．表から，約 90 年の間に全死亡率が大幅に減ったことがわかる．死因については，1910 年には肺炎と全結核がトップに並んでいたが，抗生剤の登場と栄養の改善で，その数は激減し，いまや悪性新生物，いわゆるがんが 1 位になっている．

表 3.4.1　日本人の死亡率†
（人口 10 万人当たりの死者数）

死　因	1910 年	1999 年
悪性新生物	67.1	231.6
心　疾　患	65.0	120.4
脳血管疾患	131.9	110.8
肺　　　炎	262.0	74.9
肝　疾　患	6.6	13.2
全　結　核	230.2	2.3
全 死 亡 率	2163.8	782.9

†　国立がんセンター資料

がんは歳をとると起こりやすくなる病気である．したがって，がんによる死亡率が増加した理由は平均寿命の上昇のためである．

がんには，がん腫とよばれる，造血器由来のもの（白血病，悪性リンパ腫，骨髄腫）と上皮細胞からのもの（肺がん，胃がん，乳がん，大腸がんなど），および肉腫といわれる，非上皮細胞からのもの（骨肉腫，筋肉腫など）がある．正常細胞の増殖はコントロールされていて，通常 20〜60 回程度分裂するとそれ以上分裂しなくなる．これに対し，がん細胞は無制限に分裂して増殖し，周囲の組織を破壊して腫瘍を形成する．さらに，がん細胞は腫瘍からはがれて，血管やリンパ管などに入りこみ，身体の他の場所に移動して増殖し，そこでも新たな腫瘍をつくる（転移）．がん細胞の無制限な分裂の例として，1951 年に子宮がんで死亡したアメリカ女性のがん細胞がいまでも各国で培養されて研究材料になっていることが挙げられる．

がんは遺伝子の異常のために起こる．正常な細胞はがん原遺伝子とがん抑制遺伝子をもっている．がん原遺伝子が放射線，化学物質（ベンゾ[a]ピレンはその代表例），ウィルスなどの発がん物質，その他の環境要因により，がん遺伝子に変わると，細胞の無秩序な増殖が始まる．生物の遺伝情報は DNA の塩基配列の形で貯えられているが，発がん物質のために，DNA が損傷を受け，がん原遺伝子の DNA 配列ががん遺伝子のものに変わるのである．そして，がん遺伝子の情報に基づいてつくられるタンパク質が異常な機能を発揮すると考えられる．一方，がん抑制遺伝子はがん細胞を正常化するはたらきがある．したがって，がん抑制遺伝子に損傷がある状態で，細胞に増殖信号が与えられるのが問題である．たとえば，大腸がんでは APC というがん抑制遺伝子に突然変異が起こると，細胞分裂が抑制できなくなり，大腸の表皮にポリープ（良性腫瘍）ができる．次に K-ras というがん原遺伝子が活性化され，さらに 2 つの抑制遺伝子が不活性化されてはじめてがん化が起こる．なお，最近 SFRP 遺伝子の異常が原因であることもわかった．また SMYD3 という増殖遺伝子も見出された．このようにがんには一般にいくつもの遺伝子が関与しているため，発病するまで時間がかかるのである．

章末問題

3.1　次の化合物の IUPAC 名を記せ．

(a)
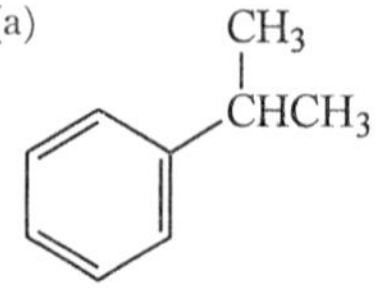

(b)
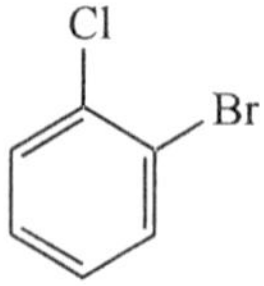

(c)
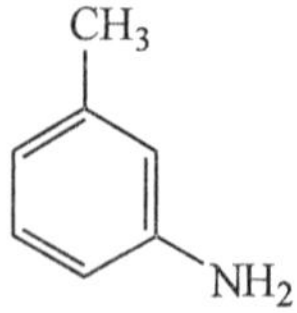

(d)
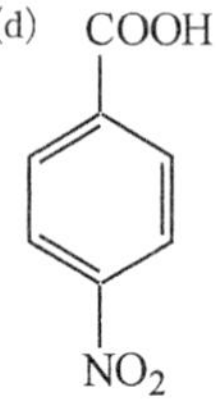

(e)
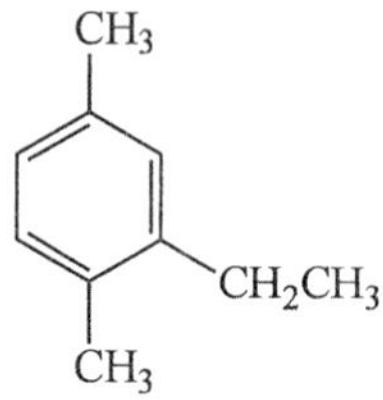

3.2　次の名前をもつ化合物の示性式を描け．

(a) 1,2,4-トリメチルベンゼン　(b) p-クロロベンズアルデヒド

(c) 2,6-ジブロモフェノール　(d) 2-メチル-3-フェニルペンタン

(e) p-キシレン

3.3　次の化合物をベンゼンから合成するときの反応式を記せ．

(a)
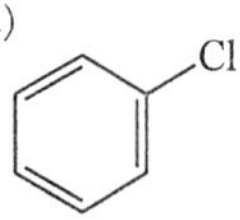

(b)
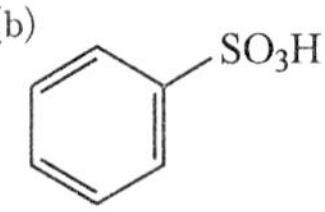

(c)
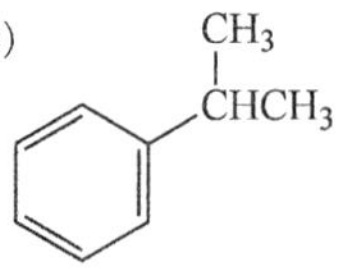

(d)
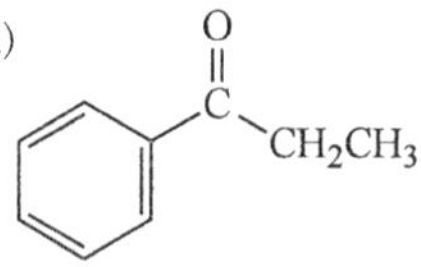

3.4　ポリスチレンの構造式を記せ．ただし，スチレンは $H_2C{=}CHC_6H_5$ である．

3.5　ナフタレンについて次の問に答えよ．

(a) 分子式を記せ．

(b) 共鳴構造を描け．

(c) 塩素の一置換体の構造式をすべて描け．

4 有機酸素化合物

裏表紙の見返しの表5で示したように，酸素を官能基として含む化合物はアルコール ROH，フェノール C_6H_5OH，エーテル ROR′，アルデヒド RCHO，ケトン RR′CO，カルボン酸 RCOOH およびエステル RCOOR′ などである．この章ではこの順にこれらの化合物について述べる．

4.1 アルコール

4.1.1 構造と命名法

アルコール (alcohol) ROH はアルキル基 R—にヒドロキシル基—OH が結合した化合物であり，水の H の1つがアルキル基で置換されたものとみなすことができる．R と OH のあいだの結合は共有結合であるから，水と同様に塩基性を示すことはない (イオン結合をしており，水に溶けて OH^- を生成する NaOH などとは違う)．ただし，水と同じように，電気陰性度の差によって，O 原子は多少負に帯電し，H 原子は少し正に帯電する．このような分極効果によって，アルコール分子間に水素結合が形成される (図

4.1.1)．この結合を切るために余分のエネルギーが必要になり，アルコールの融点や沸点は高くなる．たとえば，酸素分子 O_2 とメタノール CH_3OH は同じ分子量 32 をもつが，融点と沸点は前者では −218.8°C と −183.0°C，後者では −97.6°C と 64.6°C である．さらに，水とアルコールとのあいだにも水素結合が形成されるため，アルコールは水によく溶ける．ただし，アル

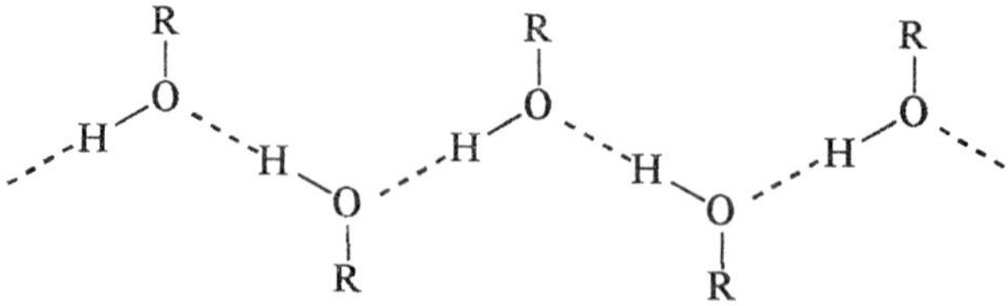

図4.1.1　アルコール分子間の水素結合（点線）

キル基が大きくなるにつれ，無極性部分が大きくなるので，次第に溶けにくくなる．たとえば，メタノール CH_3OH とエタノール C_2H_5OH は水と完全に混ざり合うが，ペンタノール $C_5H_{11}OH$ は水にわずかに溶けるに過ぎない．

アルコールの命名法は次のとおりである．

(1)　ヒドロキシル基を含むもっとも長い炭素鎖を選び，相当するアルカンの名前の末尾を-ン（-ne）から，-ノール（-nol）に変える．

(2)　ヒドロキシル基に近い端からアルカン鎖の炭素に番号をつける．

(3)　置換基の位置は(2)の番号に従って指定する．2種以上置換基があるときは，アルファベット順に並べる．

たとえば，

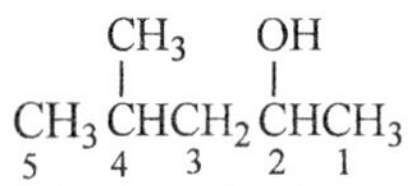

4-メチル-2-ペンタノール

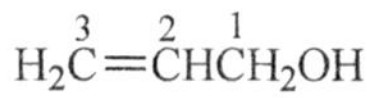

2-プロペン-1-オール（アリルアルコール）

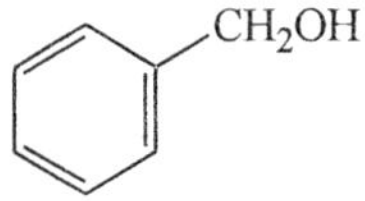

フェニルメタノール
（ベンジルアルコール）

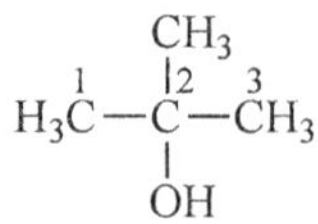

2-メチル-2-プロパノール
（*tert*-ブチルアルコール）

なお，（　）内は慣用名，$CH_2{=}CHCH_2{-}$ はアリル基である．

アルコールは—OH 基のついた炭素原子に結合している炭素置換基の数により，下のように，**第1級アルコール**（primary alcohol），**第2級アルコール**（secondary alcohol）および**第3級アルコール**（tertiary alcohol）に分類される．

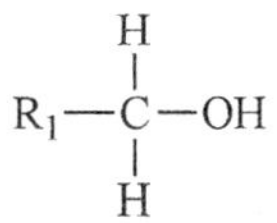
第1級アルコール

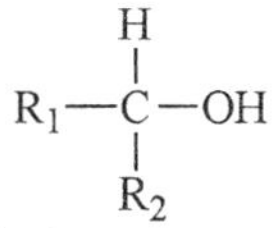
第2級アルコール

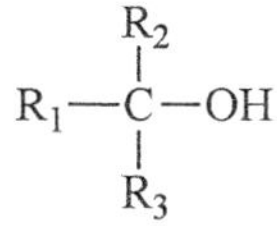
第3級アルコール

エタノールやベンジルアルコールは第1級，4-メチル-2-ペンタノールは第2級，*tert*-ブチルアルコールは第3級アルコールである．

4.1.2 いろいろなアルコール

メタノール CH_3OH はもっとも簡単なアルコールで，メチルアルコールまたは木精ともよばれる．木精という名前はもともと木を乾留[1)]して得られたからである．メタノールは有毒である．体内で酸化されて，ホルムアルデヒド HCHO とギ酸 HCOOH になるためである．メタノールを 10 cm^3 摂取すると失明し，50 cm^3 以上飲むと死に至るといわれている．工業的には一酸化炭素と水素から大量に作られ，ホルムアルデヒドなどの合成原料になる．

$$CO + 2H_2 \xrightarrow[\text{高温高圧}]{\text{Cu 触媒}} CH_3OH$$

エタノール C_2H_5OH はエチルアルコールまたは酒精とよばれる．ビールに 4～6%，日本酒，ワインなどの醸造酒に 9～15%，焼酎，ウィスキー，ブランデーなどの蒸留酒に 35～45% 含まれている．これらの酒類中のエタノールは酵母による糖のアルコール発酵によって作られる[2)]．グルコースを例にとると，その反応は

$$\underset{\text{グルコース}}{C_6H_{12}O_6} \xrightarrow{\text{酵母}} \underset{\text{エタノール}}{2C_2H_5OH} + 2CO_2 + 16.7\,\text{kJ}$$

のようになる．酵母は上式で発生するエネルギーを利用している．なお，酵母は約十数%より高い濃度のアルコール中では生きられないので，醸造酒を分留してアルコール濃度を高めて蒸留酒とする．また，エタノールはエチレンに，硫酸などの酸触媒の存在下，水を添加して合成される（水添，p. 73）．

---

1) 固体の有機物を空気を断って高温で分解し，揮発分と液体や固体の残留物とを分離する操作．石炭を乾留すると石炭ガス，タール，コークスに分離される．

2) 米（日本酒），麦（ビール，ウィスキー）などを原料とする酒では，デンプンが麹菌や麦の糖化酵素などの作用によって加水分解されてグルコースになった後，アルコール発酵が起こる．

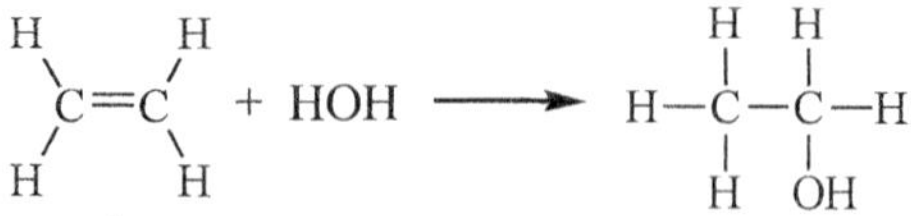

エチレン　　　　　　　　　エタノール

エタノールを飲むと約20%が胃で，残りが小腸で吸収され，急速に全身の組織に広がり平衡になる．呼気または尿で血液中のアルコール濃度が推定できるのはこのためである[1]．酒を飲むと，はじめは，理性を司る大脳新皮質の活動が鈍くなり，一方大脳辺縁系の本能的，原始的な働きが活発になる．したがって，開放感やストレスからの解放が起こる．さらに飲むと，新皮質に止まらず，辺縁系，小脳，脳幹などの他の部分も麻痺し始め，酔いが回る．すなわち，血中の少量のアルコールは興奮剤，濃度が増すにつれて鎮静剤となる．アルコールの血中濃度を基準にすると，濃度が0.1%程度で人は愉快になる．それ以上濃度が上がると，運動や言語の障害，記憶喪失などが起きる．濃度0.3～0.4%で，吐き気，意識喪失が生じ，0.6%以上になると，呼吸や心臓の調節作用が障害を受け，ついに死に至る．エタノールは脳下垂体からの抗利尿ホルモンの分泌を抑制するので，排尿が促進され，脱水症状の原因になる．また，血管を拡張させるので，毛細血管の血流が増し，肌が赤くなる．

エタノールは細菌のタンパク質を変性させるので，殺菌・消毒効果がある（II巻 p. 85 参照）．この効果は70%水溶液でもっとも大きいといわれる．

イソプロピルアルコール $(CH_3)_2CHOH$ も医療器具の殺菌や注射の際の消毒に使われる．

エチレングリコール $HOCH_2CH_2OH$ は2価のアルコールで，両端にOH基があるので，2ヵ所で水素結合を作ることができる．したがって，粘性が高く揮発性が低い（沸点197.3℃）．毒性があり，100 cm^3 以上飲むと死に至る．水と混ざると水分子のあいだに入り，水分子同士の相互作用を妨げるので，自動車エンジンの冷却水の不凍液として使われる．工業的にはポリエステルの材料として重要である（p. 123 参照）．

1）　呼気中のアルコールは黄橙色の二クロム酸カリウム（$K_2Cr_2O_7$）がエタノールで還元されて酸化クロム（Cr_2O_3）の暗緑色に変わることを用いて検出される（p. 34，表0.11.1）．

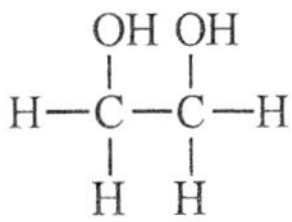

エチレングリコール
(1,2-エタンジオール)

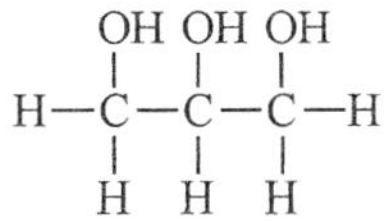

グリセリン
(1,2,3-プロパントリオール)

グリセリン(グリセロール) $HOCH_2CH(OH)CH_2OH$ は3価のアルコールで水素結合を3ヵ所で作る．したがって，エチレングリコールよりさらに粘性があり，沸点も低い．甘い液体で無毒である．天然には油脂の成分になっている(II巻 p. 38)．グリセリンは水分子と強く結合するので，皮膚の軟化剤(湿り気を与える)として化粧品に使われる．また，キャンデーやたばこに加えて，脱水を防ぐ．セロファンなどのプラスチックに可塑剤として加えて，しなやかさを与える．

脂環式アルコールのメントールはハッカ油の成分である．皮膚に清涼感を与えるので，歯磨きペーストや化粧品に使われる．また，咳止めドロップやたばこにも加えられる．メントールの構造と生理作用については，II巻 p. 9で述べる．生体物質のコレステロールも脂環式アルコールに属するが，これについてはII巻 p. 56で詳しく述べる．

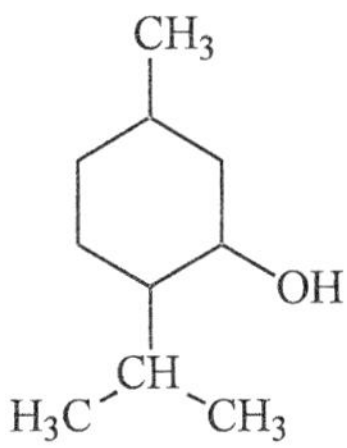

メントール

4.1.3 アルコールの製法

すでに述べたようにアルコールは糖の発酵によって作られる．また，硫酸触媒の存在下でアルケンの水和によって合成される．

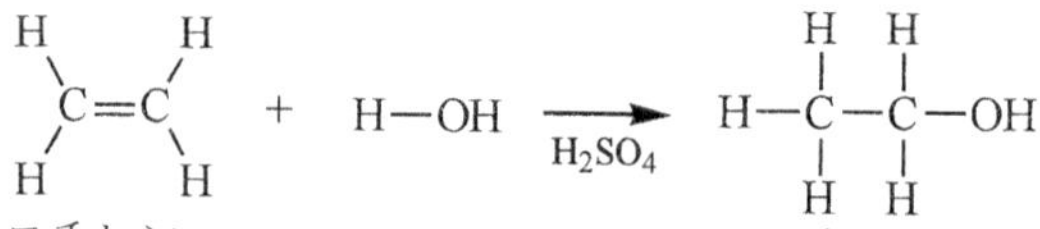

$$\underset{\text{エチレン}}{\overset{H}{\underset{H}{>}}C=C\overset{H}{\underset{H}{<}}} + H-OH \xrightarrow{H_2SO_4} \underset{\text{エタノール}}{H-\overset{H}{\underset{H}{C}}-\overset{H}{\underset{H}{C}}-OH}$$

官能基 >C=O をもつ，カルボニル化合物を還元すると，アルデヒドからは第1級アルコールが，ケトンからは第2級アルコールが得られる (p.113)．

$$\underset{\text{アルデヒド}}{R-\overset{O}{\underset{}{\overset{\|}{C}}}-H} \xrightarrow{[H]} \underset{\text{第1級アルコール}}{R-\overset{OH}{\underset{H}{C}}-H} \qquad \underset{\text{ケトン}}{R-\overset{O}{\underset{}{\overset{\|}{C}}}-R'} \xrightarrow{[H]} \underset{\text{第2級アルコール}}{R-\overset{OH}{\underset{R'}{C}}-H}$$

ただし，上式で [H] は還元剤を表す．

4.1.4　アルコールの反応

(a)　アルカリ金属との反応

　アルコールのヒドロキシル基は電離しないので，アルコールは中性である．水酸化ナトリウムとは反応しないが，金属ナトリウム，またはカリウムを作用させると，水の場合と同様に水素を発生する（水の場合ほど反応は激しくない）．

$$2H_2O + 2Na \longrightarrow 2Na^+OH^- + H_2$$
$$\underset{\text{エタノール}}{2C_2H_5OH} + 2Na \longrightarrow \underset{\text{ナトリウムエトキシド}}{2C_2H_5O^-Na^+} + H_2$$

生成物の金属アルコキシドは水酸化ナトリウムと同様にイオン性である．

(b)　脱水

　アルコールを濃硫酸で処理すると，4.1.2項 (p.100) の逆の脱水反応が起こり，アルケンを生じる．この反応は第3級アルコールでは容易に進む．

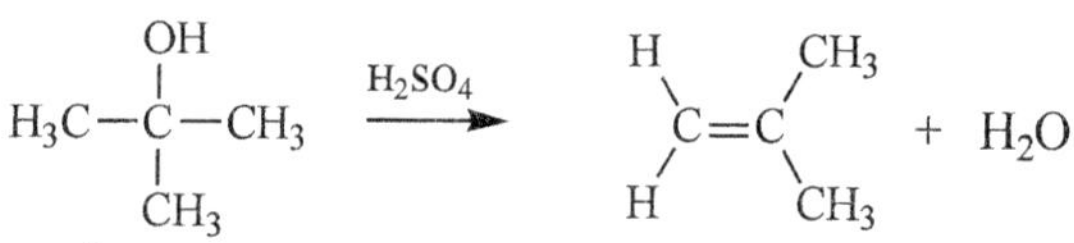

$$\underset{tert\text{-ブチルアルコール}}{H_3C-\overset{OH}{\underset{CH_3}{C}}-CH_3} \xrightarrow{H_2SO_4} \underset{\text{2-メチルプロペン}}{\overset{H}{\underset{H}{>}}C=C\overset{CH_3}{\underset{CH_3}{<}}} + H_2O$$

第1級および第2級アルコールでは高温にする必要がある．たとえば，エタノールでは次のとおりである．

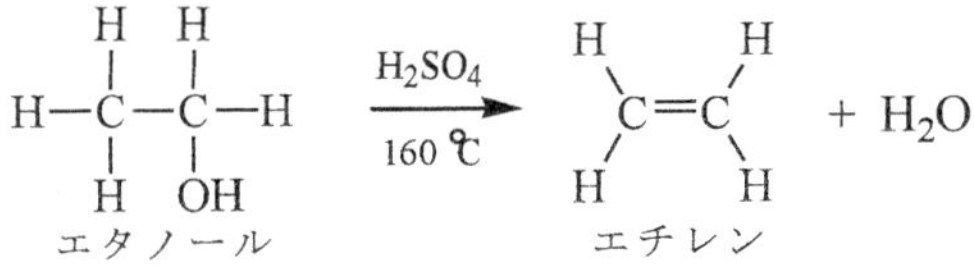

上式の反応をより低温で行うと，2分子から水がとれて，エーテルを生じる．

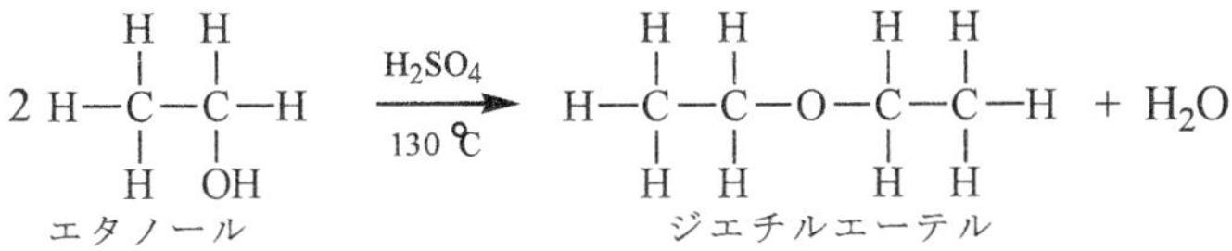

(c) 酸化

第1級アルコールを酸化すると，アルデヒドを経てカルボン酸になる．

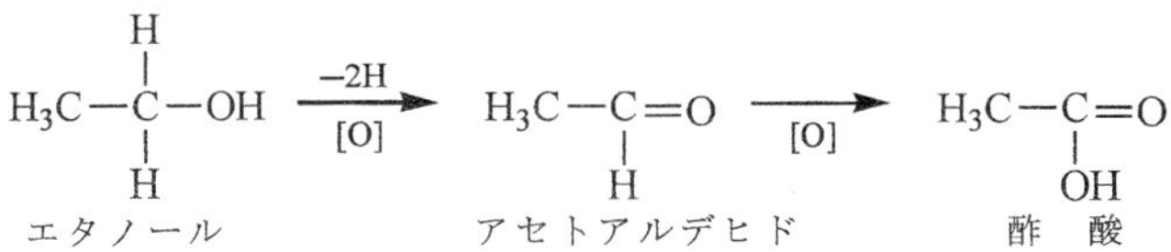

上の反応式で[O]は酸化剤を意味する．エタノールからアセトアルデヒドへの酸化反応では2個の水素原子が酸化剤に奪われている．酒を放置すると酸っぱくなるのは，酢酸菌の作用によって，上の反応が進むからである．酒からの食酢の醸造はこれを利用したものである．

第2級アルコールを酸化すると，ケトンを生じる．

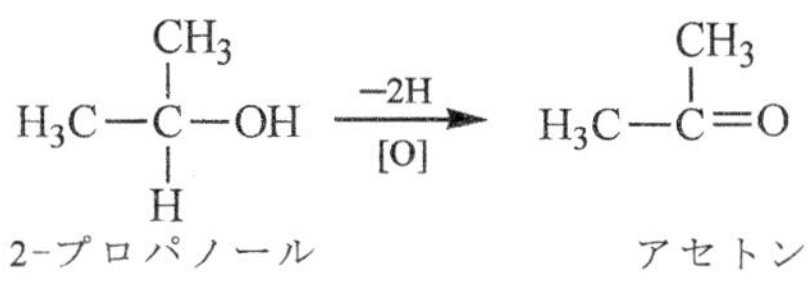

第3級アルコールは通常酸化剤と反応しない．

アルコールの代謝と遺伝

アルコールは肝臓でアルコール脱水素酵素（ADH）により酸化され，アセトアルデヒドに，さらにアルデヒド脱水素酵素（ALDH）により酸化されて，酢酸になる．酢酸は血液に送り込まれ，最後には水と炭酸ガスになり，体外に放出される．ところで，アセトアルデヒドは毒性が強く，顔面紅潮，頭痛，吐き気などの原因になる．アセトアルデヒドが酢酸になると無害になるが，アセトアルデヒドの処理能力に個人差があるため，酒に強い人と弱い人ができる．

アルデヒド脱水素酵素（ALDH）は5種類あるが，どれも人のDNAに組み込まれた遺伝子の指令により作られる．アルコール処理のほとんどはALDH1とALDH2が受け持っており，ALDH2はアルコール濃度が低いとき，ALDH1は高いときにはたらくといわれている．ところで，ALDH2を作る遺伝子には活性の強い酵素を生じるN型とそうでないD型がある．人は両親からどちらかの遺伝子を受け継ぐので，NN型，ND型およびDD型の3種類の人がいることになる．NN型は酒豪，DD型はほとんど酒が飲めない下戸，ND型は両者の中間である．

もともと人類はNN型だったのが，2〜3万年前にモンゴロイド系の人種に突然変異が起こり，D型遺伝子をもつようになったという．したがって，白人と黒人の遺伝子は今でもNN型だけである．日本では縄文人はNN型遺伝子をもっていたが，モンゴロイド系の弥生人が大陸から渡来してきたため，D型遺伝子が導入されたといわれる．現在，日本人でNN型，ND型，DD型の割合はそれぞれ，約50%，40%および10%である．最近の研究によるとD型とN型遺伝子の違いは，遺伝情報を担うDNA塩基対のわずか1個の相違に基づく（II巻p. 177〜178）．

4.2　チオール

周期表において，16族の酸素の下に硫黄がある．**チオール**（thiol）または**メルカプタン**（mercaptan）とよばれるR—SHはアルコールの硫黄同族体で，命名も同様に行われる．

CH_3SH	CH_3CH_2SH	$CH_3CH(CH_3)CH_2CH_2SH$
メタンチオール	エタンチオール	3-メチル-1-ブタンチオール

チオールは強い悪臭がある．スカンクのガスや，玉ネギやニンニクを切ったときの臭いはチオールによる．都市ガスには，ガス漏れがわかるように，微量のメタンチオールが混ぜられている．

チオールは弱い酸化剤で酸化されて**ジスルフィド** (disulfide) RSSR を与える．

$$\underset{\text{メタンチオール}}{CH_3S\boxed{H+H}SCH_3} \xrightarrow[\text{[O]}]{-H_2} \underset{\text{ジメチルジスルフィド}}{CH_3S{-}SCH_3}$$

ジスルフィドは還元されるともとのチオールになる．

タンパク質は多数のアミノ酸がつながった長い鎖である．アミノ酸の１つのシステインはメルカプト基—SH をもつ．

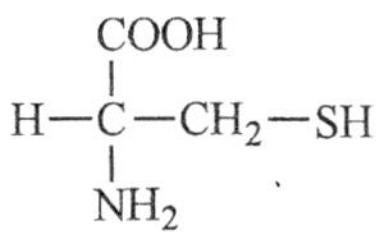

システイン

タンパク質に含まれている２つのシステインのあいだにジスルフィド結合ができると，タンパク質鎖が環になる．また，２本のタンパク質鎖のあいだにジスルフィド結合の橋が架かることもある (II巻 p. 77)．

4.3 フェノール

フェノール (phenol) は，特定の物質名としては，ベンゼン環にヒドロキシル基がついた化合物，ヒドロキシベンゼン C_6H_5OH であり，またヒドロキシ置換芳香族化合物の母体名でもある．芳香族アルコールに分類される．2,3 のフェノール類を次に示す．

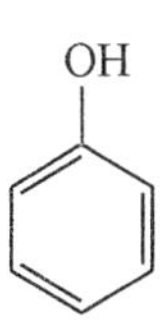

フェノール

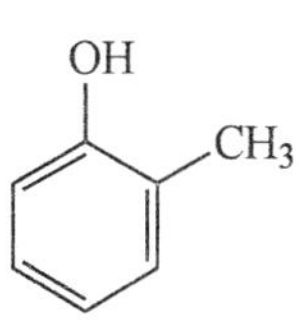

o-メチルフェノール

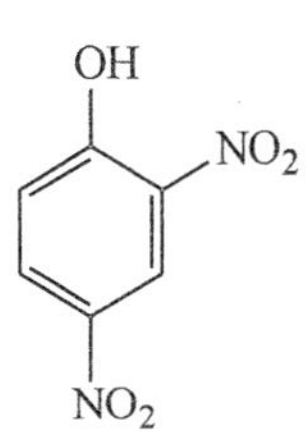

2,4-ジニトロフェノール

フェノールはコールタールから得られるので，石炭酸ともいわれる．—OH

基をもつので，分子間で水素結合をする．そのため，沸点は芳香族炭化水素より高い．たとえば，沸点はフェノール (分子量 94) では 181.8°C，トルエン $C_6H_5CH_3$ (分子量 92) では 110.6°C である．フェノールの水溶液では，ヒドロキシル基の水素は解離して弱酸性を示す．ただし，カルボン酸より弱い酸である[1]．

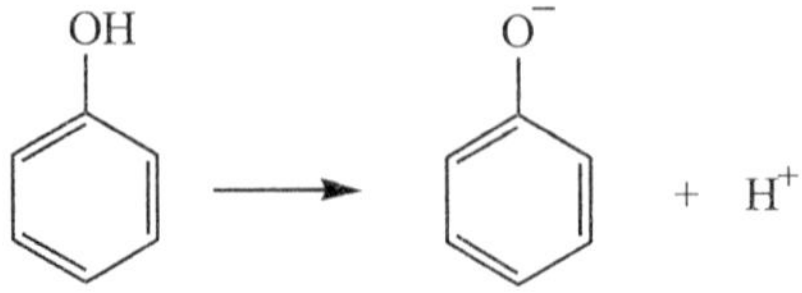

水溶液は防腐，殺菌効果があるが，組織を損傷するので，現在では使われない．クレゾール (*o*-，*m*-，*p*- がある) はフェノールより殺菌効果が強く殺菌消毒剤として用いられる．

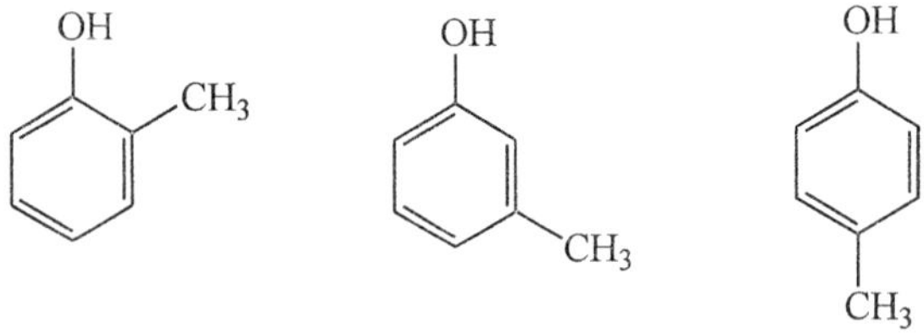

o-クレゾール　　*m*-クレゾール　　*p*-クレゾール

4.4　エーテル

エーテル (ether) は 2 つの有機の基 R，R′ が酸素で結合した構造 R—O—R′ をもつ化合物で，水の H を R と R′ で置き換えたものとみなすことがで

1)　p. 88 で述べたように，分子は共鳴構造をもつと安定になる．$C_6H_5O^-$ イオンは次のような共鳴構造をもち，安定なため，フェノールは H^+ を放出しやすい．

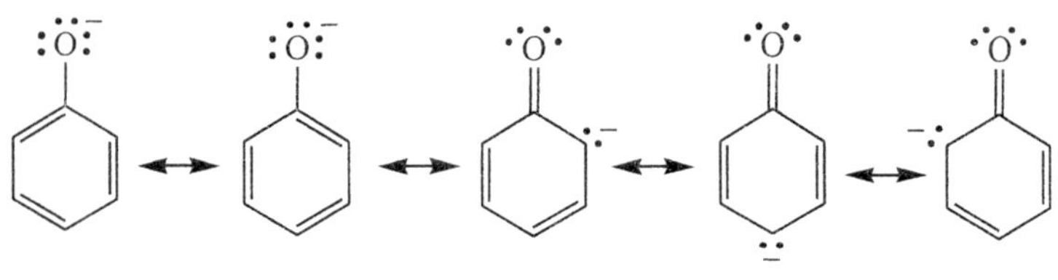

きる．—OH 基をもたないので，分子間に水素結合ができない．したがって，アルコールに比べて融点と沸点が低くなる．融点と沸点はエタノール C_2H_5OH (分子量 46) の −114.5°C と 78.3°C に対し，ジメチルエーテル CH_3OCH_3 (分子量 46) では −141.5°C と −24.8°C である．また，水とも水素結合を作らないので，水に溶けにくく，有機溶媒に溶ける．

エーテルは 2 つの方法で命名される．1 つは酸素に結合している 2 つのアルキル基名にエーテルという語尾をつける方法である．たとえば，

$$H_5C_2{-}O{-}C_2H_5 \qquad H_3C{-}O{-}C_2H_5$$

ジエチルエーテル　　エチルメチルエーテル

である (後者では置換基はアルファベット順であることに注意)．他の方法ではエーテル基をもとになる化合物のアルコキシ (RO—) 置換体と考える．

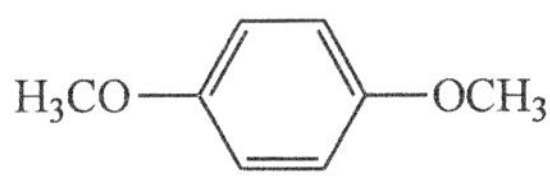

p-ジメトキシベンゼン

CH_3CH_2O—ではエトキシとなる．

p. 103 で述べたように，エーテルはアルコールの脱水で得られる．また，非対称エーテルは金属アルコキシドとハロゲン化アルキルとの反応で合成される (**ウィリアムソン** (Williamson) **の合成法**)．

$$CH_3CH_2CH_2ONa + CH_3CH_2I \longrightarrow CH_3CH_2CH_2OCH_2CH_3 + NaI$$

ナトリウム *n*-プロポキシド　ヨードエタン　エチル *n*-プロピルエーテル

なお，この反応で必要な金属アルコキシドはアルコールとナトリウムまたはカリウムとの反応で作られる．

$$2ROH + 2Na \longrightarrow 2RONa + H_2$$

アルコール　ナトリウムアルコキシド

通常，エーテルといえばジエチルエーテルを指す．ジエチルエーテルは安定で，多くの有機化合物をよく溶かすので，抽出溶媒として広く用いられる．揮発性 (沸点 34.5°C) であるため，抽出溶媒として用いたとき低温で除くことができるので，不安定な物質が分解することがない．非常に引火しやすく，蒸気は空気より重いので実験台の表面や床面に留まるので注意を要する．また，空気中で酸化されて爆発性の過酸化物 (—C—OO—C—) を生じるので，保存の際には密栓をし，光 (過酸化反応を促進する) に当てないようにすべ

きである．エーテルは麻酔作用があり，19世紀以来麻酔剤として使われてきた（下記「麻酔」を参照）．

麻酔

手術の際の痛みを取り除くため，昔は大量のアルコールの摂取，アヘンや大麻などが利用されていた．1799年イギリスの化学者デービー（H. Davy）は一酸化二窒素 N_2O を吸入すると，麻酔作用があることを発見した．N_2O は，吸うと顔の筋肉がけいれんして笑うように見えるので，笑気ともよばれる．これが麻酔薬として使われたのは1844年である．1842年アメリカの外科医ロング（C. W. Long）ははじめてエーテル麻酔で腫瘍の手術を行った．ロングはこの手術を公表しなかった．1846年にアメリカの歯科医モートン（W. T. G. Morton）は公衆の前でエーテル麻酔での抜歯を行い，麻酔の父とよばれることになった．1847年には，イギリスの内科医シンプソン（J. Y. Simpson）がクロロホルムの麻酔作用を発見した．日本では，モートンの手術の40年以上前の1804年に華岡青洲が通仙散を用いて全身麻酔を行い乳がんの手術をしている．

麻酔には全身麻酔と局所麻酔がある．全身麻酔は吸入または静脈注射によって，麻酔薬を中枢神経系に作用させ，知覚や筋肉に麻痺を起こす方法である．麻酔薬が神経細胞の膜に溶け，刺激伝達を阻害するといわれている．筋肉が麻痺するので，人工呼吸器を使わなければならない．吸入麻酔に広く使われてきたエーテルやクロロホルムは引火性や副作用のため現在では使われていない．代わりに，不燃性の，笑気ガスやハロタン F_3CCHCl_2，エンフルラン $FClCHCF_2OCHF_2$，イソフルラン $F_3CCHClO$-CHF_2 などが使用される．麻酔作用としては，笑気ガスがもっとも弱く，ハロタンがもっとも強い．一方，静脈麻酔にはプロポフォルなどが用いられる．それは吸入麻酔の導入や補助を目的としている．全身麻酔が必要でないときは局所麻酔が行われる（ベンゾカインなどを使う）．局所麻酔の場合は，患者は意識があり，自律呼吸も保たれる．なお，歯科ではリドカイン（キシロカイン）などの注射で知覚神経を麻痺させることが多い．

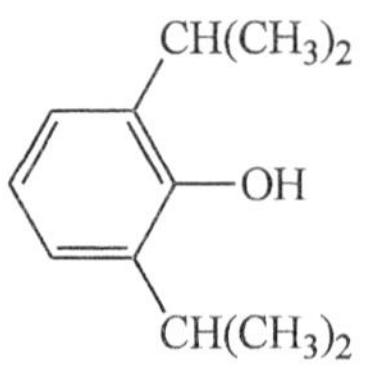

プロポフォル

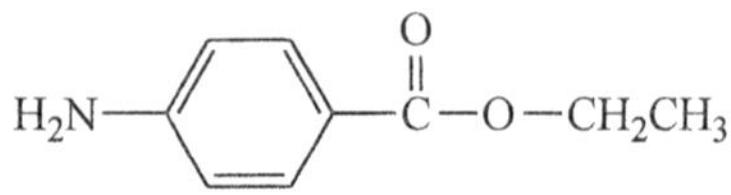

ベンゾカイン

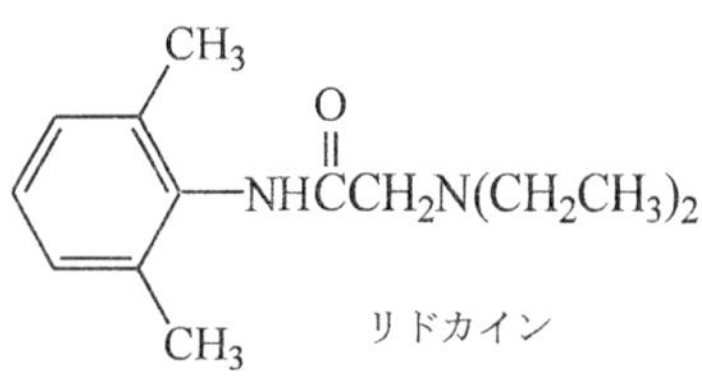

リドカイン

4.5　アルデヒドとケトン

4.5.1　構造と命名法

アルデヒド (aldehyde) は RCHO，**ケトン** (ketone) は RR′CO で表される化合物で，ともに**カルボニル** (carbonyl) 基 >C═O をもつ．アルケン >C═C< の炭素原子と同様に，カルボニル基の炭素原子は，sp^3 混成軌道で結合しているので，結合角は 120° であり，>C═O の二重結合は σ 結合と π 結合よりなる (図 4.5.1)．図 4.5.2 に示すように，酸素原子には二重結合に関与している電子のほか，2 組の非共有電子対 (または孤立電子対，p. 14) がある．また，C と O の電気陰性度の違いにより，多少分極している．このため，分子量の小さいアルデヒドやケトンは水に溶ける．

アルデヒドの命名は，—CHO 基を含むもっとも長い炭素鎖を選び，それに相当するアルカンの語尾-ン (-e) を-アール (-al) にすることにより行われる．ただし，—CHO 炭素の番号を 1 とする．たとえば，

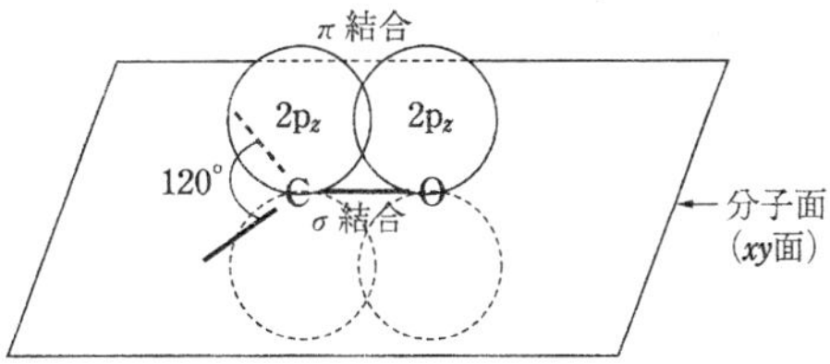

図 4.5.1　カルボニル基の σ 結合と π 結合

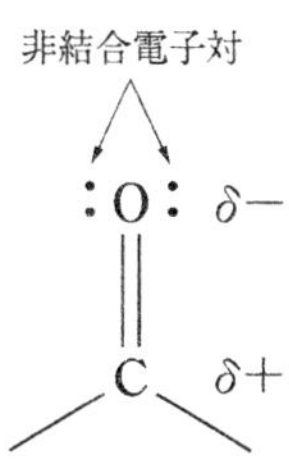

図 4.5.2　カルボニル基の非結合電子対と分極

$\mathrm{CH_3\overset{\overset{O}{\|}}{C}H}$

エタナール
(アセトアルデヒド)

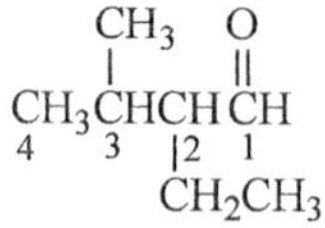

2-エチル-3-メチルブタナール

—CHO基が環についている複雑なアルデヒドには接尾語カルバルデヒド(-carbaldehyde)が使われる．たとえば，

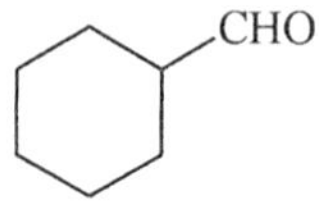

シクロヘキサンカルバルデヒド

簡単なアルデヒドについては表4.5.1に示す慣用名が認められている．

表4.5.1　IUPACで認められているアルデヒドの慣用名

式	慣用名	系統的名称
$HCHO$	ホルムアルデヒド	メタナール
CH_3CHO	アセトアルデヒド	エタナール
CH_3CH_2CHO	プロピオンアルデヒド	プロパナール
$CH_3CH_2CH_2CHO$	ブチルアルデヒド	ブタナール
$CH_3CH_2CH_2CH_2CHO$	バレルアルデヒド	ペンタナール
$H_2C{=}CHCHO$	アクロレイン	2-プロペナール
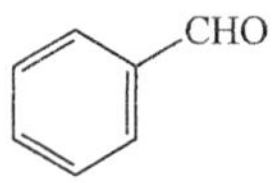	ベンズアルデヒド	ベンゼンカルバルデヒド

ケトンの命名では，C═O基を含むもっとも長い炭素鎖を選び，それに相当するアルカンの語尾-ン(-ne)を-オン(-one)にする．ただし，炭素鎖のカルボニル炭素に近い末端から番号をつける．たとえば，

$\mathrm{CH_3\overset{\overset{O}{\|}}{C}CH_3}$

プロパノン
(アセトン)

$\mathrm{\underset{1}{CH_3}\underset{2}{\overset{\overset{O}{\|}}{C}}\underset{3}{CH_2}\underset{4}{CH_2}\underset{5}{CH_3}}$

2-ペンタノン

$\mathrm{\underset{1}{CH_3}\underset{2}{CH_2}\underset{3}{\overset{\overset{O}{\|}}{C}}\underset{4}{CH_2}\underset{5}{CH}{=}\underset{6}{CH}\underset{7}{CH_3}}$

5-ヘプテン-3-オン

ケトンの慣用名は次のとおりである．

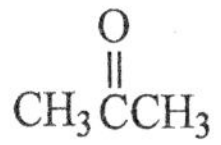
アセトン

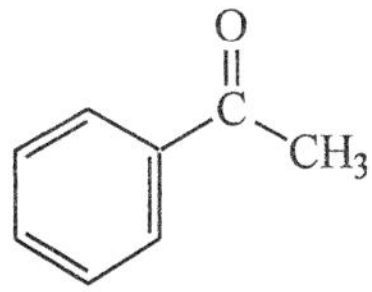
アセトフェノン

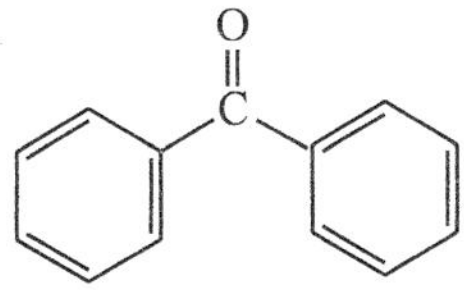
ベンゾフェノン

RCO—はアシル基とよばれる．2，3のアシル基を次に示す（他のアシル基については表 4.6.1 参照）．

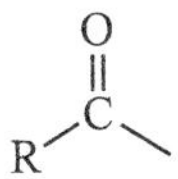
アシル基

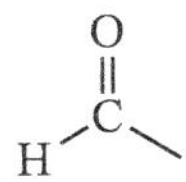
ホルミル基

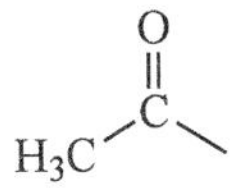
アセチル基

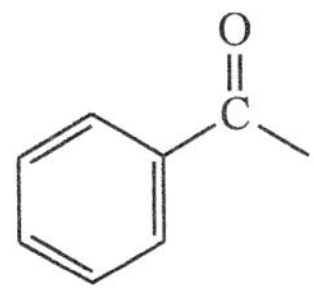
ベンゾイル基

4.5.2 いろいろなアルデヒドとケトン

ホルムアルデヒド HCHO はもっとも簡単なアルデヒドである．刺激性のある気体で，37%水溶液はホルマリンとよばれ，殺菌力があるため（タンパク質中のアミノ基—NH_2 と反応する），生物試料の保存に用いられる．木材を加熱すると，木材のセルロースやリグニンが熱分解して，煙の中にホルムアルデヒドやフェノールなどが生じる．この煙の殺菌作用を用いるのが，薫製である．尿素樹脂（ユリア樹脂）は尿素 $(NH_2)_2CO$ とホルムアルデヒドを縮合[1] させた熱硬化樹脂[2] で，木材の接着剤や塗料として使われる．

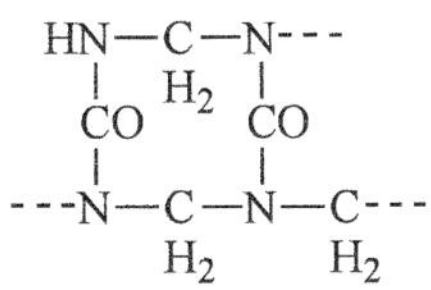
尿素樹脂

p. 99 でメタノールが失明の原因になると述べたが，その理由は網膜の中でメタノールがカタラーゼという酵素の作用でホルムアルデヒドに変わり，そ

1) 2 種以上の分子，または同一分子から，原子または原子団が分離して新しい結合をつくる反応をいう．

2) 加熱すると網状構造となって硬化する合成樹脂．

れが網膜のタンパク質の$-NH_2$基と反応して上と同様な架橋構造をつくるからである．

アセトアルデヒドは刺激臭のある液体である．熟した果実（リンゴ）などに含まれている．エタノールの酸化で生じることはすでに述べた（p. 103）．高級[1]脂肪族および芳香族アルデヒドは芳香をもつものが多い．下に2，3の例を示す．

$$(CH_3)_2C{=}CHCH_2CH_2C(CH_3){=}CHCHO$$

シトラール（レモンの香り）

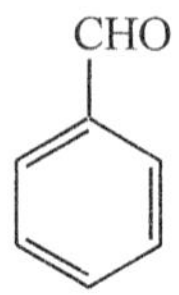

ベンズアルデヒド（アーモンドの香り）

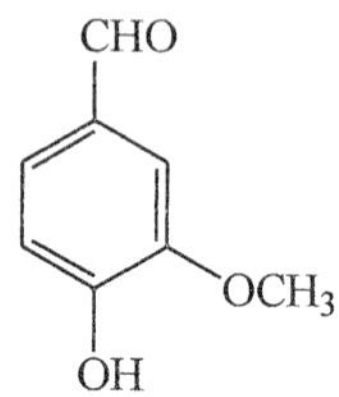

バニリン（バニラの香り）

アセトン$(CH_3)_2CO$は特異な臭いのある無色の液体で，水，アルコール，エーテルと混ざる．極性化合物と無極性化合物の両方を溶かすので便利な溶媒である．ラッカー，ニス，除光液等で使われる．重症の糖尿病患者では脂肪の代謝生成物であるアセトンが大量に生成し，患者の呼気にその特有な臭いが生じる（II巻 p. 218～219）．フルクトースなどの糖（II巻 p. 18）やコルチゾン，テストステロンなどのステロイド（II巻 p. 54～55）もケトンである．ケトンにもジャスモンやムスコンのように芳香をもつものがある．

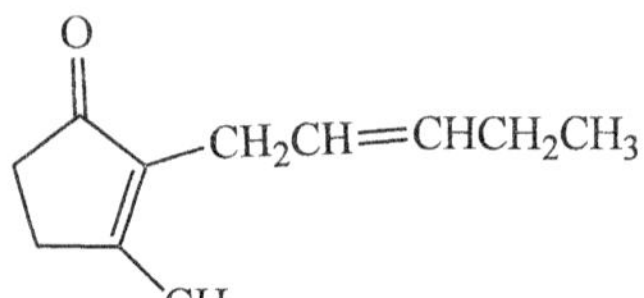

ジャスモン（ジャスミンの香り）

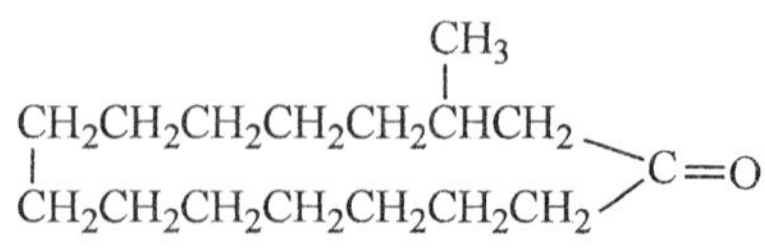

ムスコン（じゃこうの香り）

4.5.3　アルデヒドとケトンの製法

p. 103で述べたように，アルデヒドは第1級アルコールの，ケトンは第2

---

1)　高級アルデヒド（higher aldehyde）とは分子量が大きいアルデヒドを意味する．分子量が小さいものを低級（lower）という．高級アルコール，高級脂肪酸などという表現もある．

級アルコールの酸化で作ることができる.

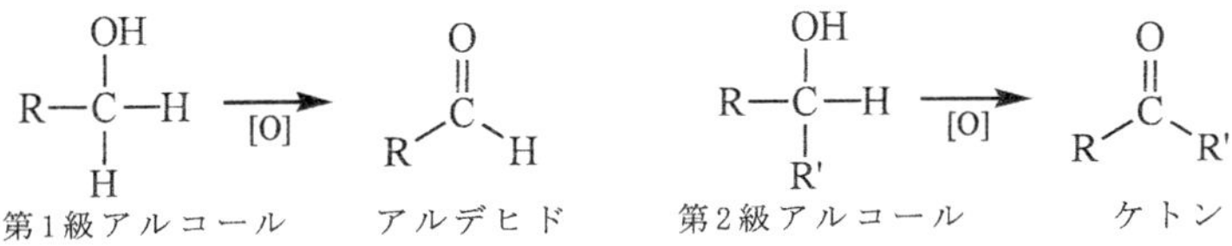

4.5.4 アルデヒドとケトンの反応

(a) 還元

上述のように，第1級アルコールを酸化すると，アルデヒドが，第2級アルコールを酸化するとケトンが生じる．逆反応はアルデヒドとケトンの還元(水素化)である．その際，白金などの触媒が使われる．

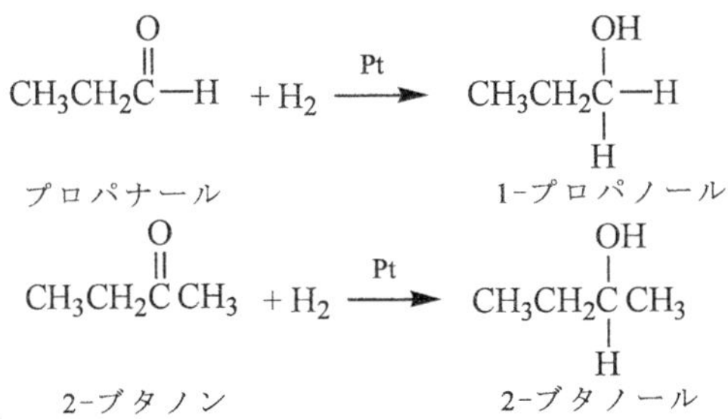

(b) 酸化

アルデヒドはたやすく酸化されてカルボン酸を与える．アルデヒドの酸化には，硝酸銀のアンモニア溶液(トレンス(Tollens)試薬)[1]が使われることが多い．アルデヒドにこの試薬を加えて少し温めると，Ag^+ イオンが Ag となり，容器の壁に銀が鏡状に析出する(銀鏡反応)．この反応はアルデヒドの検出にも用いられる．

1) 硝酸銀の水溶液にアンモニアを加えるといったん沈殿(AgOH)が生ずるが，その沈殿が消えるまで，さらにアンモニアを加えたもの(Ag^+ イオンが $[Ag(NH_3)_2]^+$ イオンとなって溶ける)．アルデヒドとの反応は次のとおり，

$$RCHO + 2[Ag(NH_3)_2]OH \longrightarrow RCOOH + 2Ag + 4NH_3 + H_2O$$

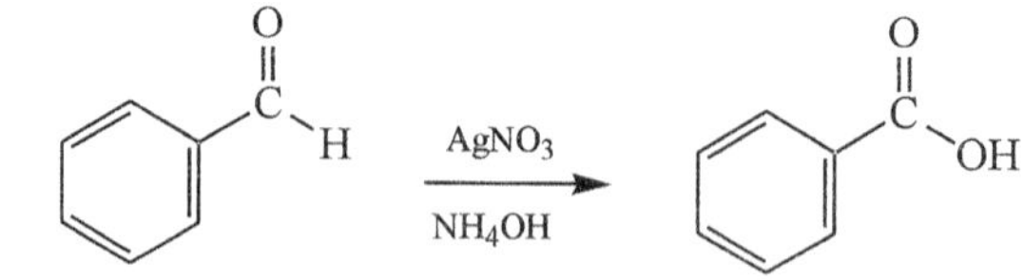

ベンズアルデヒド　　　　安息香酸

ケトンはアルデヒドとは違い，C═O に H がついていないので，通常酸化されない（強い酸化剤では分解する）.

(c)　アセタールの生成

ケトンとアルデヒドは酸触媒の存在下でアルコールと反応して，**ヘミアセタール**（hemiacetal）を経由して**アセタール**（acetal）を生じる[1].

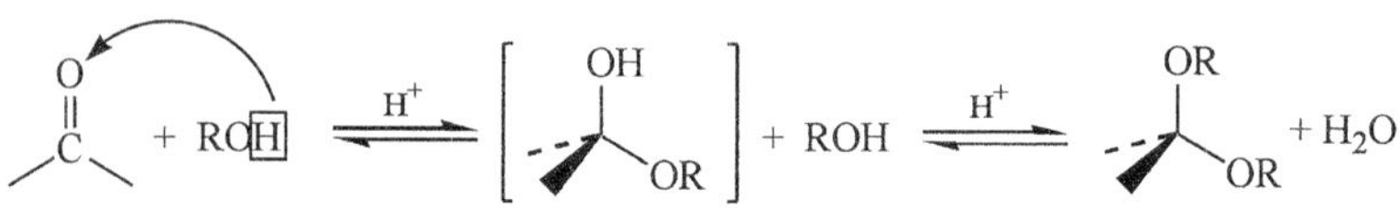

アルデヒドまたはケトン　　ヘミアセタール　　アセタール

上の反応は可逆である．反応系から水を除くと反応は右の方に進む．また，水を加えると左に進む．ヘミアセタールは通常単離できないが，グルコースやフルクトースのように，同一分子中にヒドロキシル基とカルボニル基をもつような炭水化物では安定な環状ヘミアセタールが形成される（II巻 p. 17, 19）.

4. 6　カルボン酸

4. 6. 1　構造と命名法

カルボン酸（carboxylic acid）は一般式 RCOOH をもつ化合物である．—COOH 基を**カルボキシル**（carboxyl）基という．カルボン酸の例として酢

---

1)　この反応は次のように電荷の偏りによって起こる.

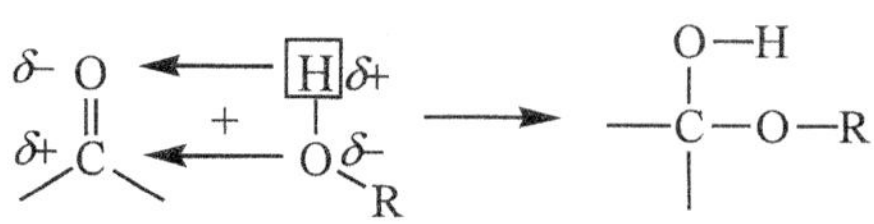

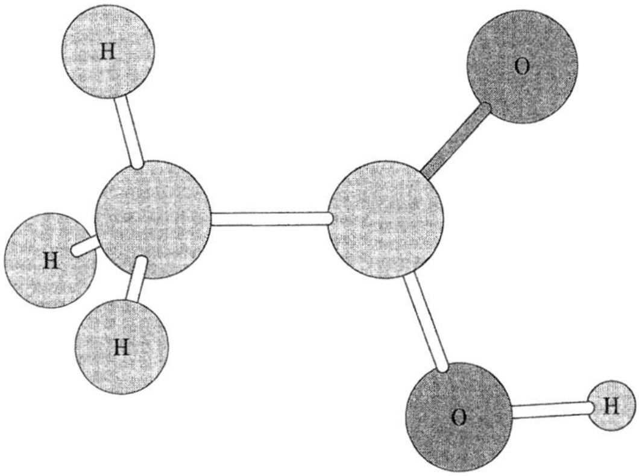

図 4.6.1 カルボン酸の原子模型
右下の H については，電子が O に移動しているため電子分布を表す球が小さい（図 1.6.3 の説明参照）．

酸の構造を図 4.6.1 に示す．—COOH 基は構造的にはケトン＞C═O とアルコール—OH の特徴をもっている．ケトンの場合と同様に，カルボキシル基の炭素は sp^3 混成しているので，C—C—O および O—C—O 結合角は 120° である．また，アルコールのように分子間で水素結合をする．通常分子間で水素結合をして二量体となる．

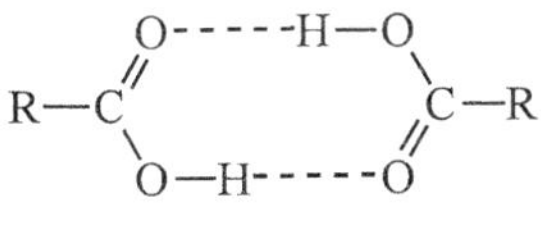

1 分子につき水素結合が 2 個あるので，融点と沸点は同程度の分子量をもつアルコールより高くなる（ともに分子量が 60 のプロパノールと酢酸を比べると，融点と沸点は前者が −126.1°C と 97.2°C で，後者は 16.6°C と 117.9°C である）．また，水とも水素結合をするため，低分子のカルボン酸はたやすく水に溶ける．

カルボン酸は水に溶けると解離して水素イオンを生じる．

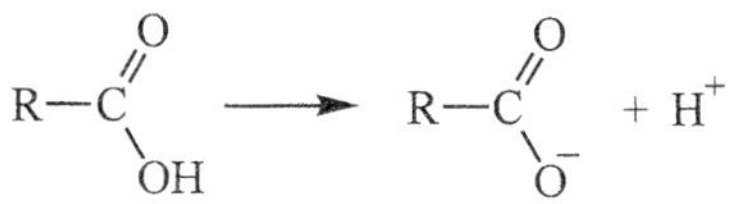

ただし，無機の酸に比べて弱い酸である[1]．

カルボン酸のIUPAC命名法は2通りある．

(1) 簡単な鎖状カルボン酸ではアルカン名の後に-酸をつける（英語ではアルカン名の語尾の-eを-oic acidに変える）．
ただし，カルボキシル基の炭素原子の番号を1とする．

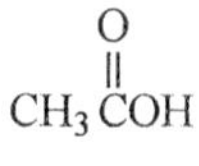

エタン酸
ethanoic acid

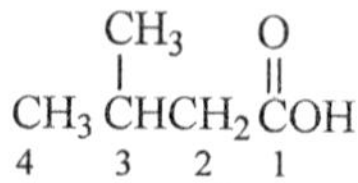

3-メチルブタン酸
3-methylbutanoic acid

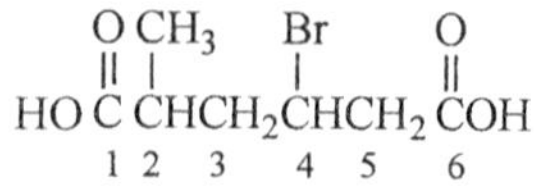

4-ブロモ-2-メチルヘキサン二酸
4-bromo-2-methylhexanedioic acid

(2) 環にカルボキシル基が結合している場合は接尾語をカルボン酸とする（英語では-carboxylic acid）．

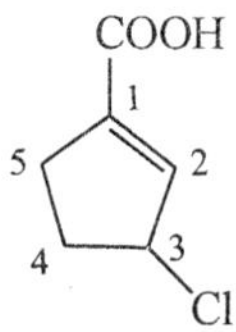

3-クロロ-1-シクロペンテンカルボン酸
3-chloro-1-cyclopentenecarboxylic acid

(3) 表4.6.1に示すカルボン酸の慣用名はIUPAC命名法でも認められている．

なお，カルボン酸のハロゲン化物RCOClでは，アシル基RCO—の名称の前にハロゲン化をつける（英語ではアシル基名の後にhalideをつける）．

---

1) カルボン酸が水素イオンを放出しやすいのはカルボン酸イオン$RCOO^-$が次のような共鳴構造をもち，安定化するためである．

ただし，HClやHNO_3は水溶液中で100%解離するのに対し，0.1 mol/dm³の酢酸の解離度は1%程度である．なお，フェノールははるかに弱い酸で，解離度は約0.001%に過ぎない．

表 4.6.1 カルボン酸とアシル基の慣用名

カルボン酸		アシル基[†]	
構　造	名　称	構　造	名　称
HCOOH	ギ酸 formic acid	HCO—	ホルミル formyl
CH_3COOH	酢酸 acetic acid	CH_3CO—	アセチル acetyl
CH_3CH_2COOH	プロピオン酸 propionic acid	CH_3CH_2CO—	プロピオニル propionyl
$CH_3CH_2CH_2COOH$	酪酸 butyric acid	$CH_3(CH_2)_2CO$—	ブチリル butyryl
HOOCCOOH	シュウ酸 oxalic acid	—OCCO—	オキサリル oxalyl
$HOOCCH_2COOH$	マロン酸 malonic acid	—$OCCH_2CO$—	マロニル malonyl
$HOOCCH_2CH_2COOH$	コハク酸 succinic acid	—$OC(CH_2)_2CO$—	スクシニル succinyl
$H_2C{=}CHCOOH$	アクリル酸 acrylic acid	$H_2C{=}CHCO$—	アクリロイル acryloyl
C_6H_5COOH	安息香酸 benzoic acid	C_6H_5CO—	ベンゾイル benzoyl

† アシル基名では，-ic acid を yl に置き換える．

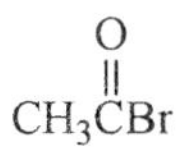

臭化アセチル
acetyl bromide

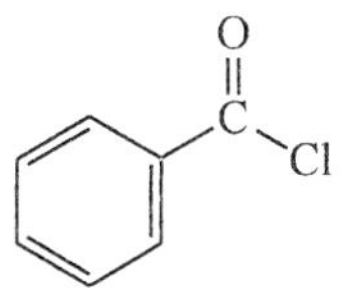

塩化ベンゾイル
benzoyl chloride

4.6.2 いろいろなカルボン酸

ギ酸（蟻酸）HCOOH はもっとも簡単なカルボン酸である．その名前はアリ（蟻）に由来する（英語の formic acid もラテン語のアリ（formica）由来である）．イラクサに触れるとひりひりするのもギ酸のためである．メタノールが代謝されると，ホルムアルデヒドを経由してギ酸になる．血液中でギ酸の濃度が増すと，アシドーシス（酸性症）になり，呼吸障害や代謝障害の原因になる（p. 32「血液の pH 調節」）．

酢酸 CH_3COOH はエタノールがアセトアルデヒドを経由して酸化されたとき生じる．食酢（酢酸濃度 4〜8%）は酒，ワインなどに含まれるエタノールを酢酸菌で発酵させて作られる[1]．50%より濃い酢酸は腐食性で皮膚や眼，口などを侵す．純酢酸は冬凍るので（融点 16.6°C），氷酢酸とよばれる．

しばしば慣用名でよばれるカルボン酸のうち，表 4.6.1 に示したもの以外を次に示す．なお，パルミチン酸やステアリン酸など，脂肪の成分となる高級脂肪酸については後に述べる（II巻 p. 39）．

乳酸
（2-ヒドロキシプロパン酸）

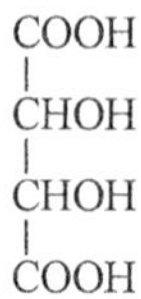

酒石酸
（2,3-ヒドロキシブタン二酸）

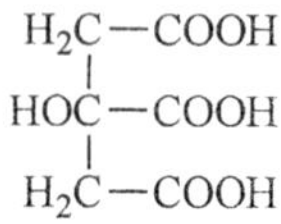

クエン酸
（3-カルボキシ-3-ヒドロキシプロパン二酸）

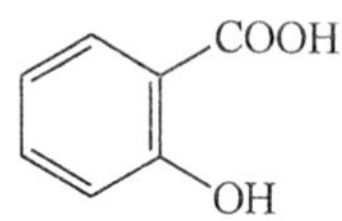

サリチル酸
（o-ヒドロキシ安息香酸）

乳酸はショ糖，乳糖などの糖を乳酸菌が分解して発酵するときに生じる．古くなった牛乳が酸っぱいのは乳酸が含まれているためである．酸性になった牛乳中でタンパク質の粒子が乳脂とともに固まる（II巻 p. 73）．ある種の乳酸菌を用いるヨーグルトはこの変化で作られる．乳酸はまた汗腺中でグルコースから酵素によって作られ，汗の酸味の原因となる．短距離走のような急激な運動の際には，通常の酸素を使う代謝ではエネルギーの供給が間にあわないので，グルコース→ピルビン酸→乳酸の過程（無酸素過程）で，筋肉にエネルギーが補給される．ただし，筋肉中に乳酸がたまると疲労の原因となる（II巻 p. 209）．乳酸の光学異性体についてはII巻 p. 8 を参照されたい．

酪酸 $CH_3CH_2CH_2COOH$ はエステルの形でバターの中に含まれ，バターが酸敗したときにできる．また，糖の酪酸発酵によっても生じる．

シュウ酸 HOOCCOOH はカタバミ[2] やスイバ[3] などの植物に含まれている．ホウレン草には塩の形で多く存在する．カルシウム塩 $Ca(COO)_2$ は水

1）酢の英語 vinegar はフランス語の酸っぱいワインに由来する．

2）英語の oxalic acid はカタバミ oxalis に由来する．

3）シュウ（蓚）はスイバを意味する．

に不溶で，尿中で大きい結晶ができると尿路結石の原因となる．

酒石酸とその塩はブドウの中に含まれており，ワインの発酵の際に得られる．1848年パスツール（L. Pasteur）は酒石酸の塩を研究して，鏡像異性の現象を発見した（II巻 p. 2）．

クエン酸はミカンやレモンなどに含まれて，酸っぱさの原因になっている．糖類のクエン酸発酵によって生じる．後に詳しく述べるように，クエン酸回路を構成する化合物である（II巻 p. 199）．

安息香酸 C_6H_5COOH は東南アジアの高木，安息香の樹液にエステルの形で含まれている．防腐剤のほか，薬用として解熱剤，去痰剤などに使われる．

サリチル酸は天然にはシラカバ皮油などの植物油の中にある．皮膚の角質を溶かすので，魚の目やいぼの治療に用いられる．以前は酒類や酢などの防腐剤として使われていたが，現在では使用禁止になっている．

4.6.3 カルボン酸の製法

カルボン酸は第1級アルコールおよびアルデヒドの酸化により得られる．第1級アルコールは三酸化クロム CrO_3，二クロム酸ナトリウム $Na_2Cr_2O_7$ などで酸化される．

$$\underset{\text{第1級アルコール}}{\mathrm{RCH_2OH}} \xrightarrow[\mathrm{H_2O,\,H_2SO_4}]{\mathrm{CrO_3}} \underset{\text{カルボン酸}}{\mathrm{RCOOH}}$$

アルデヒドはトレンス試薬で酸化される（p. 113）．

後に詳しく述べるが（II巻 p. 39），1価（カルボキシル基が1個）の長鎖カルボン酸[1]は油脂の加水分解により得られる．

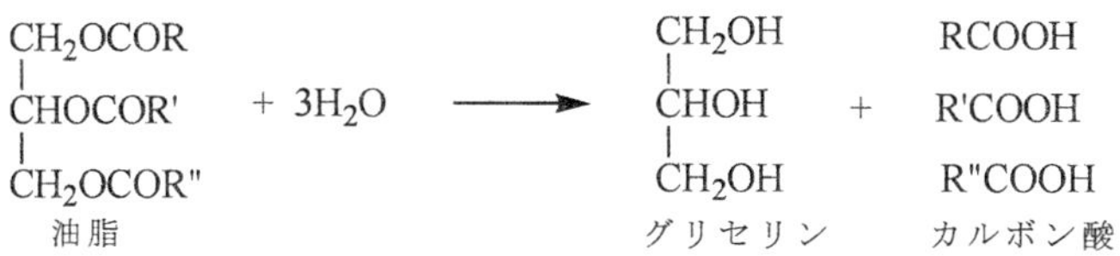

1) 1価の鎖状カルボン酸を**脂肪酸**（fatty acid）という．脂肪の構成成分になっているからである．

4.6.4　カルボン酸の反応

(a)　還元

カルボン酸は一般に還元されにくいが[1)]，強力な還元剤である水素化アルミニウムリチウム $LiAlH_4$（p. 141 脚注参照）により還元されて第1級アルコールを与える．

$$\underset{\text{カルボン酸}}{RCOOH} \xrightarrow{LiAlH_4} \underset{\text{第1級アルコール}}{RCH_2OH}$$

(b)　エステルの生成

酸触媒の存在下，カルボン酸をアルコールと加熱すると，水がとれてエステルが生じる（脱水縮合）．

$$\underset{\text{カルボン酸}}{RCO}\boxed{OH+H}\underset{\text{アルコール}}{OR'} \overset{H^+}{\rightleftharpoons} \underset{\text{エステル}}{RCOOR'}+H_2O$$

この反応は可逆反応で，アルコールを大量に使えば，エステル生成の方に平衡が移動する[2)]．

(c)　ハロゲン化アシルの生成

カルボン酸にハロゲン化剤である五塩化リン PCl_5，塩化チオニル $SOCl_2$ などを作用させると，酸ハロゲン化物 RCOX を生じる．

$$\underset{\text{酢酸}}{CH_3COOH} + \underset{\text{五塩化リン}}{PCl_5} \longrightarrow \underset{\text{塩化アセチル}}{CH_3COCl} + \underset{\text{塩化ホスホリル}}{POCl_3} + HCl$$

$$\underset{\text{カルボン酸}}{RCOOH} + \underset{\text{塩化チオニル}}{SOCl_2} \longrightarrow \underset{\text{酸塩化物}}{RCOCl} + SO_2 + HCl$$

酸ハロゲン化物は反応性が強く，次のように，容易にカルボン酸 RCOOH，エステル RCOOR′ および酸アミド $RCONH_2$ に変換することができる．

$$RCOCl + H_2O \longrightarrow RCOOH + HCl$$

$$RCOCl + R'OH \longrightarrow RCOOR' + HCl$$

$$RCOCl + NH_3 \longrightarrow RCONH_2 + HCl$$

1)　ギ酸 HCOOH とシュウ酸 HOOCCOOH は例外で，還元性がある．

2)　アルコールを溶媒とすれば，エステル生成が有利になり，水を溶媒とすれば，カルボン酸の方に平衡が移る．

4.7　エステル

4.7.1　構造と命名法

前項で述べたように，エステルはカルボン酸 RCOOH とアルコール R′OH の脱水縮合によって生じる化合物 RCOOR′ である．たとえば，ギ酸とメタノールからは，エステルとして，ギ酸メチルが生じる．

$$\underset{\text{ギ酸}}{HCO}\boxed{OH+H}\underset{\text{メタノール}}{OCH_3} \overset{H^+}{\rightleftarrows} \underset{\text{ギ酸メチル}}{HCOOCH_3} + H_2O$$

ギ酸メチルの原子模型を図 4.7.1 に示す．エステルは電気的に極性が小さいので，水に溶けにくいが，有機溶媒には溶けやすい．また，揮発性である．

エステルはカルボン酸の名前の後にアルキル基名をつけることによって命名される（英語では逆にアルキル基名の後にカルボン酸名をつける．ただし，カルボン酸名の-ic acd を-ate に変える）．

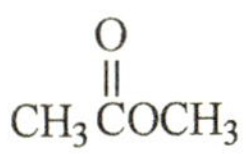

酢酸メチル
(methyl acetate)

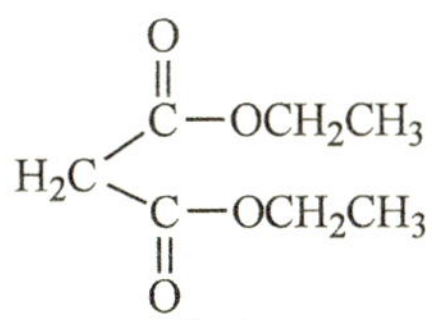

マロン酸ジエチル
(diethyl malonate)

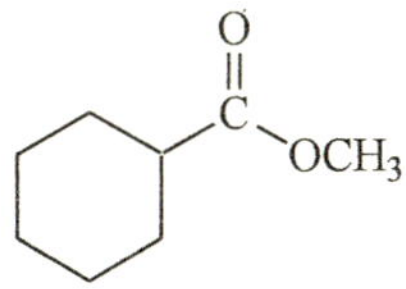

シクロヘキサンカルボン酸メチル
(methyl cyclohexanecarboxylate)

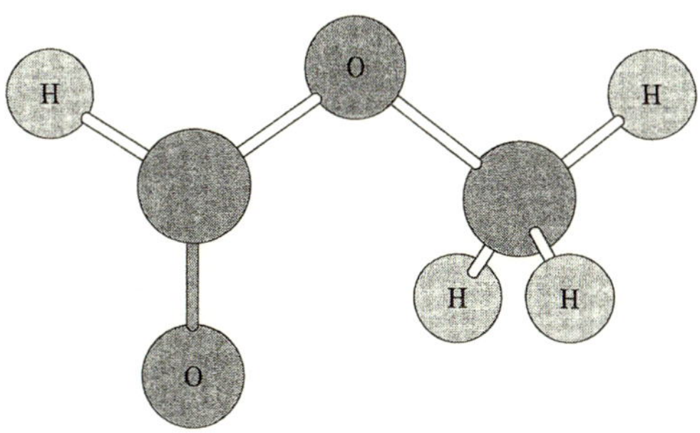

図 4.7.1　ギ酸メチルの原子模型

[例題 4.7.1]　次のエステルを命名せよ．またカルボン酸とアルコールを用いて合成する反応式を示せ．

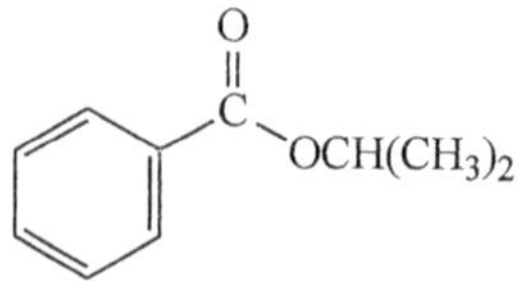

[解]　名称は安息香酸イソプロピル (isopropyl benzoate) である．合成反応を次に示す．

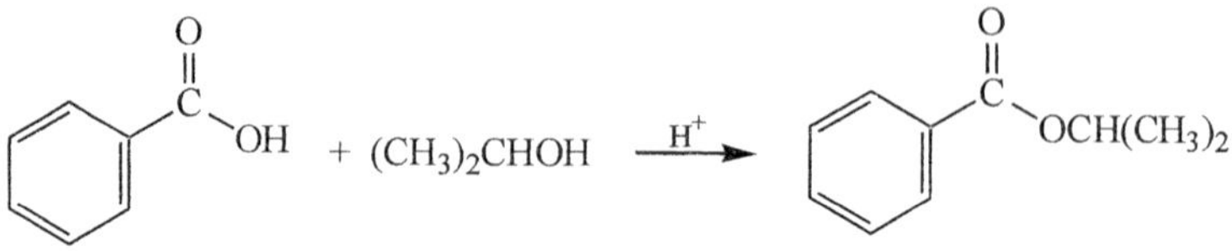

安息香酸　　イソプロパノール　　安息香酸イソプロピル

4.7.2　いろいろなエステル

低級カルボン酸と低級アルコールのエステルは植物の精油中に含まれ，芳香をもつものが多い．表 4.7.1 に種々の果物の香りの成分を示す．これらのエステルの合成品は人工香料として使われる．

長鎖カルボン酸と長鎖1価アルコール (水酸基が1個のアルコール) のエステルはろうである．また長鎖カルボン酸と3価アルコールであるグリセリンのエステルは油脂である．これらのエステルについてはII巻7章で述べる．

サリチル酸はカルボキシル基とヒドロキシル基をもつので，2種類のエステルをつくる．たとえば，メタノールとエステルを作るとサリチル酸メチル

表 4.7.1　果物の香料としてのエステル

果　物	エ ス テ ル
モモ	ギ酸エチル，酪酸エチル
ブドウ	ギ酸エチル，ヘプチル酸エチル
リンゴ	ギ酸ペンチル，酢酸ブチル
ナシ	ギ酸イソペンチル，酢酸イソペンチル
バナナ	酢酸イソペンチル，酪酸ペンチル
オレンジ	酪酸オクチル
アプリコット	酪酸ペンチル

となる．

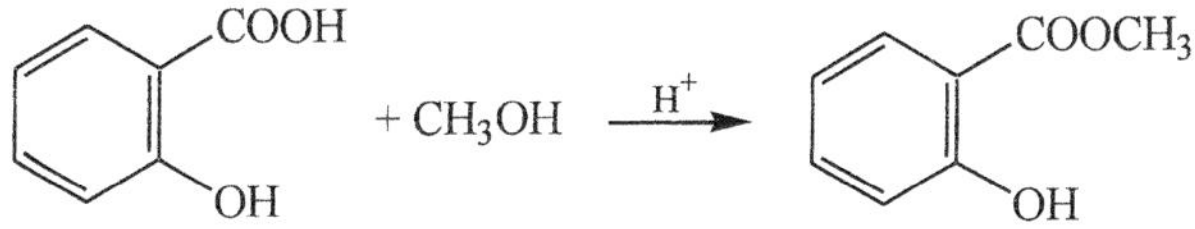

サリチル酸　　メタノール　　サリチル酸メチル

また，酢酸とのエステルとして，アセチルサリチル酸が得られる．

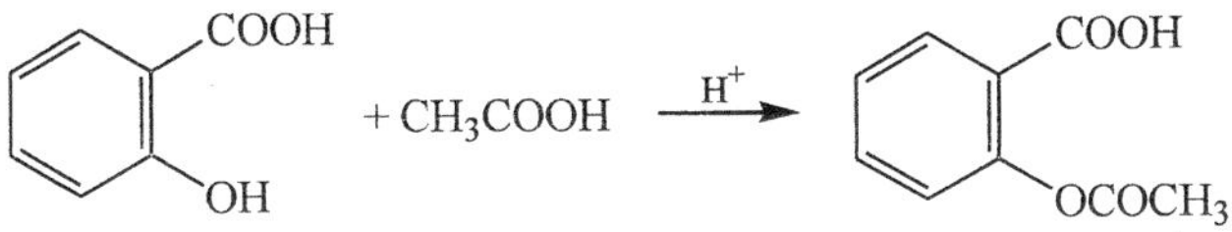

サリチル酸　　酢酸　　アセチルサリチル酸（アスピリン）

サリチル酸メチルは歯磨きやガムの香料として，また，皮膚を刺激することにより，深部組織の炎症を和らげる目的で，消炎剤（商品名，サロメチール）として用いられる．アセチルサリチル酸はアスピリンとして知られている鎮痛，解熱および抗炎症剤である．1899 年以来現在まで多く使われている．その作用は発熱や炎症作用をもつ局所ホルモンであるプロスタグランジン E（II巻 p. 97）の生合成に関わる酵素のはたらきを阻害することによる．血小板の凝集を抑える作用もあるので血栓症予防の目的にも使われることがある．副作用としては，皮膚の発疹，胃腸障害などがある．また，水疱瘡（ぼうそう）やインフルエンザにかかった子供には使えない．脳や消化管の障害を伴う，致死率の高いライ症候群を引き起こす危険があるからである．

エステル結合—OCO—でつながった高分子をポリエステルという．テトロンという商品名[1]でよばれる繊維はエチレングリコールとテレフタル酸（1,4-ベンゼンジカルボン酸）を縮重合させたものである[2]．

1)　イギリスで開発されたときの商品名はテリレン，アメリカの商品名はダクロンである．

2)　実際にはテレフタル酸の代わりにテレフタル酸ジメチル（下式）が使われる．

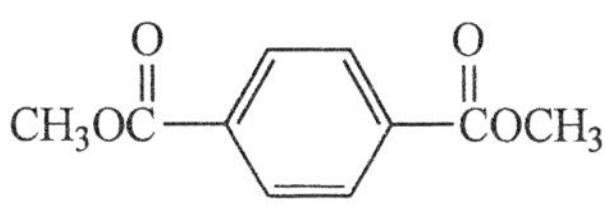

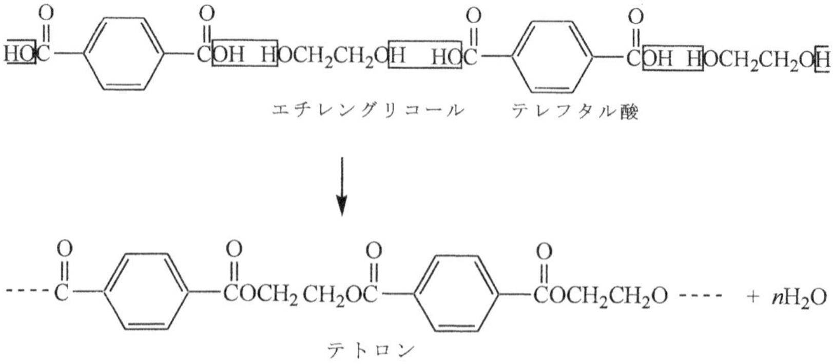

テトロンではベンゼン環を含む鎖が規則正しく並び，曲がりやすい炭化水素鎖でできた高分子に比べて，硬く融点も高くなる．そのため，しわができにくく丈夫である．この高分子で作ったフィルム（マイラー）は磁気テープやフロッピーディスクにも使われる．

カルボン酸の代わりに，無機酸とアルコールが脱水縮合したものもエステルという．ニトログリセリンは硝酸 HNO_3 とグリセリンのエステルである．グリセリンを混酸（硝酸と硫酸の混合物）と反応させてつくられる．

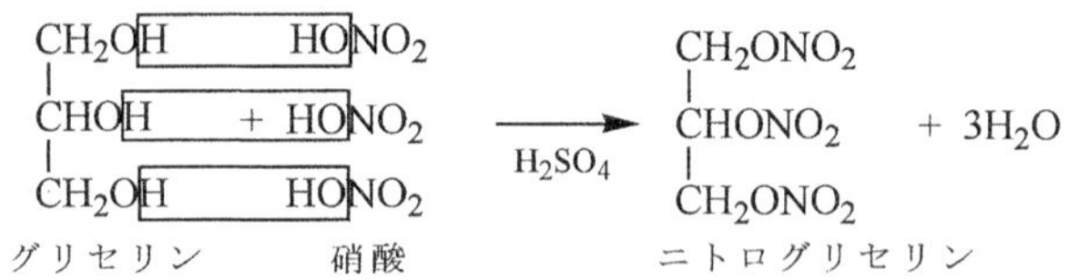

ニトログリセリンは，TNT 爆薬（p. 90 脚注）と同様に，分子中に多数の酸素原子を含むので爆発性がある．ノーベル（A. B. Nobel）はニトログリセリンをけい藻土（けい藻が堆積してできた多孔質の土）にしみ込ませ，安全に持ち運べるようにした[1]．それがダイナマイトである[2]．ニトログリセリンは体内で一酸化窒素（NO）を放出するが，NO は血管壁の平滑筋の収縮を

1）　ノーベル賞はノーベルがダイナマイトや無煙火薬で得た利益を基金にして設立された．
2）　最近のダイナマイトはニトログリセリンに木粉，硝酸アンモニウム，硝酸ナトリウム，硫黄などを混ぜたものである．

ゆるめ，血管を拡張する効果がある[1]．そのため，冠動脈が狭くなって心臓に血液が供給されないために起こる，狭心症の薬として使われる．

亜硝酸エチル C_2H_5ONO は利尿剤および解熱剤として用いられる．亜硝酸ペンチル $C_5H_{11}ONO$ は気管支喘息やてんかん性けいれんの治療薬として使われる．また，ニトログリセリンと同様に血管拡張作用もある．

4.7.3　エステルの製法

p. 120 で述べたように，エステルは酸とアルコールを反応させてつくるが，酸ハロゲン化物や酸無水物（酸 2 分子から水がとれたもの）とアルコールとの反応によっても合成される．

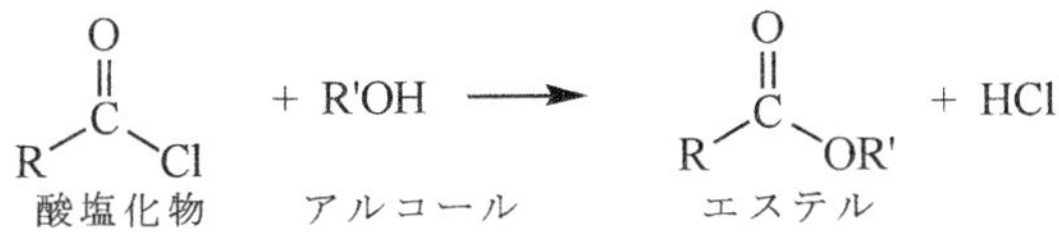

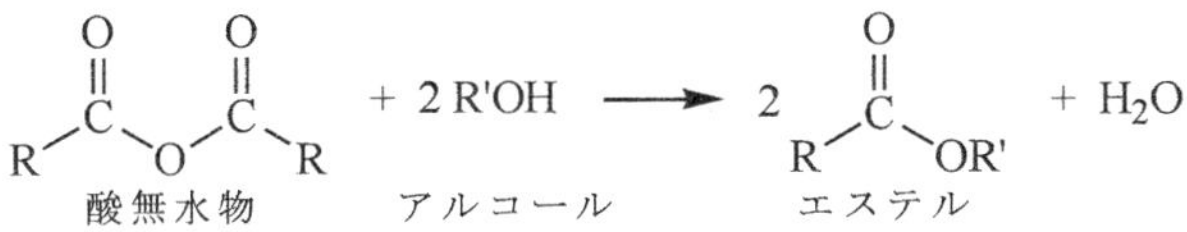

4.7.4　エステルの反応

エステルは硫酸や塩酸の水溶液中で加水分解されてカルボン酸とアルコールを生じる．これはカルボン酸とアルコールからエステルを生じる反応（p. 120）の逆反応である．

エステルは NaOH や KOH 水溶液中で加水分解するとアルカリ塩を与える．

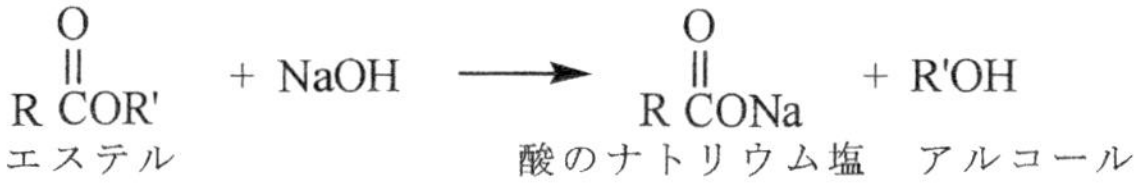

1)　NO は体内ではアミノ酸の一種であるアルギニンと酸素から合成される．不対電子をもっているため（·N=O），反応性が強く寿命は短い．免疫細胞がつくり出す NO は結核菌を殺す作用がある．

この反応を**けん化**（soponification）という．脂肪をアルカリで処理すると同様な反応が起こり，石けん（高級脂肪酸のアルカリ塩）ができるからである．石けんについてはII巻 p. 45 以下で詳しく述べる．

章末問題

4.1　次の化合物の IUPAC 名を記せ．

(a)
$\qquad\qquad\quad OH$
$CH_3CH_2CH_2\overset{|}{C}HCH(CH_3)_2$

(b)
$\qquad\qquad\qquad\quad CH_2CH_2CH_3$
$HOCH_2CH_2CH_2\overset{|}{C}HCH_2OH$

(c)
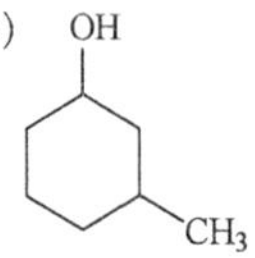

(d)
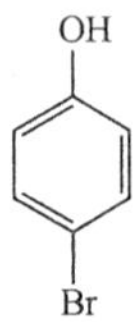

(e)
$H_3C-O-CH(CH_3)_2$

(f)
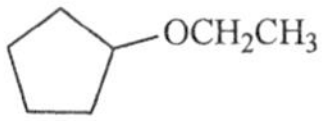

(g)

4.2　次の名前をもつ化合物の示性式を描け．
(a) 3-エチル-2-オクタノール　(b) 2-メチル-2-ペンテン-1-オール
(c) 1,4-ヘプタンジオール　(d) 2,4-ジニトロフェノール
(e) メチルフェニルエーテル　(f) 4-エトキシシクロヘキセン

4.3　次の化合物の IUPAC 名を記せ．

(a)
$(CH_3)_2CHCHO$

(b)
$\quad OH$
$CH_3\overset{|}{C}HCH_2CH_2CHO$

(c)
$\quad CH_3$
$CH_3\overset{|}{C}H\underset{\underset{O}{\|}}{C}CH_2CH_2CH_3$

(d)
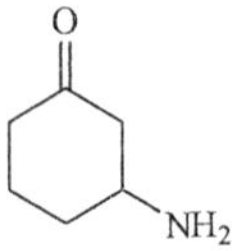

(e)
$CH_3CHClCH_2COOH$

(f)
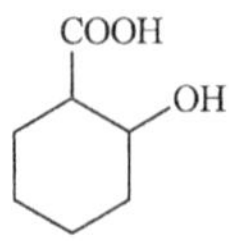

(g)
$CH_3CH{=}CHCH_2CH_2CH_2COOH$

(h)
$\qquad\quad O$
$CH_3CH_2\overset{\|}{C}OC(CH_3)_3$

(i)
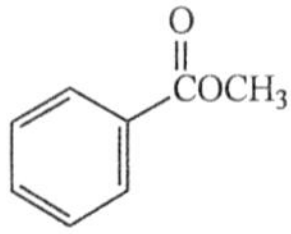

4.4　次の名前をもつ化合物の示性式を描け．
(a) 3-メチルブタナール　(b) 2-エチル-3-ペンテナール

(c) 4-ブロモ-3-ヘキサノン　(d) 4-ヘプテン-2-オン

(e) 2,3-ジブロモペンタン酸　(f) ペンタン二酸

(g) 4-クロロペンタン酸メチル　(h) コハク酸ジエチル

4.5　ブタン，1-プロパノール，エチルメチルエーテルおよび酢酸について次の問に答えよ．

(a) 各化合物の分子量を求めよ．ただし，H＝1，C＝12，O＝16とする．

(b) これらの化合物を沸点の高い順に並べよ．またその根拠を述べよ．

4.6　次の反応の一般式と生成物の名称を記せ．

(a) 第1級アルコールの酸化

(b) 第2級アルコールの酸化

(c) 第1級アルコールの脱水

(d) アルデヒドの酸化

(e) ケトンの還元

(f) カルボン酸とアルコールからの脱水

(g) エステルのけん化

(h) カルボン酸と五塩化リンの反応

4.7　次の化合物からヘミアセタールとアセタールを生成する反応式を記せ．

(a) アセトアルデヒドとメタノール

(b) アセトンとエタノール

4.8　次の化合物を合成する反応式を示せ．

(a) エチルメチルエーテル

(b) 2-メチル-1-ブテン

(c) 安息香酸イソプロピル

5 有機窒素化合物

裏表紙見返しの表に示したように，窒素を含む化合物としては，アミン RNH_2，アミド $RCONH_2$，ニトリル RCN などがある．この章では，生体と関連がある，アミンとアミドについて詳しく述べる．

5.1 アミン

5.1.1 構造と命名法

アミン (amine) はアンモニアの誘導体である．アンモニアの窒素についている置換基の数によって，**第1級アミン** (primary amine) RNH_2，**第2級アミン** (secondary amine) RR′NH，**第3級アミン** (tertiary amine) RR′R″N に分類される．

窒素は15族の原子で，最外殻に5個の電子をもつ．アンモニアでは，この5個の電子のうち，3個が水素の1s電子と対をつくると，最外殻に8個の電子が存在することになり，分子として安定化する (図5.1.1(a))．図5.1.1(b) に，孤立電子対を含めて，実際の分子の形を示した．この図において，孤立電子対の電子は3つのNH結合と反対側 (三角錐状分子の上方) に分布していることに注意されたい1)．HNHの結合角は104.5° である．図5.1.2 にトリメチルアミンの分子模型を示す．アンモニアと同様な形をしており，CNC結合角は110.9° である．

1) 1.4節でアンモニアの結合を $(1s)^2(2s)^2(2p_xH1s)(2p_yH1s)(2p_zH1s)$ で説明した (この場合HNH結合角は90° になる)．この単純な説明では，孤立電子対の電子は $(2s)^2$ となり，Nの原子核のまわりに球対称に分布していることになる．しかし，実際には図5.1.1 のように分布する．この分布は，Nの2s，$2p_x$，$2p_y$ および $2p_z$ 電子が sp^3 混成状態 $h_1h_2h_3h_4$ をとる，すなわち，アンモニアの結合状態を $(1s)^2(2s)^2(h_1)^2(h_2H1s)(h_3H1s)(h_4H1s)$ と考えれば，説明できる．実際アンモニアのHNH結合角104.5° は sp^3 混成の場合の四面体角109.5° に近い．

(a)　(b)

図 5.1.1　アンモニアの孤立電子対

(a) 電子式，(b) 分子における分布．

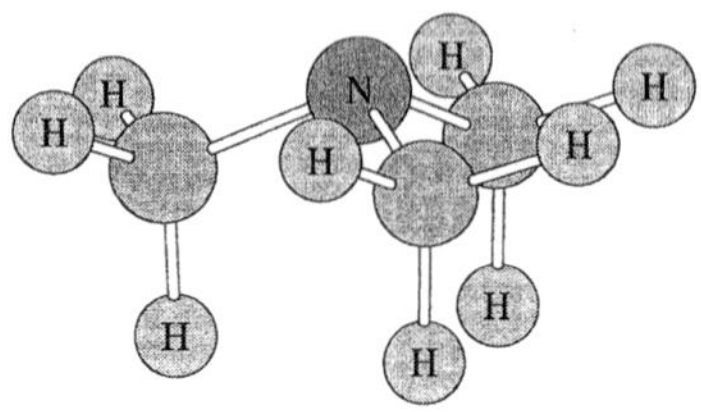

図 5.1.2　トリメチルアミンの分子模型

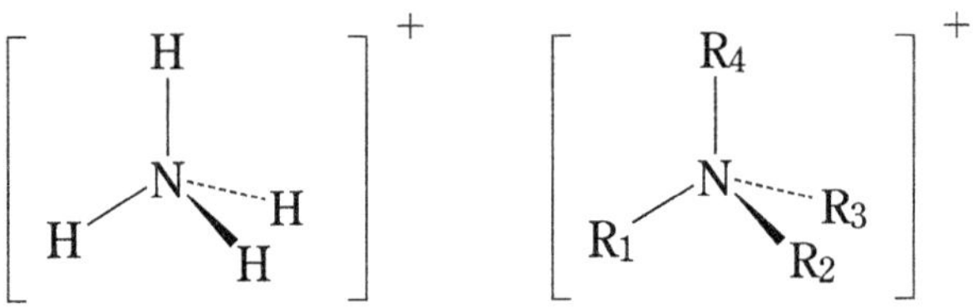

(a)　(b)

図 5.1.3　(a) アンモニウムイオンと (b) 第4級アンモニウム塩

図 5.1.1 (b) のアンモニアの孤立電子対に水素イオン H^+ が付加すると，アンモニウムイオン NH_4^+ が生じる．その形は図 5.1.3 (a) に示すように，正四面体になる[1)]．アンモニウムイオンは陰イオン（たとえば Cl^-）と結合して，塩（たとえば NH_4Cl）の形で存在する．アンモニウムイオンの場合と同様に，図 5.1.3 (b) に示すように，4つの置換基 R_1，R_2，R_3 および R_4 が窒素原子に結合することが可能である．この場合も化合物は塩の形（たとえば

1)　アンモニウムイオンの形は次のように考えても説明される．N^+ は最外殻に4個の電子をもつ．この4個の電子が，C の場合と同様に，sp^3 混成状態になり，H の 1s 電子と対を形成すると正四面体型のアンモニウムイオンとなる．

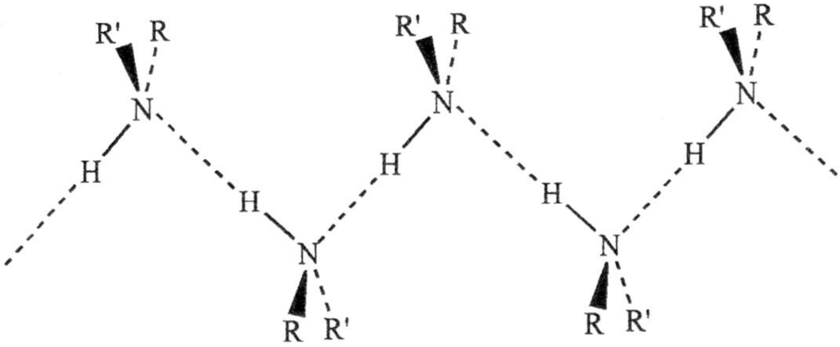

図 5.1.4　アミン分子間の水素結合（点線）

$[R_1R_2R_3R_4N]^+Cl^-$）で存在する．このような塩を**第 4 級アンモニウム塩**（quaternary ammonium salt）という．

アルコールと同じようにアミンは極性が強く，水に溶けやすい．また，第 1 級および第 2 級アミンは分子間で水素結合をするため（図 5.1.4），沸点が高くなる．たとえば，沸点は，プロパン C_3H_8（分子量 44）の -42.1°C に対し，ジメチルアミン $(CH_3)_2NH$（分子量 45）では 6.8°C である．第 3 級アミンは水素結合をつくらないため，沸点が低い．たとえば，トリメチルアミン $(CH_3)N$（分子量 59）の沸点は 2.8°C である．

アミンは水に溶けると塩基性を示す．その理由はアンモニアと同じく孤立電子対をもつため，水からの水素イオンが付加し，アンモニウムイオンと水酸化物イオンを生じるためである．次に，アンモニアと第 1 級アミンの例を示す．

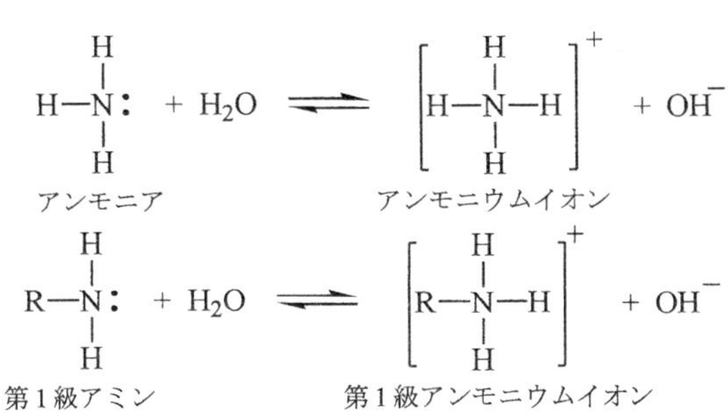

アルキルアミンはアンモニアより塩基性が強い．塩基性の順序は次のように

なる[1]．

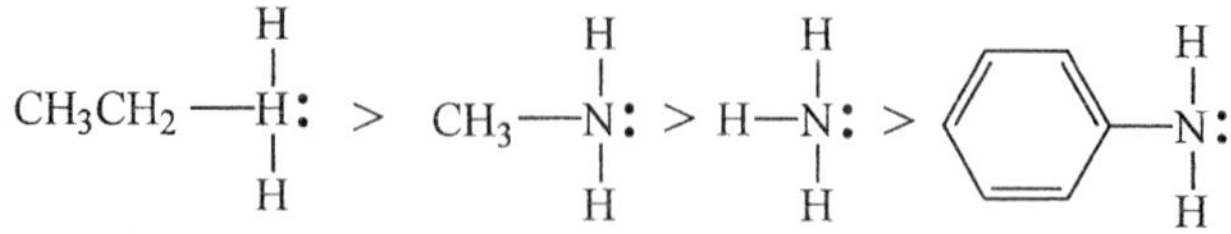

エチルアミン　メチルアミン　アンモニア　アニリン

第2級および第3級アミンも塩基性を示すが，第4級アンモニウムイオンは孤立電子対をもたないので塩基性がない．アミンのIUPAC命名法は次のとおりである．

(1)　第1級アミンでは

a．アルキル置換基の場合は，置換基名の後にアミンをつける．

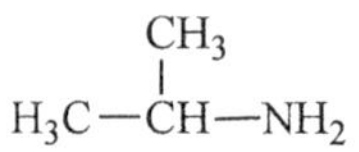

イソプロピルアミン

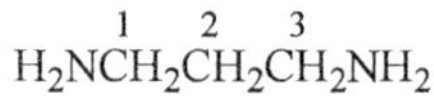

1,3-プロパンジアミン

b．置換基として，他の官能基をもつ場合は，$-NH_2$をアミノ置換基とみなす．

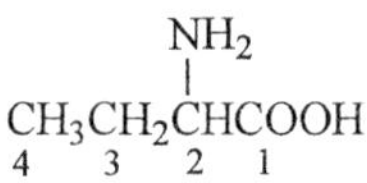

2-アミノブタン酸

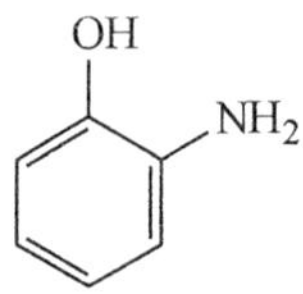

2-アミノフェノール

(2)　第2級および第3級アミンでは

a．置換基が同じ場合は，置換基名にジ（di-）またはトリ（tri-）をつける．

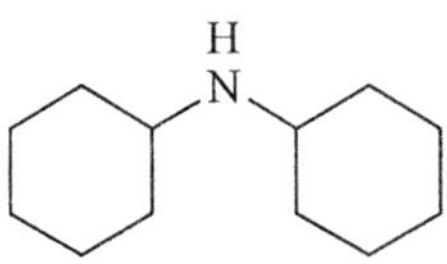

ジシクロヘキシルアミン

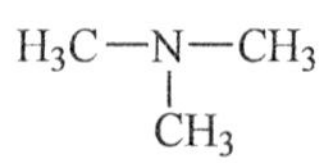

トリメチルアミン

1)　アルキル基は電子を押し出す効果があるため，孤立電子対の電子分布が増加する．そのため水の水素イオンH^+を引きつけやすくなり，結果としてOH^-の濃度が増える．電子を押し出す効果はメチル基よりエチル基の方が強い．フェニル基は，アルキル基と逆に，電子を環の方に吸引し，孤立電子対の電子分布を減少させる効果がある．

b．置換基が異なっている場合は N-置換第1級アミンとして命名する(窒素に結合していることを示すため N をつける)．ただし，もっとも大きい置換基を母体名とする．

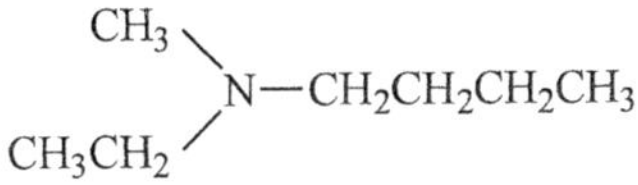

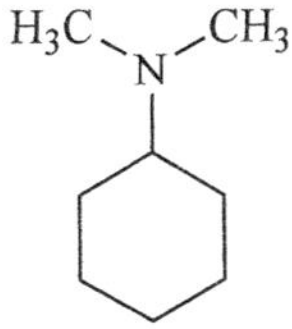

N-エチル-N-メチルブチルアミン　　N,N-ジメチルシクロヘキシルアミン

(3) 環状のアミンには慣用名を使うことができるものが多い．いくつかの化合物を次に示す．

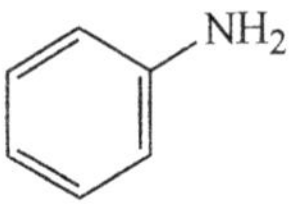

アニリン

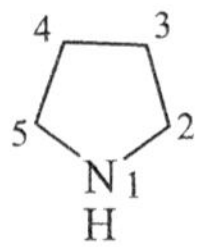

ピロリジン

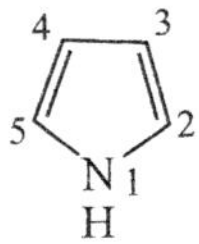

ピロール

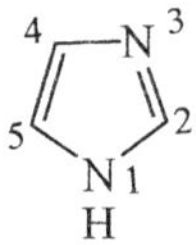

イミダゾール

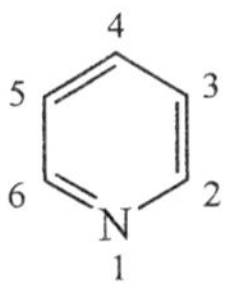

ピリジン

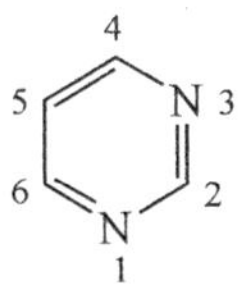

ピリミジン

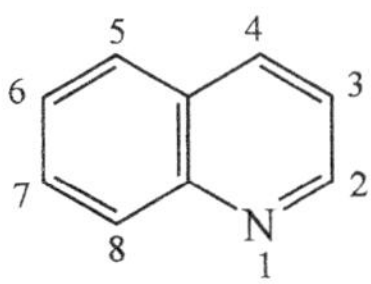

キノリン

上の化合物のうち，アニリンの誘導体は染料になるものが多い．なお，ピリジンおよびピリミジンはベンゼンと，キノリンはナフタレンと同じ π 電子系に属するため，芳香族性をもつ(p. 88)．

5.1.2　いろいろなアミン

炭素数の少ない第1級アミンはアンモニア臭がある．タンパク質が酵素や微生物の作用で嫌気的に(無酸素状態で)分解すると悪臭が生じるのはアミンが生成するためである．トリメチルアミン $(CH_3)_3N$ は魚の腐った臭いの主な原因となる物質である．ジアミンであるプトレッシン[1)]やガダベリン[2)]

1) プトレッシンは putrescent (腐敗した) に由来する．
2) ガダベリンは cadaver (死体) に由来する．

も強い悪臭がある．ガダベリンは死臭のもとになる分子である．

$H_2NCH_2CH_2CH_2CH_2NH_2$
プトレッシン
(1,4-ブタンジアミン)

$H_2NCH_2CH_2CH_2CH_2CH_2NH_2$
ガダベリン
(1,5-ペンタンジアミン)

単純なアミンは皮膚，眼，粘膜を刺激する．摂取すると有毒である．アミンは生体内でホルモン[1]や神経伝達物質（p. 150 参照）などとしてはたらいているものが多い．ドーパミン，アドレナリン（エピネフリン）およびノルアドレナリン（ノルエピネフリン）はカテコールアミンに属する．

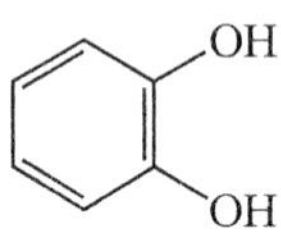

カテコール（*o*-ジヒドロキシベンゼン）

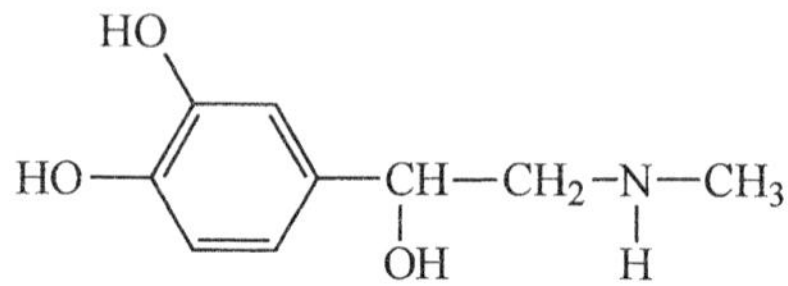

アドレナリン（エピネフリン）

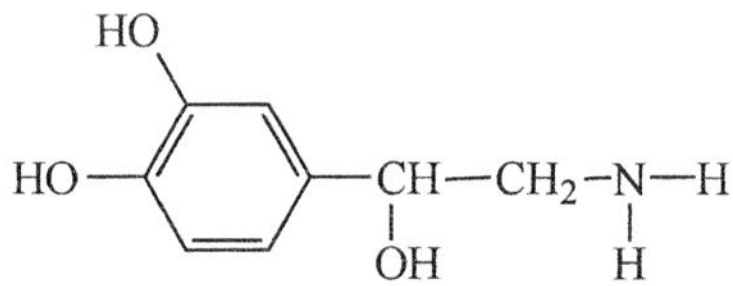

ノルアドレナリン（ノルエピネフリン）

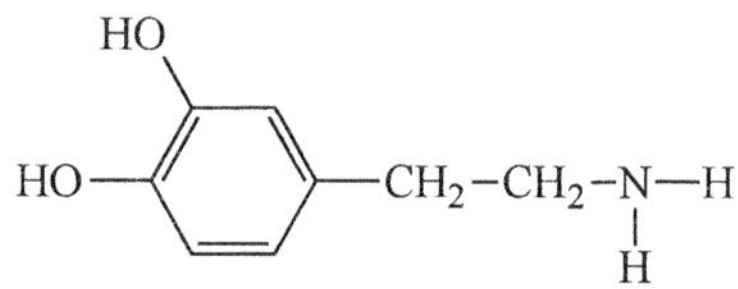

ドーパミン

アドレナリン（adrenalin(e)）は 1900 年高峰譲吉が結晶として単離した最初のホルモンである．このホルモンは危険が迫ったり，興奮したりして，ストレスが加わると副腎髄質から分泌され，血液で運ばれて交感神経系を興奮させる．その結果，心拍数が増加し，血管は収縮して血圧が上がり，気管支は拡張する．また，肝臓や筋肉のグリコーゲンを分解して血糖を増やしたり，脂肪組織の脂肪を分解して血液中に遊離脂肪酸を増加させる．このようにして，ストレスに対して体が対処できるようになる[2]．**ノルアドレナリン**（noradrenaline）も副腎髄質から放出されるホルモンで，アドレナリンと似た作用をする．また，交感神経の刺激に応じて放出される神経伝達物質としてもはたらく．アドレナリンに比べて，血圧上昇作用は強力であるが，血糖値上昇効果ははるかに小さい．**ドーパミン**（dopamine）は神経伝達物質の 1

1)　ホルモンについては，II巻 9.2 節でまとめて述べる．

2)　糖も遊離脂肪酸も，代謝によって，ストレスに対処するためのエネルギーを放出する（p. 130 参照）．

つであり，またノルアドレナリンの前駆体でもある．骨格筋の運動の調節に関与している．パーキンソン病ではドーパミンが不足のため，震えや麻痺が起こる．ドーパミンは脳内で情緒や思考とも関係しており，過剰になると分裂病になる．ドーパミンは生体内ではアミノ酸の一種であるチロシン（II巻 p. 69）から合成される．生合成の過程は，チロシン→ドーパミン→ノルアドレナリン→アドレナリンである．

アンフェタミン（amphetamine）と**メタンフェタミン**（methamphetamine）はノルアドレナリンと似た化学構造をもつ．

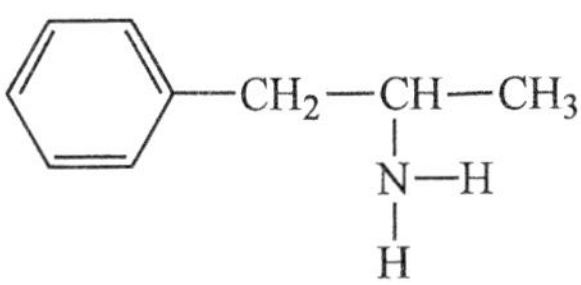

アンフェタミン

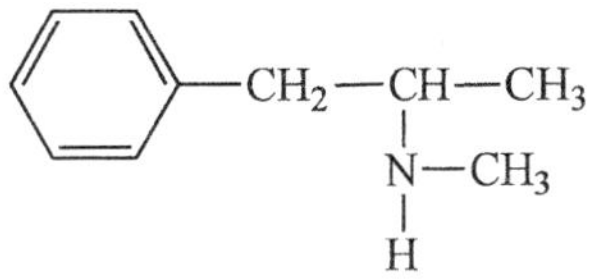

メタンフェタミン

これらは覚醒剤で，連用すると依存症となり，幻覚妄想などの精神病的症状や性格変化を生じる．メタンフェタミンは外国ではスピード，日本ではヒロポンとよばれている．これらの分子は脳内のノルアドレナリンの貯蔵箇所に入り込み，ノルアドレナリンを追い出す．追い出されたノルアドレナリンは神経細胞の壁に付着して細胞に刺激を与えるといわれている．

セロトニンとメラトニンはインドールアミンに属する．

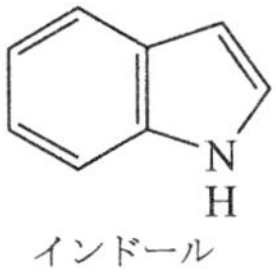

インドール

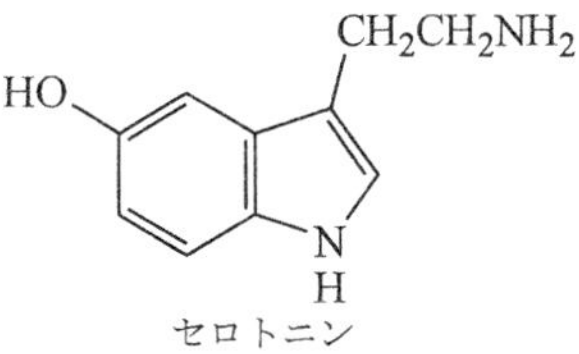

セロトニン

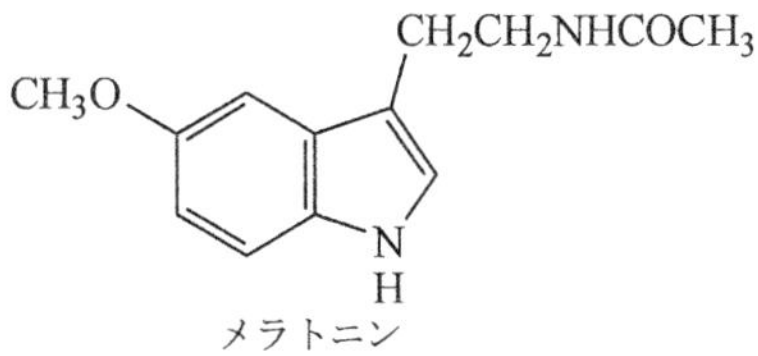

メラトニン

セロトニン（serotonin）は脳内にある神経伝達物質である．睡眠，記憶，食欲などの脳機能に影響する．たとえば，セロトニンが増えるとノンレム睡眠が増し，レム睡眠が減るといわれている[1]．このため，抗セロトニン薬は覚

1）夜の睡眠では，通常レム睡眠とノンレム睡眠が90〜100分間隔で繰り返される．レム（REM）睡眠は浅い眠りで眼球の早い運動（Rapid Eye Movement）がみられるので，このように名づけられた．ノンレム睡眠は深い眠りで，そのあいだは代謝や生命機能が低下している．

醒剤（LSD-25など）となる．また，セロトニンは血小板にも含まれており，止血効果がある．最近，セロトニンが分泌元の神経細胞に再吸収されるのを抑える薬品が開発された．この薬は神経細胞間に残るセロトニンの量を増やし，情報伝達を滑らかにする．気分を高揚させる「幸福剤」としてアメリカなどで使われている．**メラトニン**（melatonin）は中脳の上部にある松果体から分泌されるホルモンである．体の24時間周期の変動，すなわち，睡眠のサイクル，体温，血圧などの変動に関係する．メラトニンの放出は，目に入る日光の量に基づいて，脳の視床下部で調節されており，明るいときは少なく，暗くなると多くなる．このため，昼夜の別や季節の変化（夏と冬の日照時間の相違）に応じて，体を適応させるのに役立っているといわれる．

セロトニンとメラトニンは体内で必須アミノ酸の一種であるトリプトファン（II巻 p. 69）から，トリプトファン→セロトニン→メラトニンの過程で合成される．

ヒスタミン（histamine）はイミダゾール骨格をもつアミンである．体内では，血液中の好塩基球（白血球の一種），肥満細胞，表皮，胃粘膜，中枢神経系などでアミノ酸の一種であるヒスチジンからつくられる．

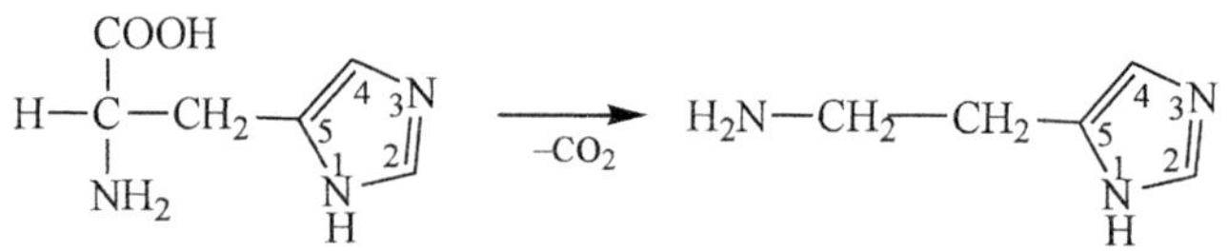

これらの細胞は外からの刺激（花粉[1]，虫さされなど）に応じて，ヒスタミンを放出する．ヒスタミンは血管を広げ，血管壁の透過性を高める作用がある．このため，血圧が下がり，血液中の水分が周囲の組織にしみ出す．血液の水分が欠乏すると，ヒスタミンショックとなることがある．ヒスタミンは神経伝達物質としてもはたらく．抗ヒスタミン薬はヒスタミンの受容体に結合してその作用を打ち消す．中枢神経系では，ヒスタミンは覚醒，興奮など

1）花粉症の原因は次のとおりである．花粉（抗原）が鼻，眼，のど等の粘膜につくと，IgEという抗体ができる．IgE抗体は，ヒスタミンを含む特定の細胞（肥満細胞）に付着する．再度花粉を吸うと，肥満細胞の膜上に並んだIgE抗体にむすびつき，その刺激によって肥満細胞が壊れ，中からヒスタミンが出てくる．花粉症が発症するかどうかは体質や健康状態に左右されるといわれる．

をもたらす．抗ヒスタミン薬を飲むと眠くなるのはこの効果が抑えられるためである．

なお，生体関連アミンのうち，アルカロイドについては，次節で，アミノ酸やタンパク質（II巻8章）と核酸（II巻10章）については後にまとめて述べる．

5.1.3 アルカロイド

アルカロイド（alkaloid）[1] は植物中に存在する窒素を含む塩基性物質で，植物塩基（plant base）ともいわれる．強い生理・薬理作用をもち，苦みがあるものが多い．苦みは動物にとっては警戒信号であり（エネルギーの基である糖は甘い），植物にとっては動物に食べられないための防御の役目をする．アルカロイドは合成されたものを含め，数千種あるが，以下では代表的なもののみを記す．

(a) モルフィン

モルフィン（morphine）はケシの未熟果の乳液を乾燥させてつくるアヘン（阿片）の中に9～14%含まれており，モルヒネともよばれる．はじめて単離されたアルカロイドである（1805年）．モルフィンのメチルエーテルである**コデイン**（codeine）はアヘンの中に1～5%含まれている．また，**ヘロイン**（heroine）はモルフィンの酢酸エステルでモルフィンから合成される．

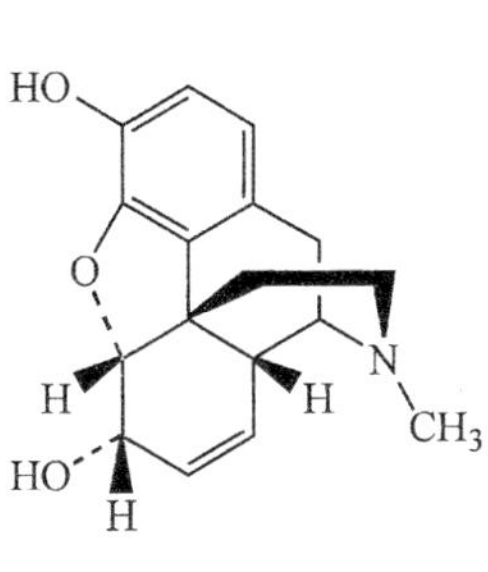

モルフィン（モルヒネ）

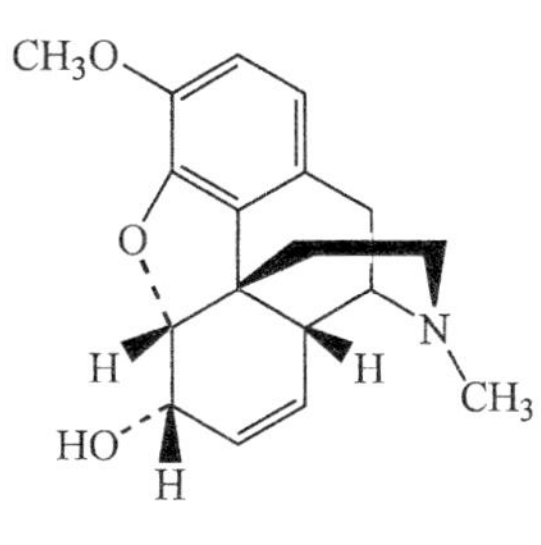

コデイン

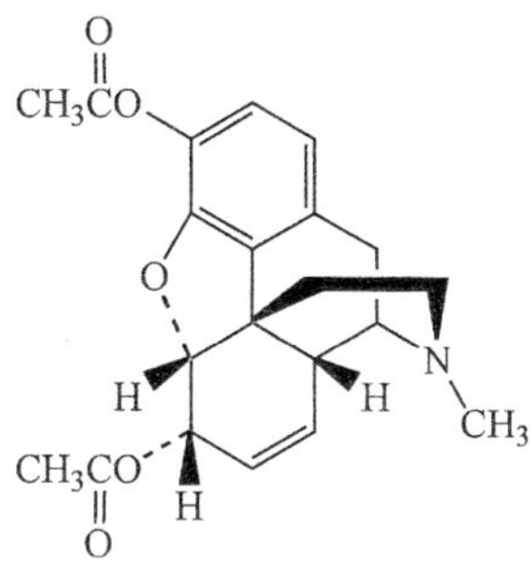

ヘロイン

1）アルカロイドは「アルカリに似たもの」という意味である．

モルフィンは痛みを和らげ，眠気を生じさせ[1]，快感を伴う陶酔をもたらす作用がある．連用すると習慣性を生じ，次第に用量を増さないと効かなくなり（耐性），中毒になるので，麻薬に指定されている．モルフィンの塩酸塩は麻酔剤や鎮痛剤として使われる．コデインはモルフィンよりも作用が弱いが習慣性を生じる．主に咳止めに使われる．ヘロインはモルフィンの数倍の効果をもち，危険性があるため，現在では製造も使用も禁止されている．モルフィンは血液脳関門（II巻 p. 188）で阻止されて2%程度しか脳内に入らないが，ヘロインは無極性のエステルになっているので，血液脳関門の膜を通って約65%脳内に入るからである．脳内では加水分解されてモルフィンとして作用する．モルフィン類は脳の視床中央部の受容体と結合して神経伝達物質の分泌を抑制し，鎮痛作用を生じる．また，感情を司る大脳辺縁系の受容体と結合し陶酔感を刺激する．脳内で分泌されるペプチド（アミノ酸がつながったもの），**エンドルフィン**（endorphin）[2]や**エンケファリン**（enkephalin）も同じ受容体と結合し，モルフィンと同様な作用を示す．きつい運動をするとエンドルフィンの分泌が促進され，筋肉の痛みが抑制されるとともに，恍惚感が生じるという報告もある．

窒素化合物ではないが，モルフィンと同様に脳に作用して幸福感，幻覚，眠気などをもたらす物質に大麻の葉からの抽出物である**マリファナ**（marihuana）がある（樹脂や若芽からの抽出物は**ハシッシュ**（hashish））．その主有効成分はテトラヒドロカンナビノールである．麻薬としてはモルフィンに比べて弱いので，害は少ない．

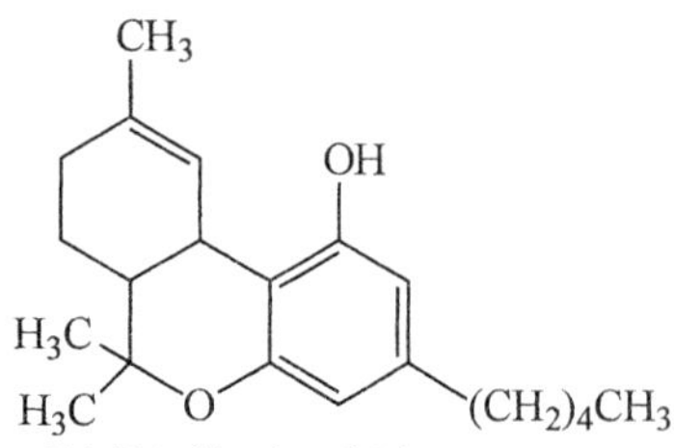

テトラヒドロカンナビノール

1）モルフィンはギリシャの眠りの神モルフェウス（Morpheus）に由来する．

2）endo（内部の）と morphine に由来する．体内のモルフィンという意味である．

(b) ニコチン

ニコチン (nicotine) はタバコの葉に1〜8%含まれている．猛毒で，中毒量は1〜4 mg，致死量は30〜60 mgである．小量では神経を興奮させ，血管や消化管を収縮させる効果があるが，量が多くなると抑制効果が現れる．ニコチンは習慣性がある．また，喫煙者はニコチン耐性となり，非喫煙者の約2倍のニコチンに耐えることができる．慢性中毒になると，神経過敏，不眠，不整脈，視覚障害などの症状が起こる．なお，硫酸塩は殺虫剤として使われる．

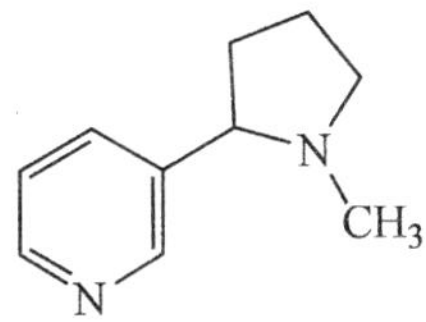

ニコチン

(c) カフェイン

カフェイン (caffeine) はコーヒー豆中に1〜2%，チャの乾燥葉中に1〜3%含まれている．入れ方にもよるが，コーヒーや紅茶の1杯に100 mg程度，玉露や抹茶の1杯に200 mg程度入っている．中枢神経興奮作用があり，眠気を除く．また，心筋の収縮力を増大し，冠状血管を拡張するので狭心症にも有効である．その他に利尿や胃液分泌促進作用がある．習慣性はないといわれている．

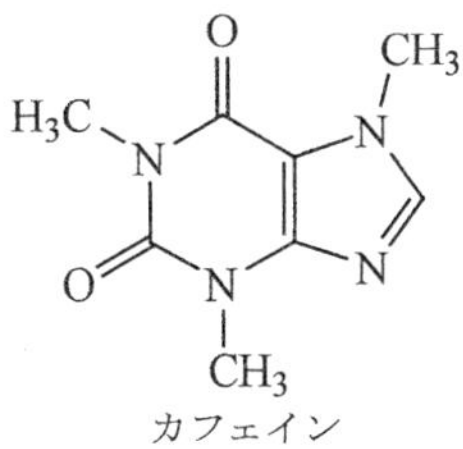

カフェイン

(d) コカイン

コカイン (cocaine) は南アメリカ原産の植物コカの葉から得られる．昔からインディオはコカの葉を鎮痛のために使っていた．局所麻酔薬としては，粘膜の麻酔のため眼科や耳鼻科でよく用いられる．吸収すると中枢神経を興奮させ，恍惚状態に導く．中毒量は0.1 g，致死量は1 g程度である．習慣性や禁断症状はモルフィンほど強くないが，麻薬に指定されている．

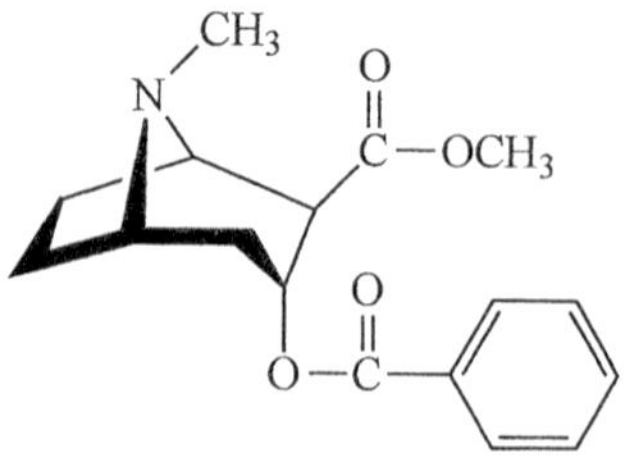

コカイン

(e)　エフェドリン

エフェドリン（ephedrine）は漢方薬麻黄（マオウ）の中から長井長義によって発見された．心拍数を増し血圧を上昇させる効果がある．気管支筋弛緩作用があり，咳止めとして使われる．

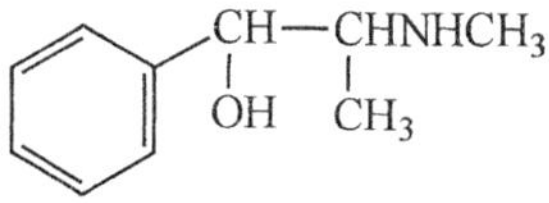

エフェドリン

以上のほか，マラリアの特効薬である**キニン**（quinine，キニーネともいう）もアカネ科の植物キナから得られ，アルカロイドに属する[1]．

5.1.4　アミンの製法

(1)　第1級アミンはハロゲン化アルキルにアンモニアを作用させて作られる．

$$RX + NH_3 \longrightarrow \underset{\text{アンモニウム塩}}{RNH_3^+X^-} \xrightarrow[NaOH]{} \underset{\text{第1級アミン}}{RNH_2}$$

第2級アミンなども同様な反応で合成される．

$$RX + \underset{\text{第1級アミン}}{RNH_2} \longrightarrow \underset{\text{アンモニウム塩}}{R_2NH_2^+X^-} \xrightarrow[NaOH]{} \underset{\text{第2級アミン}}{R_2NH_2}$$

$$RX + \underset{\text{第2級アミン}}{R_2NH} \longrightarrow \underset{\text{アンモニウム塩}}{R_3NH^+X^-} \xrightarrow[NaOH]{} \underset{\text{第3級アミン}}{R_3NH}$$

$$RX + \underset{\text{第3級アミン}}{R_3N} \longrightarrow \underset{\text{第4級アンモニウム塩}}{R_4N^+X^-}$$

1)　キニンは濃度 1×10^{-6} mol/dm^3 でも苦みがあり，苦みの基準物質である．

これらの諸反応からわかるとおり，この合成法の欠点はアルキル化が１回で止まらないことである（たとえば，第１級アミンを作るつもりでも，他のアミンが混合してくる）．

(2)　ニトリルとアミドは水素化アルミニウムリチウム $LiAlH_4$[1] で還元されてアミンを与える．

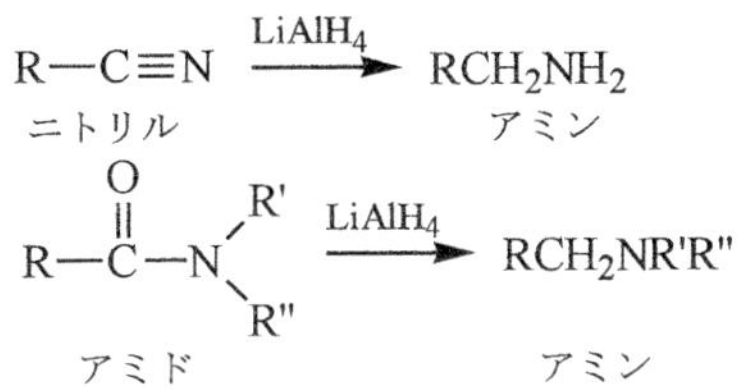

なお，ニトリルはハロゲン化アルキル RX とシアン化ナトリウム NaCN の反応で作られる．

5.1.5　アミンの反応

(a)　酸との反応

アミンは塩基性であるため，酸と反応して塩を形成する．塩化水素 HCl との反応では，

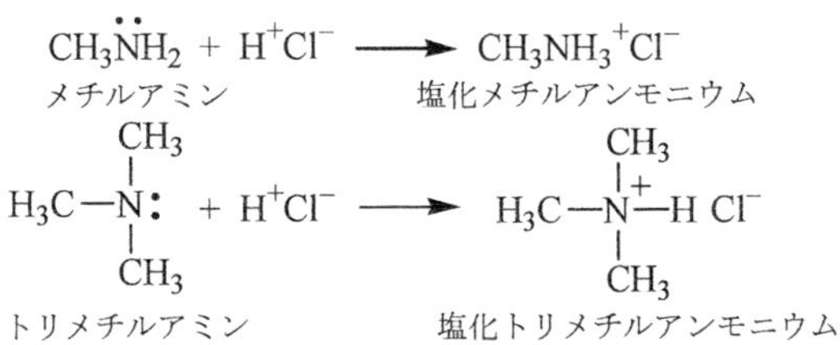

アミンを塩にすると安定化する．また，水に溶けるようになるので，アミン薬剤は酸を加えて塩の形で提供されることが多い（体液は水分を多く含むから，薬が吸収されるためには水溶性であることが望ましい）．たとえば，エフェドリンは塩酸塩として服用される．

1)　反応：$LiAlH_4 + 4H_2O \longrightarrow LiOH + Al(OH)_3 + 4H_2$ により，水と激しく反応して水素を発生する．還元の際には少量の水を加える．

(b)　ハロゲン化アルキルとの反応

p. 140で示したようにアミンをハロゲン化アルキル RX と反応させるとアンモニウム塩を生じる．第4級アンモニウムイオンをもつ，コリンはリン脂質の構成成分になっている（II巻 p. 49）．また，コリンの酢酸エステルであるアセチルコリンは神経伝達物質である．

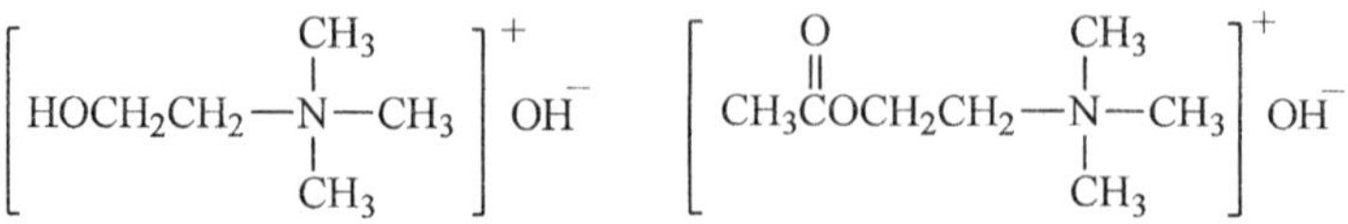

コリン　　　　　　　　　　　　アセチルコリン

(c)　亜硝酸との反応

第1級アミンを亜硝酸 HNO_2 と反応させるとニトロソアミンを生じるが，それが不安定なため，アルコールが得られる．

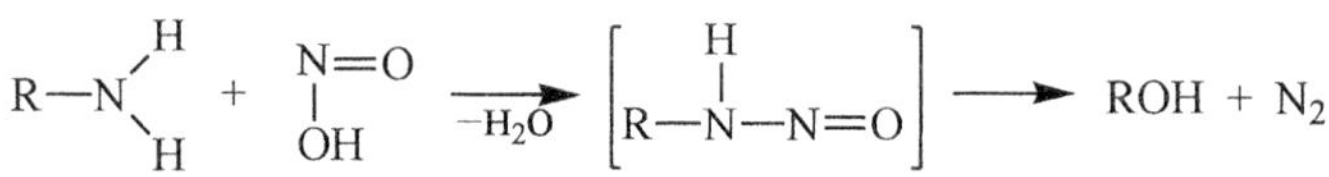

第1級アミン　亜硝酸　ニトロソアミン　アルコール

第2級アミンの場合はニトロソアミンが安定である．

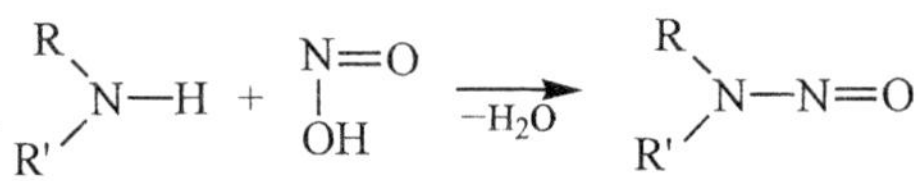

第2級アミン　亜硝酸　ニトロソアミン

第3級アミンでは亜硝酸の塩が得られる．

$$RR'R''N + HNO_2 \longrightarrow RR'R''NH^+NO_2^-$$

第3級アミン　亜硝酸　アンモニウム塩

ニトロソアミンは実験動物で発がん性が示されており，人の場合もその可能性が指摘されている．亜硝酸塩はハムやベーコンなどに赤みをつけるために添加されるが，食品中または体内で第2級アミンと反応してニトロソアミンを生じることがあるので，使用量が規制されている．

5.2 アミド

5.2.1 構造と命名法

アミド (amide) はアンモニアまたはアミンの水素をアシル基 (RCO—) で置き換えた構造をもつ化合物である[1]. したがって, アミドの一般式は次のようになる.

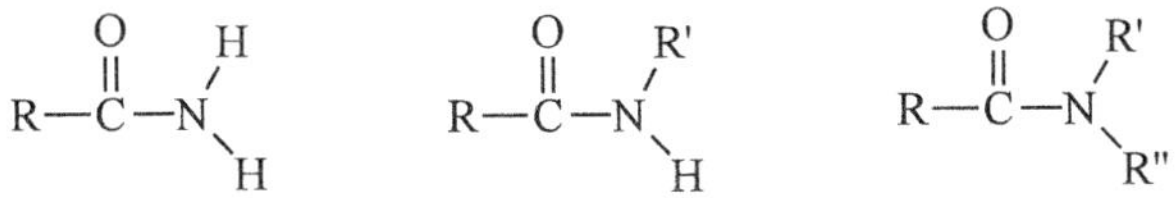

アミド

3.1節 (p. 88, なお p. 106 と p. 116 の脚注も参照) で述べたように, 分子が共鳴構造をもつと安定化する. アミドは次のような共鳴構造をもつ.

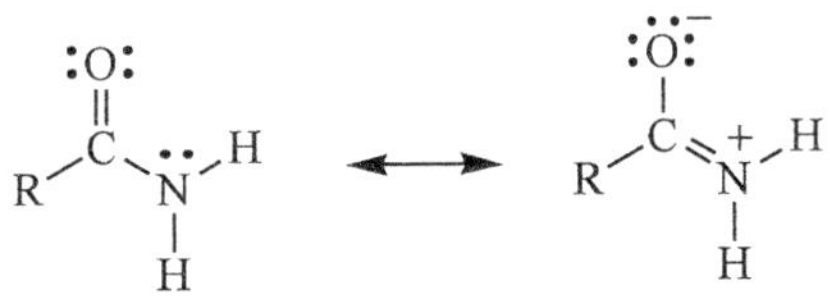

このため, アミド分子は安定で, **アミド結合** (amide linkage) CO—N はアミンの結合 C—N に比べて切れにくい. また, 実際の分子の状態は上の共鳴構造を混ぜ合わせたものであるから, 酸素原子はいくらか負に, 窒素原子は正に帯電している. さらに末端の水素原子がもつ電子は窒素原子の正電荷に引き寄せられ, 水素原子も正電荷をもつ. このようにして, アミドは極性をもち, 水に溶けやすくなる. また分子同士は電気的に引き合うためアルカンに比べて融点や沸点が上昇する. たとえば, 融点と沸点はブタン C_4H_{10} (分子量 58) の −138.2℃ と −0.5℃ に対し, アセトアミド CH_3CONH_2 (分子量 59) では 81℃ と 222℃ である. アミンと異なり, アミドは塩基性をもたない. 上の共鳴構造におけるイオン構造の寄与からわかるとおり, 孤立

1) アンモニアまたはアミンの水素を金属原子で置換した化合物 ($NaNH_2$, $(C_2H_5)_2NLi$ など) は金属アミド (metal amide) とよばれる. 金属アミドと区別するために, アシル基で置換したアミドを**酸アミド** (acid amide) とよぶことがある.

電子対の電子が酸素原子の方に引き寄せられているからである．

アミドの命名法は次のとおりである．

(1)　置換されていない—NH_2 基をもつアミドは-酸（英語では-oic acid または-ic　acid）を-アミド（-amide）に変えるか，-カルボン酸（-carboxylic acid）を-カルボキサミドに置き換える．

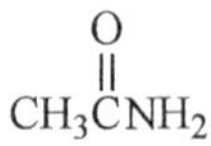

アセトアミド
（酢酸(acetic acid)から）

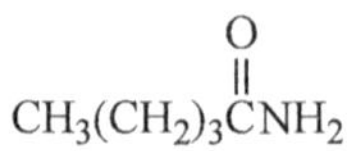

ペンタンアミド
（ペンタン酸から）

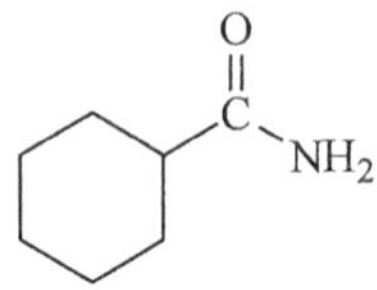

シクロヘキサンカルボキサミド
（シクロヘキサンカルボン酸から）

(2)　—NH_2 基が置換されているときは，置換基名の前に *N* をつけて，母体名の前に置く．

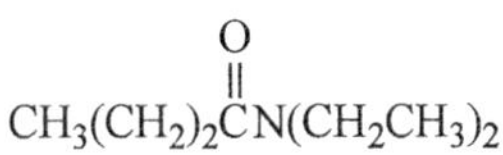

N,N-ジエチルブタンアミド

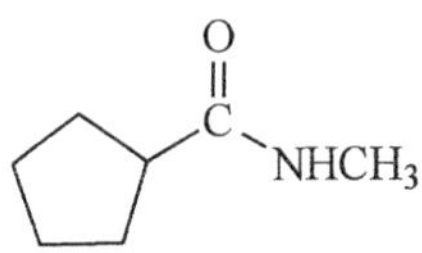

N-メチルシクロペンタンカルボキサミド

なお，次のアミドの名前には注意されたい．

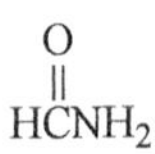

ホルムアミド
（英語formic acidより）

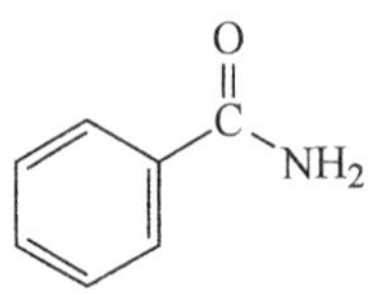

ベンズアミド
（英語benzoic acidより）

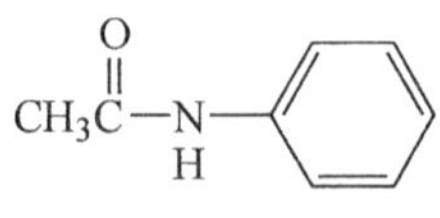

アセトアニリド
（慣用名）

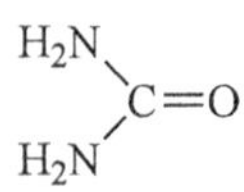

尿素
（慣用名）

5.2.2　いろいろなアミド

アンモニアの水素原子を1個アシル基で置換したものが，上で述べた第1級アミドである．水素原子を2個または3個アシル基で置換したものをそれぞれ第2級および第3級アミドという．第2級アミドは**イミド**（imide）ともよばれる．

$$\underset{\text{第1級アミド}}{RCONH_2} \qquad \underset{\substack{\text{第2級アミド}\\(\text{イミド})}}{(RCO)_2NH} \qquad \underset{\text{第3級アミド}}{(RCO)_3N}$$

尿素 $(NH_2)_2CO$ は代謝の最終生成物である．われわれが摂取する食物のうち，炭水化物と脂肪は原子としてC，H，Oだけを含むため，最後には二酸化炭素 CO_2 と水 H_2O になる．CO_2 は肺から，H_2O は尿，汗，呼気を通して排泄される．タンパク質はC，H，OのほかにNを含む．Nは体内でアンモニア NH_3 に変わるが，アンモニアが有害なため，肝臓で尿素に変えられ腎臓から排泄される（II巻 p. 225）．尿素は窒素肥料として，高温高圧（200°C，120〜400 atm）で，二酸化炭素とアンモニアから工業的に大量に合成される．

$$2NH_3 + CO_2 \longrightarrow \underset{\text{尿素}}{(NH_2)_2CO} + H_2O$$

ヘキサメチレンジアミンとアジピン酸を等量混ぜて加熱するといったん塩ができた後，水がとれてポリアミドである**ナイロン**（nylon）が形成される．

$$n\underset{\text{ヘキサメチレンジアミン}}{H_2N(CH_2)_6NH_2} + n\underset{\text{アジピン酸}}{HOOC(CH_2)_4COOH} \longrightarrow$$

$$\underset{\text{ナイロン-6,6}}{\cdots\!-\!HN(CH_2)_6NHOC(CH_2)_4CO\cdots} + (n-1)H_2O$$

ナイロンは合成繊維としてはじめて開発されたものである．ナイロンは鎖のあいだに N—H…O═C の水素結合が形成されるため，非常に丈夫である．上の繊維はCの数から，ナイロン-6,6とよばれる．アジピン酸の代わりにセバシン酸 $HOOC(CH_2)_8COOH$ を使うと，ナイロン-6,10ができる．ベンゼン環を含むジカルボン酸とジアミンを重合させると，**ケブラー**（Kevlar）とよばれるポリアミドができる．

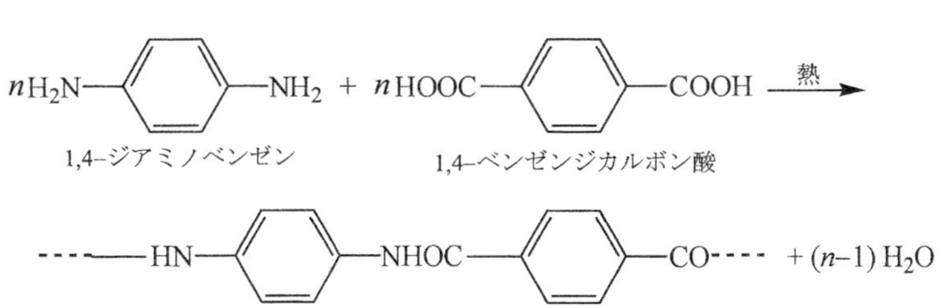

ケブラーの鎖間にもナイロンと同様の水素結合ができる．硬く（強度は鋼鉄の5倍），燃えにくいので防弾チョッキや耐熱服に使われる．タンパク質も20種類のアミノ酸からなるポリアミドである（II巻8章）．アミド結合—CONH—（タンパク質の場合はペプチド結合という）が強いため，われわれの体を構成するタンパク質は安定である．

アセトアニリド $CH_3CONHC_6H_5$ は以前は解熱・鎮痛薬として用いられたが，赤血球を破壊するような副作用があるため使われなくなった．その代わりにフェナセチン（*p*-エトキシアセトアニリド）やアセトアミノフェンが開発された．

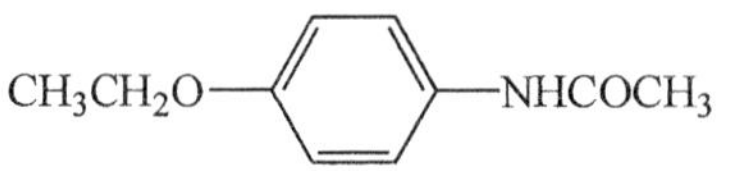

フェナセチン（*p*-エトキシアセトアニリド）

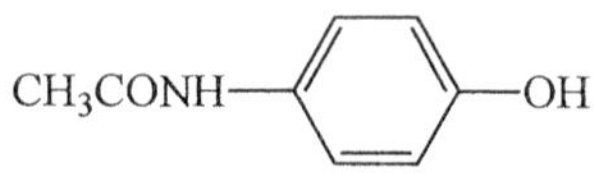

アセトアミノフェノン

これらの薬はアスピリンに薬効が似ているので，アスピリンの代わりに使われてきた．ただし，アスピリンと違って抗炎症作用はほとんどない．2001年フェナセチンは腎・泌尿器障害などの副作用のため，供給停止となった．アセトアミノフェンは現在も使われている

LSD（lysergic acid diethylamide）リゼルグ酸ジエチルアミドはライムギにつくカビの一種，麦角（ばっかく）に含まれるアルカロイドからつくられる幻覚剤である．

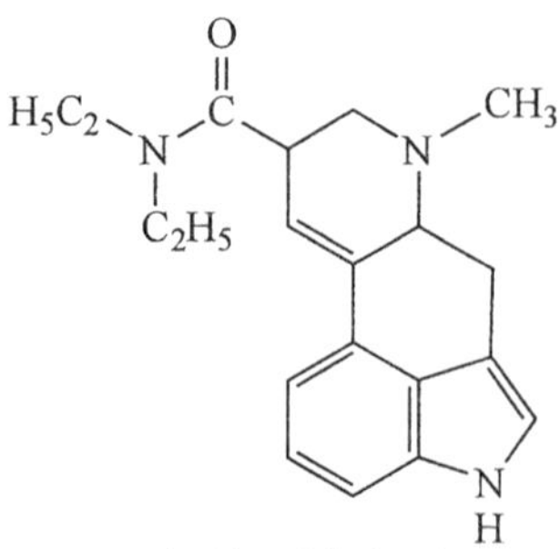

LSD（リゼルグ酸ジエチルアミド）

体重1 kg当たり1 μg程度を服用すると，時間や空間の観念が乱れる．強烈な色の光がみえたり，ものがゆがんでみえたりする．情緒が不安定になり，

幸福感から絶望感に急激に変化する．鳥になった幻想でビルの上から飛び降りた例も報告されている．LSD の化学構造は脳の神経伝達物質であるセロトニン (p. 135) と似ている．幻覚症状は脳の神経細胞が LSD をセロトニンと混同して，異常な神経パルスが発生するため生じる．

5.2.3 アミドの製法

アミドは通常酸ハロゲン化物（ハロゲン化アシル，p. 120）とアンモニアまたはアミンとの反応により合成される．

$$\underset{\text{塩化アシル}}{RCOCl} + \underset{\text{アンモニア}}{NH_3} \longrightarrow \underset{\text{アミド}}{RCONH_2} + HCl$$

$$RCOCl + \underset{\text{アミン}}{R'NH_2} \longrightarrow RCONHR' + HCl$$

$$RCOCl + \underset{\text{アミン}}{R'R''NH} \longrightarrow RCONR'R'' + HCl$$

5.2.4 アミドの反応

(a) 加水分解

アミドは酸水溶液または塩基水溶液中で加熱するとカルボン酸とアミン（またはアンモニア）に加水分解される．この反応は起こりにくく長時間加熱する必要がある．

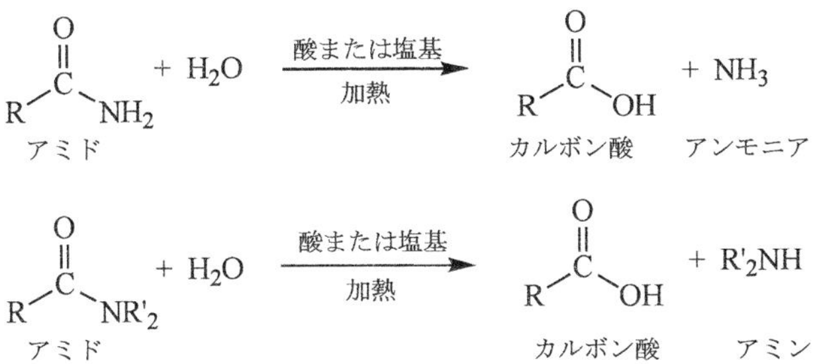

上の反応が遅いのはアミド結合が丈夫なためである．

(b) 還元

アミドを $LiAlH_4$ で還元するとカルボニル基がメチレン基（$-CH_2-$）になりアミンが生じる．

(c)　脱水

アミドを五酸化リンのような強力な脱水剤と加熱すると，ニトリル RC≡N ができる．

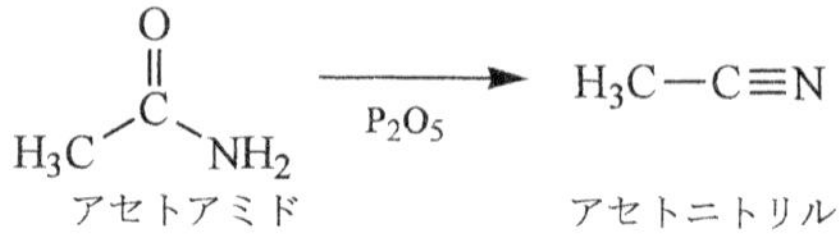

ニトリルは反応性に富み，有機合成中間体として広く使われる．またポリアクリロニトリルなどの合成繊維の材料になっている（p. 74，表 2.2.1 参照）．

神経系

体を構成する 60 兆もの細胞は，神経系と内分泌系という，2 つの情報伝達システムで制御されている．神経系は電気パルスを用いて速やかに情報を伝達する．これに対し，内分泌系では，腺組織から化学物質（ホルモン）が血液中に放出され，体循環によって情報が比較的ゆっくり伝達される．ホルモンについては 9.2 節で詳しく述べるので，ここでは神経系についてふれておく．

ヒトの神経系は脳と脊髄から成る中枢神経系とそれ以外の末梢神経系とから構成される．図 5.2.1 に，神経系における情報の伝達を矢印で示す．眼，耳，触感などによる情報は感覚神経を経由して中枢神経に伝えられ，それに応じて，中枢神経から指令が自律神経と運動神経に伝えられる（熱いものに触れたとき手を引っ込めるような反射的な動作は脊髄のところで折り返され，脳に情報が行かない．判断を伴うような動作は脳まで情報が到達する）．歩行や会話などの随意的な運動には運動神経系（随意神経系）が関与する．これに対し，消化や心臓の拍動など不随意的な生命維持活動には自律神経系（不随意神経系）が関係する．自律神経系は交感神経系と副交感神経系から成る．交感神経系は激しい運動や強い感情などによって，ストレスが生じたときのシステムとして機能する．すなわち心拍数の増加や血圧の上昇などによって，体の活動力を高める役割をする．また，消化液の分泌や消化管の蠕動は抑制される．副交感神経は，交感神経と逆に作用し，心拍数の減少，血圧の下降，消化管のはたらきの亢進などをもたらす．すなわち，エネルギーの消耗を避け，それを蓄積する方向にはたらく．

次に神経系における情報伝達について述べる．図 5.2.2 に示すように**神経細胞**（ニ

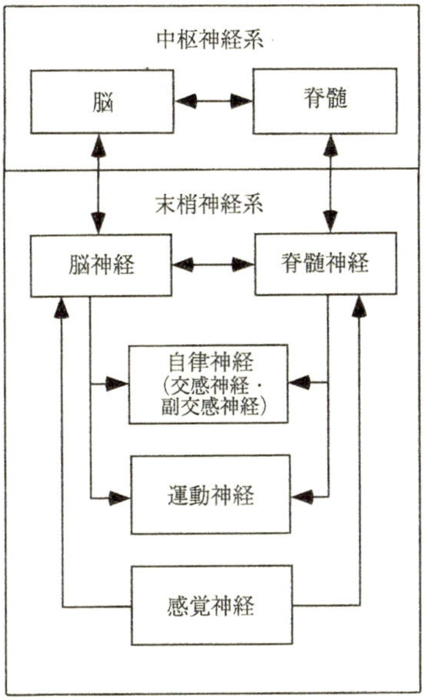

図 5.2.1 神経系における情報の伝達 (矢印)

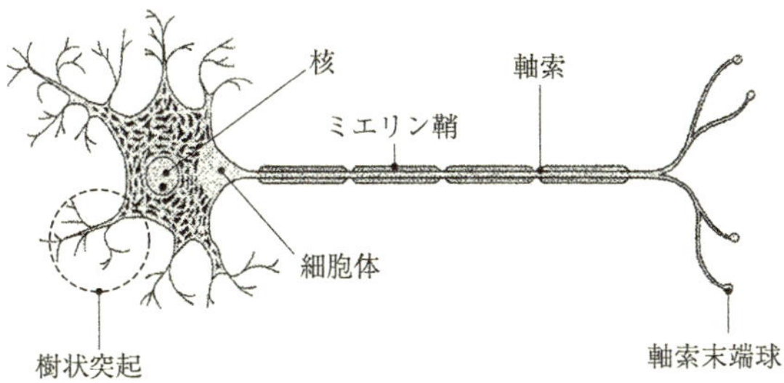

図 5.2.2 神経細胞 (ニューロン)

ューロン neuron) は樹状突起, 細胞体, 軸索からなる. 樹状突起は受容した刺激を細胞体や軸索に伝えるための神経突起である. 軸索は樹状突起や細胞体で発生した刺激を遠くに伝えるための突起であり, 長さが 1 m に達するものもある. 図示したように軸索は主にリン脂質 (II巻 p. 48) から成るミエリンという鞘によって分節状に包まれている (ミエリン鞘のないものもある). 神経はニューロンが束になって形成される.

情報はニューロンの中では電気的パルス (神経インパルス) として伝えられる. 図 5.2.3 に示すように, 普通の状態では, ニューロンの細胞膜の内側は負に, 外側は正

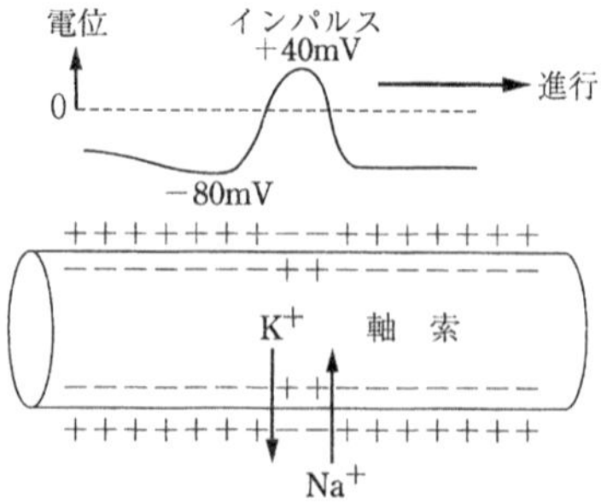

図5.2.3　神経インパルスの伝播

に帯電している．また，Na^+イオンの濃度は外側が濃く，K^+イオンの濃度は内側が濃い（Na^+，K^+，Ca^{2+}のイオン濃度は，それぞれ，細胞外で140，5および1 mmol/dm^3，細胞内で10，140および10^{-4} mmol/dm^3）．細胞膜のある場所に外から刺激が加わると，その場所のNa^+チャンネルが開き，細胞外からNa^+イオンが流れ込み，内部の電荷が一時的に正になる．この局所的な変化は，K^+チャンネルが開きK^+イオンを放出することによって，短時間に回復するが，この電気的な乱れが近傍の細胞膜にあるNa^+チャンネルを開かせる．このようにして電気的な乱れが波のようにニューロンの表面を伝わるのである．これが神経インパルスである．なお，ミエリン鞘はリン脂質からなる絶縁体である．この部分にはイオンチャンネルがなく，インパルスは鞘の部分を飛び越えて伝わる．このためミエリン鞘をもつ神経繊維での情報伝達は鞘をもたないものの場合よりもはるかに速い．伝達速度は鞘をもたない神経繊維で数m/s程度，鞘をもつものでは100 m/sに達する．

ニューロンとニューロンのあいだ（間隔20〜30 nm）を**シナプス**（synapse）という．シナプスにおける情報伝達は通常化学物質（神経伝達物質）によって行われる（電気シグナルを伝えるシナプスもある）．図5.2.4にシナプス前ニューロン（シナプスの前にあるニューロン）の軸索末端球（軸索が枝分かれした末端にある）とシナプス後ニューロン（シナプスの後にあるニューロン）を示す．末端球には多数の小胞があり，その中に神経伝達物質含まれている．神経インパルスが末端球に到達すると，神経伝達物質の分子が小胞から放出されて，シナプス後ニューロンの受容体に結合する．このとき細胞膜のNa^+チャンネルが開き，シナプス後ニューロンにインパルスが発生する（ニューロン間を直接Na^+が流れることもある）．役目が終わった神経伝達物質はすぐにシナプス前ニューロンに戻され再利用される．その際，そのままではなくて，酵素による触媒反応で不活性化された後，戻される場合もある．

特定のニューロンには特定の神経伝達物質があり，50ほどが同定されている．たとえば，アセチルコリンは副交感神経と運動神経のニューロンにある．運動神経系では，運動神経の末端から放出されたアセチルコリンは，筋肉細胞を刺激し，筋肉に収縮を起こさせる．その後，アセチルコリンエステラーゼの触媒作用により加水分解され，コリンとなり再利用される．

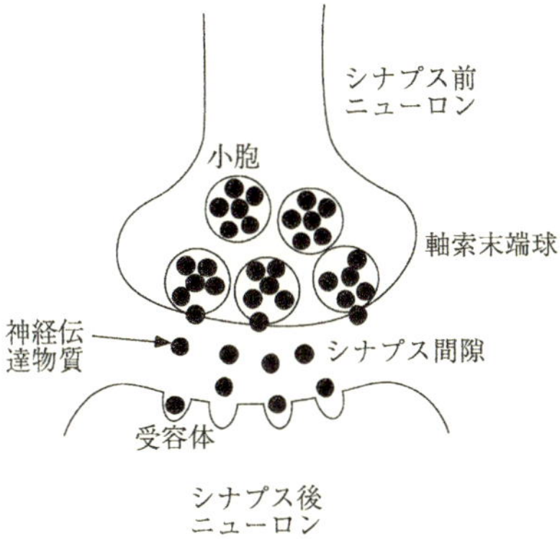

図 **5.2.4**　シナプスにおける情報の伝達

$$(CH_3)_3\overset{+}{N}CH_2CH_2OCOCH_3 + H_2O \xrightarrow[\text{エステラーゼ}]{\text{アセチルコリン}} (CH_3)_2\overset{+}{N}CH_2CH_2OH + CH_3COOH$$

アセチルコリン　　　　　コリン　　　　酢酸

本文で挙げたように，ノルアドレナリン，ドーパミン，セロトニン，エンドルフィン，エンケファリンなども神経伝達物質である．

ふぐ毒（実際にはふぐの餌の貝に含まれている，海中バクテリアの産物）のテトロドトキシンは神経細胞の軸索にあるナトリウムチャンネルをふさいでナトリウムイオンの細胞内への移動を阻害するので，活動電位が発生しなくなり筋肉が麻痺する．

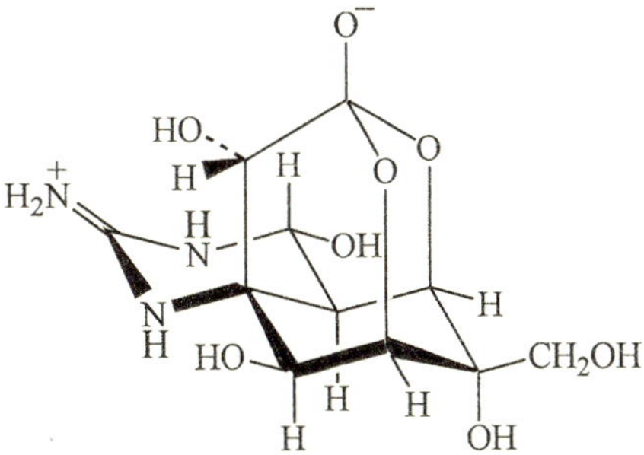

テトロドトキシン

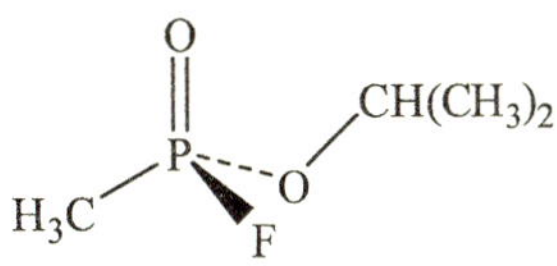

サリン

ボツリヌス菌の出す毒素は軸索末端球からのアセチルコリンの放出を阻害して呼吸筋を麻痺させる．モルフィン，ニコチン，コカインなどはシナプス後ニューロンの受容体に結びつき，アセチルコリンの結合を妨げる．有機リン系殺虫剤，サリン，ある種のキノコ毒などはコリンエステラーゼと結合して，アセチルコリンのコリンへの分解を阻害し，その後の神経伝達を妨げ，筋繊維麻痺や呼吸不全を起こす．

章末問題

5.1　次の化合物の IUPAC 名を記せ.

(a) $(CH_3CH_2)_3N$　(b) $CH_3NHCH(CH_3)_2$　(c)
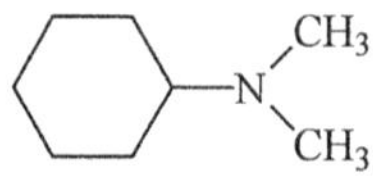
(d)
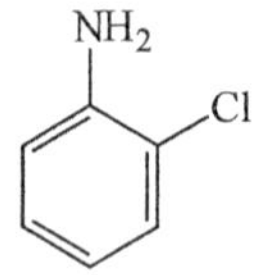

(e)
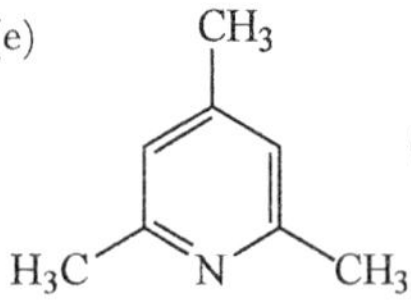
(f)
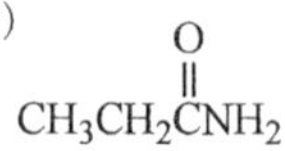
(g) $CH_3CHClCH_2CH_2CONHCH_3$

(h)
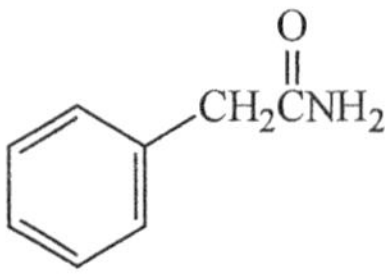
(i)
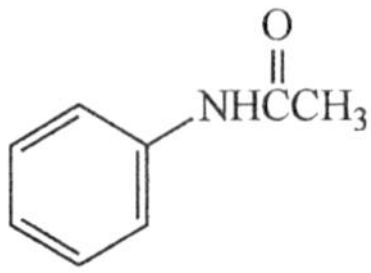
(j)
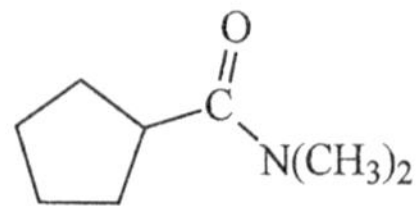

5.2　次の名前をもつ化合物の示性式を描け.

(a) ジメチルアミン　(b) 1,4-ブタンジアミン　(c) *N*-メチルピロール
(d) *N*-エチル-*N*-メチルシクロヘキシルアミン
(e) 塩化テトラメチルアンモニウム　(f) ブタンアミド
(g) 2,2-ジメチルペンタンアミド　(h) *N*-エチルベンズアミド
(i) *N*,*N*-ジメチルホルムアミド　(j) シクロブタンカルボキサミド

5.3　次の化合物を塩基性の強い順に並べよ.

CH_3NH_2, $C_6H_5NH_2$, NaOH, CH_3CONH_2, NH_3

5.4　次の方法でアミンを合成する反応式を示せ.

(a) ハロゲン化アルキルとアンモニアからエチルアミン
(b) ハロゲン化アルキルとアンモニアから臭化テトラメチルアンモニウム
(c) ニトリルからペンチルアミン
(d) アミドからベンジルアミン

5.5　次の反応の生成物を記し，命名せよ.

(a) トリメチルアミン＋塩化メチル　(b) ベンゾニトリル＋$LiAlH_4$
(c) プロパンアミド＋$LiAlH_4$　(d) ジメチルアミン＋HCl
(e) エチルアミン＋HNO_2　(f) ジエチルアミン＋HNO_2

5.6　次の生理活性を示す化合物名を記せ.

(a) 睡眠のサイクルに関係するホルモン
(b) コーヒーや茶に含まれているアルカロイド
(c) 咳止めの効果があるアルカロイド
(d) 不足するとパーキンソン病になる神経伝達物質

(e) ヒロポンとよばれ，幻覚症状を示す覚醒剤
(f) 強力な効果のため製造が禁止されている麻酔剤
(g) 麦角に含まれるアルカロイドからつくられる幻覚剤
(h) アヘンの主成分であるアルカロイド
(i) ノンレム睡眠を促進する神経伝達物質
(j) ストレスが加わると分泌され，血糖値を増加させるホルモン

付録1　指数

物理や化学では大きい数や小さい数を扱うことが多いので，10^n を用いた表記を使う．10 の肩についた数字 n を**指数**（index）という．一般に，

$$a^m \times a^n = a^{m+n} \tag{1}$$

$$\frac{a^m}{a^n} = a^{m-n} \tag{2}$$

が成り立つ（たとえば $10^3 \times 10^2 = 1000 \times 100 = 100000 = 10^5$，$10^4/10^2 = 10000/100 = 100 = 10^2$）．

(2)で $n=m$ とすれば，$a^m/a^m = a^{m-m} = a^0$ となる．一方，$a^m/a^m = 1$ であるから，

$$a^0 = 1 \tag{3}$$

となる（たとえば，$10^3/10^3 = 10^{3-3} = 10^0 = 1$）．

(2)で $m=0$ とすれば，$a^0/a^m = a^{0-m} = a^{-m}$ となる．(3)より，$a^0/a^m = 1/a^m$ であるから

$$a^{-m} = \frac{1}{a^m} \tag{4}$$

である（たとえば，$10^0/10^3 = 10^{-3} = 1/10^3$）．

また $\sqrt{a} \times \sqrt{a} = a$ であるから，$\sqrt{a} = a^{\frac{1}{2}}$ とすれば，$a^{\frac{1}{2}} \times a^{\frac{1}{2}} = a^{\left(\frac{1}{2}+\frac{1}{2}\right)} = a^1 = a$ となって都合がよい．一般に

$$(\sqrt[n]{a})^m = \sqrt[n]{a^m} = a^{\frac{m}{n}} \tag{5}$$

である（たとえば，$10^{\frac{3}{2}} = \sqrt{10^3} = (\sqrt{10})^3 = (3.162277\cdots)^3 = 31.62277\cdots$）．

(3)，(4)を用いて，n が -3〜3 の整数値をとるときの数値を次に示す．

$$10^3 = 10 \times 10 \times 10 = 1000$$

$$10^2 = 10 \times 10 = 100$$

$$10^1 = 10 = 100$$

$$10^0 = 1$$

$$10^{-1} = \frac{1}{10^1} = \frac{1}{10} = 0.1$$

$$10^{-2} = \frac{1}{10^2} = \frac{1}{100} = 0.01$$

$$10^{-3} = \frac{1}{10^3} = \frac{1}{1000} = 0.001$$

上例からわかるとおり，10^n と 10^{-n} は次のように表される．

$$10^n = \underbrace{100\cdots\cdots\cdots0}_{n\text{個}} \qquad 10^{-n} = \underbrace{0.0\cdots\cdots\cdots01}_{n\text{個}}$$

ともに0をn個含む．たとえば，31400と0.000314は次のように表される．

$$31400 = 3.14 \times 10000 = 3.14 \times 10^4 \qquad 0.000314 = 3.14 \times 0.0001 = 3.14 \times 10^{-4}$$

10の指数を使う計算の例を次に示す．

$$\frac{-0.24 \times 10^3 \times 8600}{-0.0025 \times 10^{-6}} = \frac{2.4 \times 10^2 \times 8.6 \times 10^3}{2.5 \times 10^{-9}} = \frac{2.4 \times 8.6}{2.5} \times 10^{2+3-(-9)} = 8.256 \times 10^{14}$$

10の指数による表記は**有効数字**（significant number）を表すのに使われる．たとえば，長さの測定値26500 mが1桁目まで意味のある数値の場合，2.6500×10^4 mと書き，有効数字5桁という[1]．有効数字が4桁および3桁のときは，それぞれ2.650×10^4 mおよび2.65×10^4 mと表記する．26500 mのままでは，どこまで意味のある数値かわからないからである．

なお，10^nの代わりに付録2で述べたSI接頭語が使われることが多い．たとえば，水素の原子間隔は7.414×10^{-11} m$= 0.07414 \times 10^{-9}$ m$= 0.07414$ nmである（図0.1.1参照）．

1）有効数字5桁の場合，4桁目までが正確な数値で，最後の桁に誤差を含む．たとえば約5 cmの長さのものをmmまで目盛りのある定規で測り，最後の桁を目測で読んで，5.34 cmの測定値を得たとき，有効数字は3桁で，最後の桁（0.01 cm）に誤差を含む．

付録 2　国際単位系 (SI)

国際単位系 (international system of units, système international d'unités, SI) はいろいろな専門分野で使われている単位を国際的に統一して決められた (1966 年)．日本でも計量法により 1993 年から全面的に取り入れることになった．SI は 7 つの基本単位 (裏表紙見返し，表 1) からなる．また，これらの基本単位を組み合わせた組立単位 (裏表紙見返し，表 2) や 10 の整数乗倍を表す接頭語 (裏表紙見返し，表 3) も使われる．SI と併用される単位もある (裏表紙見返し，表 4)．

SI では，物理量の値は数値と単位の積で表現される．すなわち

$$\text{物理量} = \text{数値} \times \text{単位}$$

である．たとえば，0°C の絶対温度を T_0 とすると

$$T_0 = 273.15\ \mathrm{K} \quad \text{または} \quad T_0/\mathrm{K} = 273.15$$

となる．

付録3　対数

$x=a^y$ のとき，y を $\log_a x$ で表して，$\log_a x=y$ を，a を**底** (base) とする x の**対数** (logarithm) という．ただし，$a>0, a\neq 1$ とする．たとえば，$8=2^3$ であるから，$\log_2 8=3$ となる．また，$10000=10^4$ であるから，$\log_{10} 10000=4$ である．10 を底とする対数を常用対数 (common logarithm) といい，底の表記を省略する．すなわち，$\log_{10} x=\log x$ である[1]．

対数には次の性質がある．

$$\log_a a=1, \quad \log_a 1=0 \tag{1}$$

$$\log_a MN=\log_a M+\log_a N \tag{2}$$

$$\log_a \frac{M}{N}=\log_a M-\log_a N \tag{3}$$

$$\log_a M^n=n\log_a M \tag{4}$$

$$\log_a M=\frac{\log_c M}{\log_c a} \tag{5}$$

これらの性質[2]を使うと，次のような計算ができる（以下常用対数を扱うことにする）．

$$\log 10=1,\ \log 1=0,\ \log 0.0001=\log 10^{-4}=-4,$$

$$\log\sqrt{10}=\log 10^{\frac{1}{2}}=\frac{1}{2}\log 10=0.5$$

対数表によると $\log 2=0.3010$，$\log 3=0.4771$ である．これらを使っていくつかの数の対数を求めてみよう．

$$\log(6\times 10^{23})=\log(2\times 3\times 10^{23})=\log 2+\log 3+\log 10^{23}=0.3010+0.4771+23$$
$$=23.7781$$

$$\log(5\times 10^{-31})=\log\left(\frac{10}{2}\times 10^{-31}\right)=\log\left(\frac{10^{-30}}{2}\right)=\log 10^{-30}-\log 2=-30-0.3010$$
$$=-30.3010$$

---

1) 数学では底が $e=2.71828\cdots\cdots$ のとき底を省略する．すなわち，$\log_e x=\log x$．e を底とする対数を**自然対数** (natural logarithm) という．化学では $\log_{10} x=\log x$，$\log_e x=\ln x$ と書くことが多い．

2) (1)は $a=a^1$，$1=a^0$ から導かれる．
(2)については，$\log_a M=m$，$\log_a N=n$ とすれば，$M=a^m$，$N=a^n$ であるから，$MN=a^{m+n}$，$\log_a MN=m+n$ となり，成立する．(3)，(4)も同様である．
(5)については，$\log_a M=x$ とすれば，$a^x=M$．c を底とする両辺の対数をとると，$x\log_c a=\log_c M$．よって $x=\log_c M/\log_c a$ より成り立つことがわかる．

なお，0.10 節の (0.10.2) の変形は次のようになる．

$$\mathrm{pH}=\log\frac{1}{[\mathrm{H}^+]/\mathrm{mol\,dm^{-3}}}=\log 1-\log\frac{[\mathrm{H}^+]}{\mathrm{mol\,dm^{-3}}}=-\log\frac{[\mathrm{H}^+]}{\mathrm{mol/dm^3}}$$

または，

$$\mathrm{pH}=\log\frac{1}{[\mathrm{H}^+]/\mathrm{mol\,dm^{-3}}}=\log\left(\frac{[\mathrm{H}^+]}{\mathrm{mol\,dm^{-3}}}\right)^{-1}=-\log\frac{[\mathrm{H}^+]}{\mathrm{mol/dm^3}}$$

章末問題解答

0.1 (a) Mg：原子番号 12，陽子数 12，電子数 12，質量数 24，中性子数 $24-12=12$

S：原子番号 16，陽子数 16，電子数 16，質量数 32，中性子数 $32-16=16$

(b) Mg^{2+}，Mg は 2 族の原子であり，最外殻に 2 個の電子があるため，外に電子を 2 個放出して安定な配置（最外殻に 8 個）になるため．

S^{2-}，S は 6 族の原子であり，最外殻に 6 個の電子があるため，外から電子を 2 個受け入れて安定な配置（最外殻に 8 個）になるため．

0.2 $m=2$；$m=2$ $n=3$；$m=2$；$n=2$；$m=3$ $n=2$

0.3

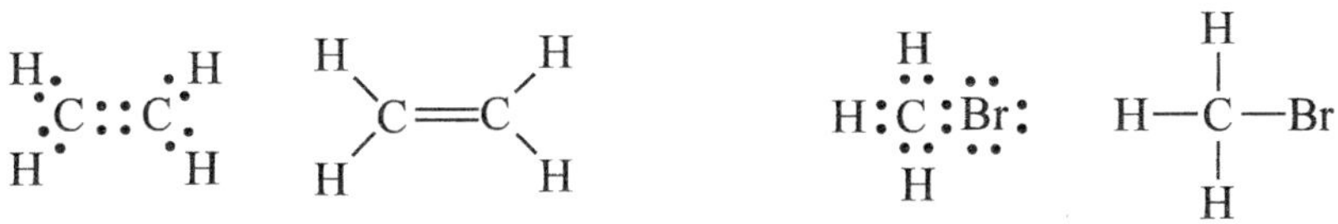

0.4 相対質量は質量数にほぼ等しいから，$^{10}B=10$，$^{11}B=11$．^{10}B の存在比を x とすれば，^{11}B の存在比は $1-x$．よって，次式が成り立つ．

$$10x+11(1-x)=10.8$$

上式を解いて，$x=0.2$，$1-x=0.8$．^{10}B 20%，^{11}B 80%となる．

0.5 水酸化アルミニウムの式量は $Al(OH)_3=27+(16+1)\times3=78$.

$Al(OH)_3$ の物質量$=\dfrac{101.4\ \mathrm{g}}{78\ \mathrm{g\ mol^{-1}}}=1.3\ \mathrm{mol}$

水素原子数$=6\times10^{23}\ \mathrm{mol^{-1}}\times1.3\ \mathrm{mol}\times3=2.34\times10^{24}$

0.6 $k=1$，$l=2$，$m=1$，$n=2$；$k=2$，$l=1$，$m=2$，$n=2$；$k=1$，$l=12$，$m=12$，$n=11$；$k=1$，$l=3$，$m=1$

0.7 $NaOH=40$，$Na_2CO_3=106$ より次の関係がある．

$2NaOH$ +	CO_2 =	Na_2CO_3 +	H_2O
2 mol	1 mol	1 mol	1 mol
80 g		106 g	

(a) $\dfrac{1}{2}\ \mathrm{mol}$，$22.4\ \mathrm{dm^3/mol}\times\dfrac{1}{2}\ \mathrm{mol}=11.2\ \mathrm{dm^3}$，$11.2\ \mathrm{dm^3}\times\dfrac{(273+27)\ \mathrm{K}}{273\ \mathrm{K}}\times\dfrac{1\ \mathrm{atm}}{2\ \mathrm{atm}}$
$=6.15\ \mathrm{dm^3}$

(b) $\dfrac{100\ \mathrm{g}}{80\ \mathrm{g}}=\dfrac{x}{106\ \mathrm{g}}$，$x=\dfrac{100\times106}{80}\mathrm{g}=133\ \mathrm{g}$

(c) 水の密度を $1\ \mathrm{g/cm^3}$ とすると，$72\ \mathrm{cm^3}$ では 72 g である．これは $72\ \mathrm{g}/18\ \mathrm{g\ mol^{-1}}=4$ mol に相当する．よって，反応した NaOH の物質量は 8 mol．質量は $40\ \mathrm{g/mol}\times8$ $\mathrm{mol}=320\ \mathrm{g}$.

分子数$=6\times10^{23}\ \mathrm{mol^{-1}}\times8\ \mathrm{mol}=4.8\times10^{24}$.

0.8 (a) 気体分子が互いに相互作用をせずに容器の壁に衝突して圧力を及ぼすとすると，混合気体の状態方程式は

$$P=\frac{(n_A+n_B)}{V}RT \qquad (1)$$

となる．気体AとBがそれぞれ全体積 V を占めるときの圧力（分圧）は

$$P_A=\frac{n_ART}{V} \qquad P_B=\frac{n_BRT}{V}$$

上の2式を加えると，右辺は(1)の右辺と等しくなるので，左辺も等しい．すなわち

$$P=P_A+P_B$$

となる．

(b) 2 dm³ の酸素を 5 dm³ の容器に移したときの圧力は温度が変わらないので，2/5倍となる．

したがって，酸素の分圧は $P_{O2}=1\ \text{atm}\times(2/5)=0.4\ \text{atm}$，同様に窒素の分圧は $P_{N2}=2\ \text{atm}\times(4/5)=1.6\ \text{atm}$．全圧は $P=P_{O2}+P_{N2}=2\ \text{atm}$．

0.9 水の密度を 1 g/cm³ とすると，1 dm³ の質量は 1000 g．よって，

$$\text{重量パーセント濃度}=\frac{36.5\ \text{g}}{(36.5+1000)\ \text{g}}\times 100=3.52\%$$

HCl＝1＋35.5＝36.5，3.65 g は 0.1 mol である．

$$\text{モル濃度}=\frac{0.1\ \text{mol}}{0.1\ \text{dm}^3}=1\ \text{mol/dm}^3$$

HCl は強酸であるから，完全解離する．よって，$[H^+]=1\ \text{mol/dm}^3$．

$$\text{pH}=-\log\frac{[H^+]}{\text{mol/dm}^3}=-\log 1=0$$

0.10 NaOH＝23＋16＋1＝40．よって，

$$\text{モル濃度}=\frac{0.8\ \text{g}/40\ \text{g mol}^{-1}}{0.5\ \text{dm}^3}=0.04\ \text{mol/dm}^3$$

NaOH は完全解離するから，$[OH^-]=0.04\ \text{mol/dm}^3$

$$[H^+]=\frac{10^{-14}\ \text{mol}^2/\text{dm}^6}{0.04\ \text{mol/dm}^3}=2.5\times 10^{-13}\ \text{mol/dm}^3$$

$$\text{pH}=-\log\frac{[H^+]}{\text{mol/dm}^3}=-\log 2.5\times 10^{-13}$$

$$=-\log\frac{10}{2^2}\times 10^{-13}=-(1-2\log 2-13)$$

$$=12+2\times 0.301\fallingdotseq 12.6$$

0.11 表0.11.1から，過マンガン酸カリウム（酸性）の酸化と過酸化水素の還元の式は

$$MnO_4^-+8H^++5e^-\longrightarrow Mn^{2+}+4H_2O \qquad (1)$$

$$H_2O_2\longrightarrow O_2+2H^++2e^- \qquad (2)$$

やりとりする電子数を合わせるため，(1)×2＋(2)×5 を計算すると

$$2MnO_4^-+5H_2O_2+6H^+\longrightarrow 2Mn^{2+}+8H_2O+5O_2$$

上式の両辺に省略されている $2K^+$ と $3SO_4^{2-}$ を加えると

$$2KMnO_4+5H_2O_2+3H_2SO_4\longrightarrow 2MnSO_4+K_2SO_4+8H_2O+5O_2$$

1.1 これらの原子は周期表の第3周期に属する．電子は 1s, 2s, 2p, 3s, 3p, ……の順に軌

道を占めるから，基底状態（エネルギー最低の状態）の電子配置は次のようになる．

(a) Mg：$(1s)^2(2s)^2(2p)^6(3s)^2$

(b) Si：$(1s)^2(2s)^2(2p)^6(3s)^2(3p)^2$

(c) Cl：$(1s)^2(2s)^2(2p)^6(3s)^2(3p)^5$

(d) Ar：$(1s)^2(2s)^2(2p)^6(3s)^2(3p)^6$

1.2　Si が 14 族，P が 15 族，Cl が 17 族の原子で，それぞれ最外殻に 4 個，5 個および 7 個の電子をもつことを考慮する．

(a)
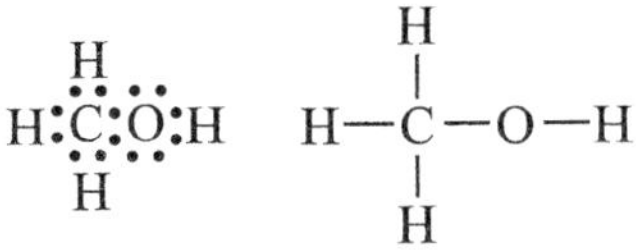

(b)

(c)
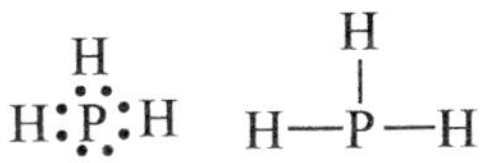

(d)
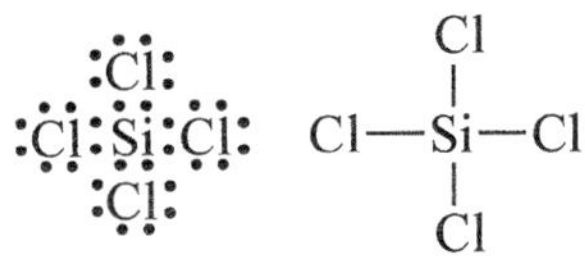

1.3　(a)
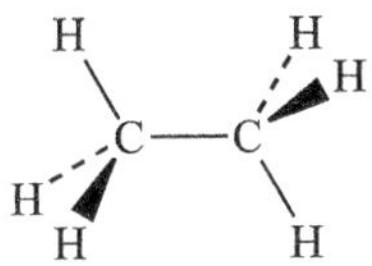

(b)
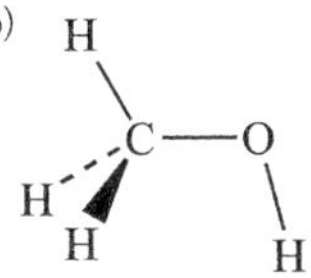

(c)
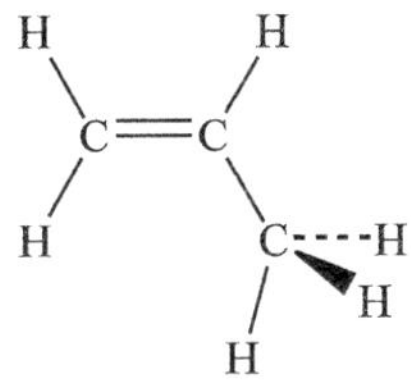

(d)
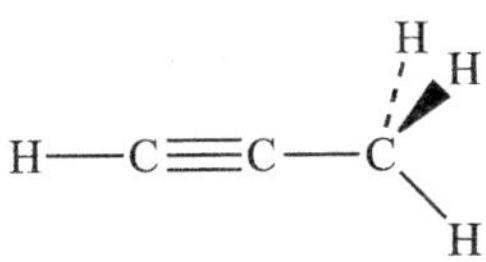

(注)　エタンの 2 つのメチル基は C—C 結合のまわりで自由に回転できるが，共有結合 (CH 結合) 間の反発のため，もっとも安定な形は図示したものである．他のメチル基についても同様．

1.4　(a)
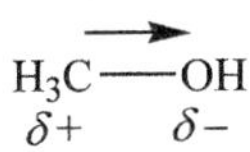

(b)
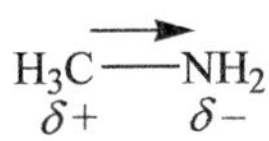

(c)
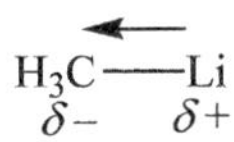

(d)
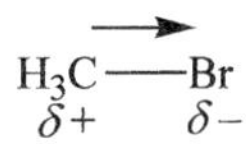

1.5　(a)
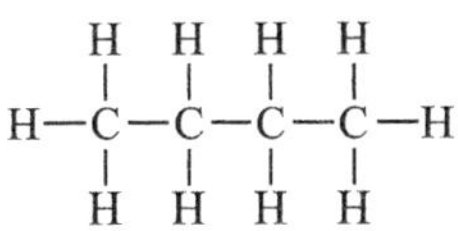
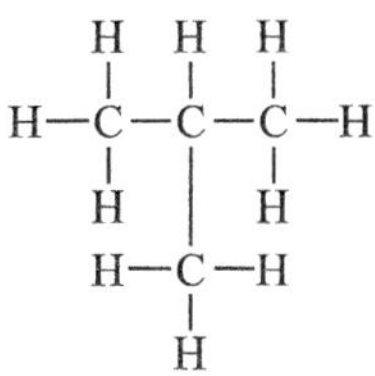

(b)

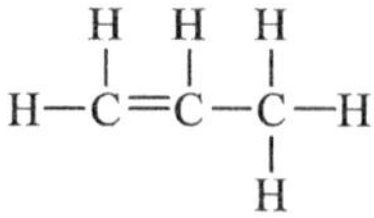

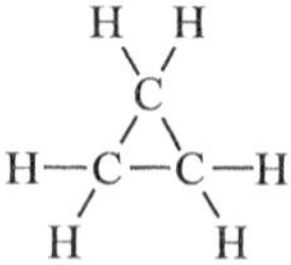

1.6

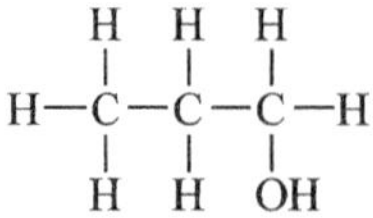

$CH_3CH_2CH_2OH$
$(=C_3H_7OH)$

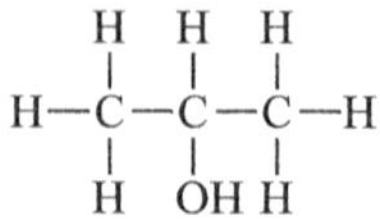

$CH_3CHOHCH_3$

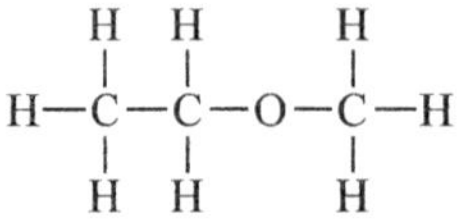

$CH_3CH_2OCH_3$ $(=C_2H_5OCH_3)$

1.7　原子数の比は $C:H=\frac{79.6}{12}:\frac{20.4}{1}=6.63:20.4=1:3.08$，よって組成式は CH_3.

$$M=\frac{wRT}{PV}=\frac{3.4\ \mathrm{g}\times 0.082\ \mathrm{dm^3\ atm\ K^{-1}\ mol^{-1}}\times 273\ \mathrm{K}}{1\ \mathrm{atm}\times 2.5\ \mathrm{dm^3}}=30.4\ \mathrm{g\ mol^{-1}}$$

したがって，分子式は $(CH_3)_2=C_2H_6$，構造式は次のとおり.

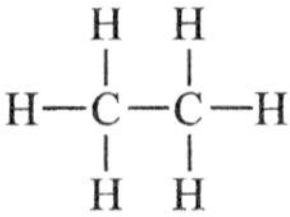

1.8　C の質量＝10.9 mg，H の質量＝1.8 mg，O の質量＝7.3 mg

$C:H:O=0.91:1.8:0.46\fallingdotseq 2:4:1$

組成式 C_2H_4O，分子式 C_2H_4O，示性式 CH_3CHO，構造式

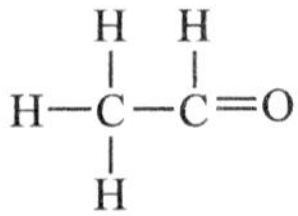

2.1

$CH_3CH_2CH_2CH_2CH_2CH_3$
n-ヘキサン

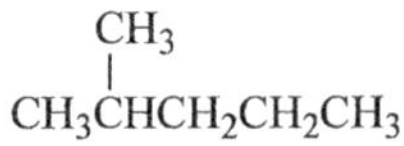

2-メチルペンタン

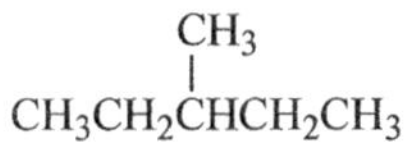

3-メチルペンタン

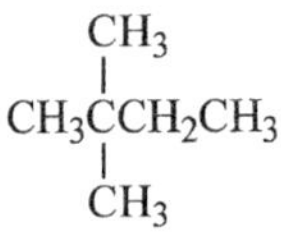

2,2-ジメチルブタン

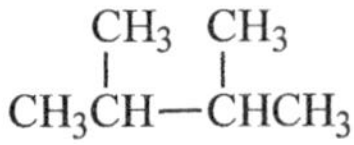

2,3-ジメチルブタン

2.2　(a) 2,2-ジメチルペンタン　(b) 2,3-ジメチルヘキサン

(c) 3,3-ジメチルヘキサン　(d) 4-エチル-4-イソプロピルオクタン

2.3 (a)

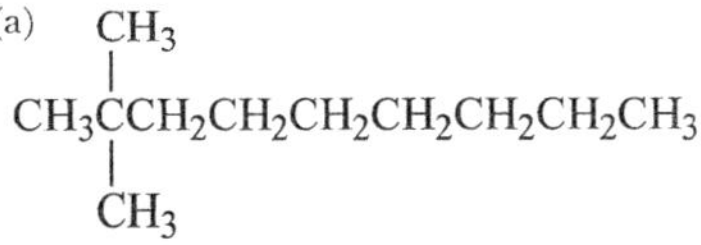

(b)

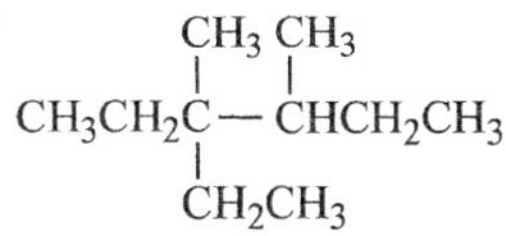

(c)

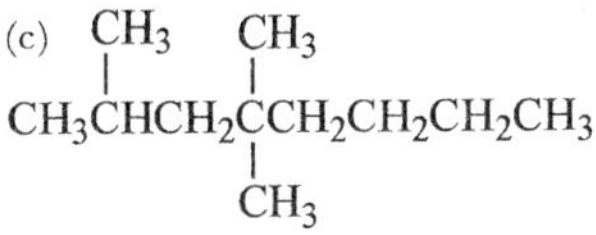

(d)

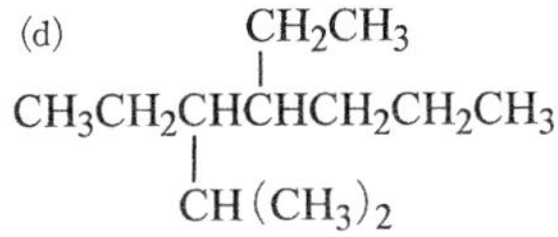

2.4 (a) 2,2-ジブロモ-3-クロロブタン (b) 2-アミノ-2,4-ジメチルヘキサン
(c) 6-メチル-3-ヘプテン (d) 7-メチル-1,6-オクタジエン
(e) 2-エチル-1-ペンテン (f) 2-ペンチン (g) 6-メチル-1,4-ヘプタジイン
(h) 1-メチルシクロヘキセン (i) プロピルシクロブタジエン
(j) *cis*-3,5-ジブロモシクロペンテン

2.5 (a)

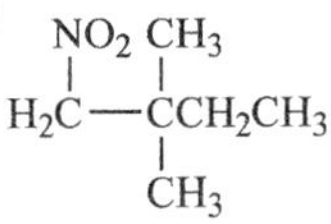

(b) CH_3CN

(c)

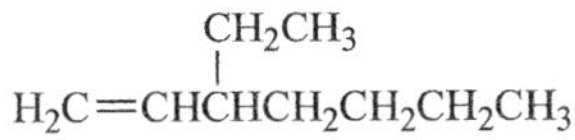

(d) $H_2C{=}CHCH_2CH_2CH{=}CH_2$

(e)

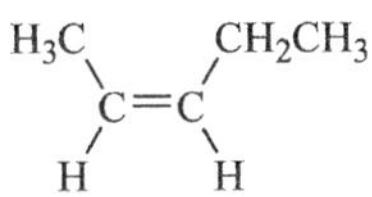

(f)

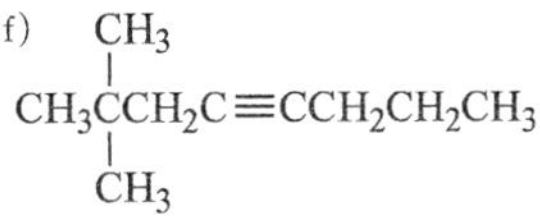

(g)

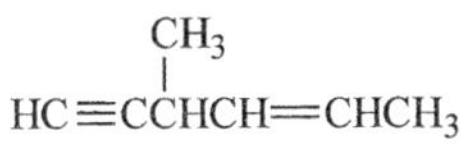

(h)

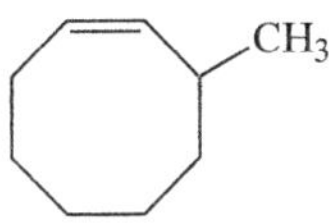

(i)

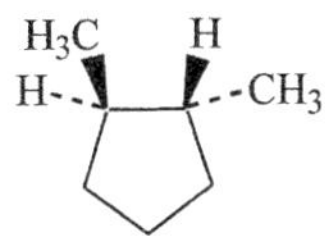

2.6 (a) $C_3H_6+\frac{9}{2}O_2=3CO_2+3H_2O+2091.3\ \mathrm{kJ}$

(b) 上式から，シクロプロパン 1 mol の燃焼で 3 mol の二酸化炭素が発生する．その体積は標準状態で $22.4\ \mathrm{dm^3}\times3$，1 atm，25°C では

$$22.4\times3\ \mathrm{dm^3}\times\frac{(25+273)\mathrm{K}}{273\ \mathrm{K}}=73.4\ \mathrm{dm^3}$$

(c) シクロプロパン 1 mol は標準状態で $22.4\ \mathrm{dm^3}$ を占めるから，$1\ \mathrm{dm^3}$ の燃焼熱は $2091.3\ \mathrm{kJ}/22.4\ \mathrm{dm^3}=93.4\ \mathrm{kJ/dm^3}=22.3\ \mathrm{kcal/dm^3}$

2.7

$$\begin{array}{ccc} \text{Br} & \text{H} & \text{H} \\ | & | & | \\ \text{H}-\text{C}-\text{C}-\text{C}-\text{H} \\ | & | & | \\ \text{H} & \text{H} & \text{H} \end{array}$$ $$\begin{array}{ccc} \text{H} & \text{Br} & \text{H} \\ | & | & | \\ \text{H}-\text{C}-\text{C}-\text{C}-\text{H} \\ | & | & | \\ \text{H} & \text{H} & \text{H} \end{array}$$ $$\begin{array}{ccc} \text{Br} & \text{H} & \text{H} \\ | & | & | \\ \text{H}-\text{C}-\text{C}-\text{C}-\text{H} \\ | & | & | \\ \text{Br} & \text{H} & \text{H} \end{array}$$

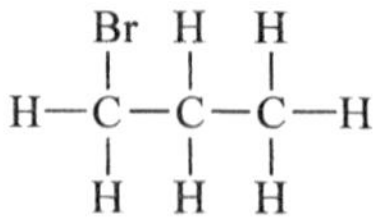
1-ブロモプロパン

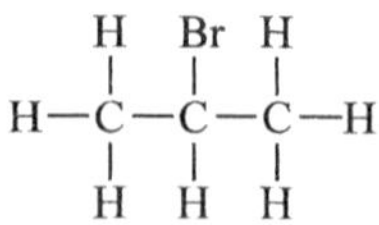
2-ブロモプロパン

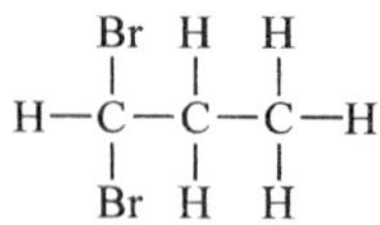
1,1-ジブロモプロパン

$$\begin{array}{ccc} \text{Br} & \text{Br} & \text{H} \\ | & | & | \\ \text{H}-\text{C}-\text{C}-\text{C}-\text{H} \\ | & | & | \\ \text{H} & \text{H} & \text{H} \end{array}$$ $$\begin{array}{ccc} \text{Br} & \text{H} & \text{Br} \\ | & | & | \\ \text{H}-\text{C}-\text{C}-\text{C}-\text{H} \\ | & | & | \\ \text{H} & \text{H} & \text{H} \end{array}$$ $$\begin{array}{ccc} \text{H} & \text{Br} & \text{H} \\ | & | & | \\ \text{H}-\text{C}-\text{C}-\text{C}-\text{H} \\ | & | & | \\ \text{H} & \text{Br} & \text{H} \end{array}$$

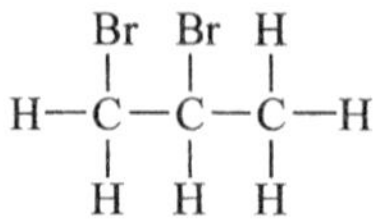
1,2-ジブロモプロパン

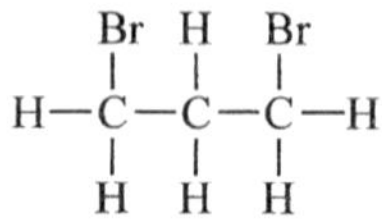
1,3-ジブロモプロパン

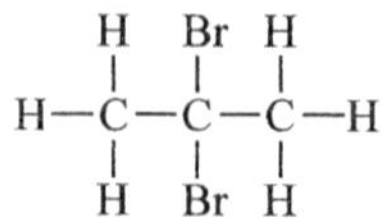
2,2-ジブロモプロパン

2.8 (a) $CH_3CH_2CHBrCH_2CH_3$　　$CH_3CHBrCH_2CH_2CH_3$

(b) $CH_3C(CH_3)BrCH_2CH_3$　　(マルコヴニコフ則)

(c)

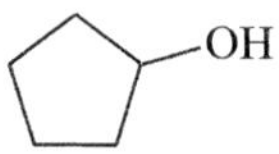

2.9

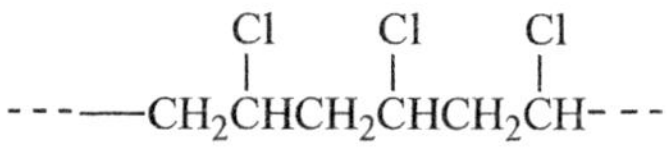

2.10

$H_2C{=}CHCH_2CH_3$
1-ブテン

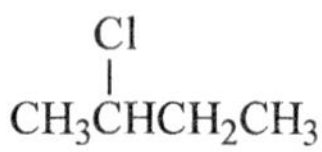
(マルコヴニコフ則)
2-クロロブタン

3.1 (a) イソプロピルベンゼンまたは 2-フェニルプロパン

(b) *o*-ブロモクロロベンゼンまたは 2-ブロモクロロベンゼン

(c) *m*-アミノトルエンまたは 3-アミノトルエンまたは *m*-メチルアニリン

(d) *p*-ニトロ安息香酸　または　4-ニトロ安息香酸

(e) 2-エチル-1,4-ジメチルベンゼン (置換位置を表す数字はなるべく小さくすること，および，置換基はアルファベット順に並べることに注意)

3.2 (a)
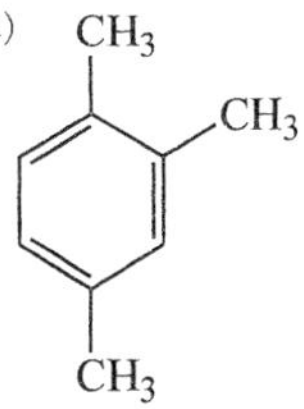

(b)

(c)
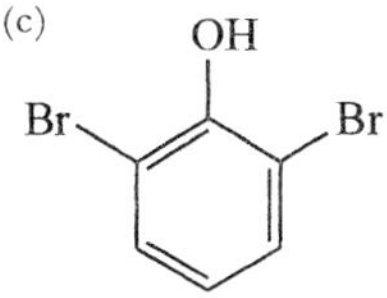

(d)
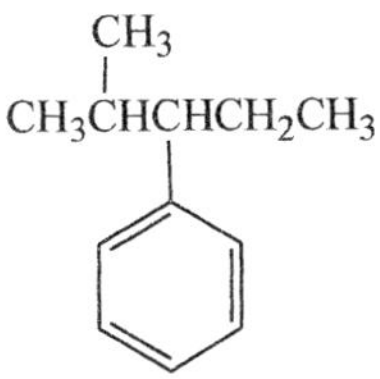

(e)

3.3 (a)
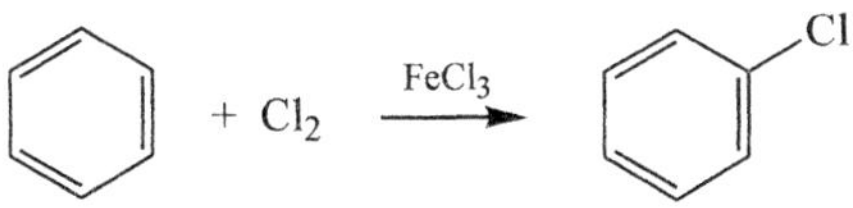

(b)

(c)
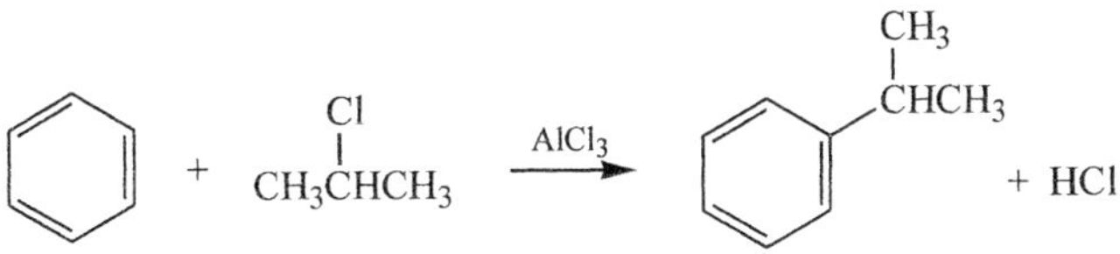

(d)
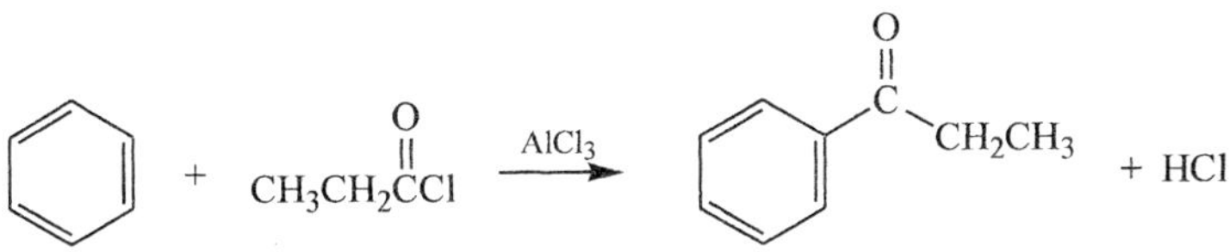

3.4

$$\text{---}CH_2CH(C_6H_5)CH_2CH(C_6H_5)CH_2CH(C_6H_5)\text{---}$$

3.5 (a) $C_{10}H_8$

(b)

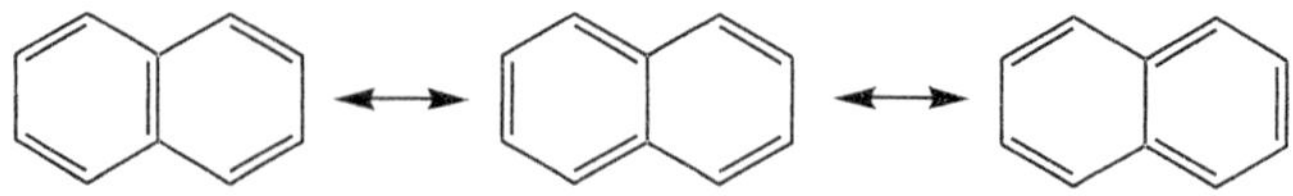

(c)

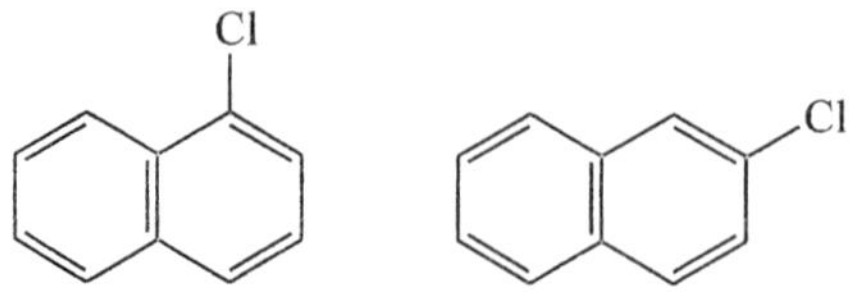

4.1 (a) 2-メチル-3-ヘキサノール (b) 2-プロピル-1,5-ペンタンジオール

(c) 3-メチルシクロヘキサノール

(d) *p*-ブロモフェノール，または 4-ブロモフェノール

(e) イソプロピルメチルエーテル (f) シクロペンチルエチルエーテル

(d) 1-クロロ-4-メトキシベンゼン

4.2 (a)

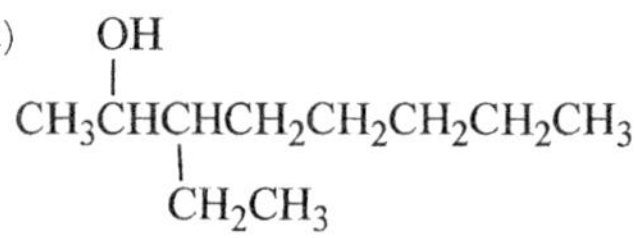

(b)

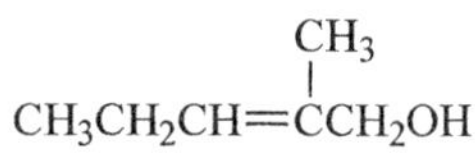

(c)

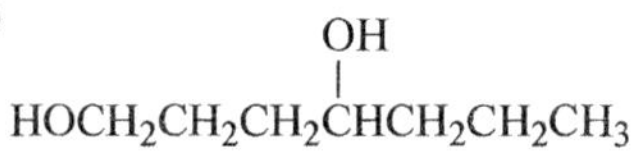

(d)

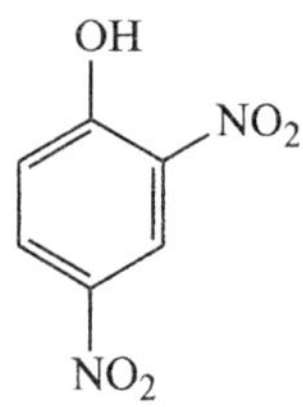

(e)

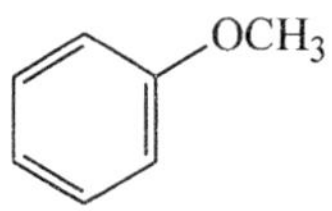

(f)

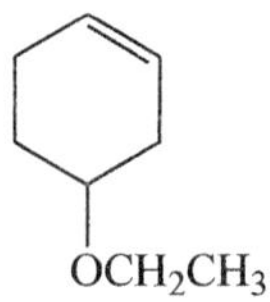

4.3 (a) イソブタナール (b) 4-ヒドロキシペンタナール

(c) 2-メチル-3-ヘキサノン

(d) 3-アミノシクロヘキサノン (e) 3-クロロブタン酸

(f) 2-ヒドロキシシクロヘキサンカルボン酸 (g) 5-ヘプテン酸

(h) プロパン酸 *tert*-ブチル，またはプロピオン酸 *tert*-ブチル

(i) 安息香酸メチル

4.4

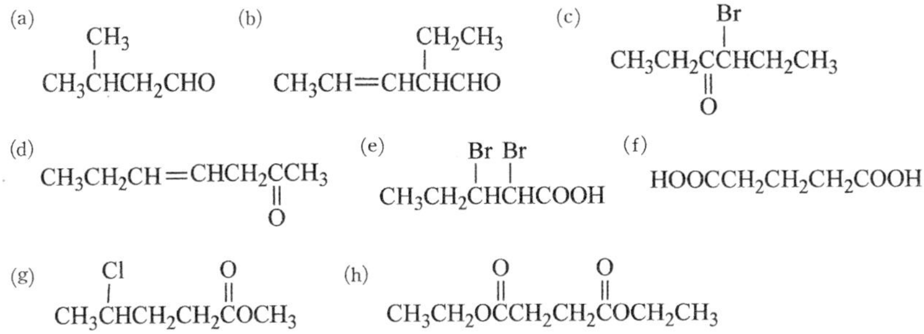

4.5 (a) ブタン：$C_4H_{10}=58$，1-プロパノール：$C_3H_7OH=60$，エチルメチルエーテル：$C_2H_5OCH_3=60$，酢酸：$CH_3COOH=60$

(b) 沸点の高い順：酢酸，1-プロパノール，エチルメチルエーテル，ブタン．分子量がほとんど同じであるため，沸点は分子間の相互作用が大きいほど高い．酢酸では，2つの極性基 OH と C=O が水素結合に寄与するため，分子間相互作用がもっとも大きい．1-プロパノールでは，1個の極性基 OH による水素結合があるため，次に相互作用が大きい．エチルメチルエーテルの分子構造は次のようになっており，C と O の電気陰性度の違いにより，多少極性があるため，それに基づく相互作用がある．

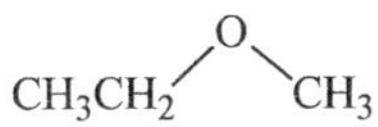

これに対しブタンはほとんど極性をもたないため，分子間の相互作用がもっとも小さい．ちなみに，沸点は次のとおりである．酢酸 117.9℃，1-プロパノール 97.2℃，エチルメチルエーテル 7.4℃，ブタン −0.5℃．

4.6 (a) $\mathrm{RCH_2OH} \xrightarrow{[O]} \mathrm{RCHO}$ (アルデヒド) $\xrightarrow{[O]} \mathrm{RCOOH}$ (カルボン酸)

(b) $\mathrm{R\underset{\underset{\displaystyle OH}{|}}{C}HR'} \xrightarrow{[O]} \mathrm{R\underset{\|\ O}{C}R'}$ (ケトン)

(c) $\mathrm{RCH_2CH_2OH} \xrightarrow{-\mathrm{H_2O}} \mathrm{RCH{=}CH_2}$ (アルケン) （1分子からの脱水）

$2\mathrm{RCH_2OH} \xrightarrow{-\mathrm{H_2O}} \mathrm{RCH_2OCH_2R}$ (エーテル) （2分子からの脱水）

(d) $\mathrm{RCHO} \xrightarrow{[O]} \mathrm{RCOOH}$ (カルボン酸)

(e) $\mathrm{R\underset{\|\ O}{C}R'} \xrightarrow{[H]} \mathrm{R\underset{\underset{\displaystyle OH}{|}}{C}HR'}$ (第2級アルコール)

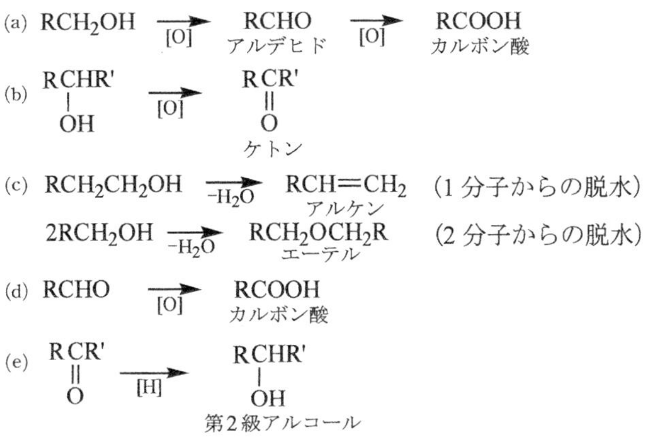

(f) $RCOOH + R'OH \longrightarrow RCOOR'$
エステル

(g) $RCOOR' + NaOH \longrightarrow RCOONa + R'OH$
カルボン酸のナトリウム塩(石けん)　アルコール

(h) $RCOOH + PCl_5 \longrightarrow RCOCl + POCl_3 + HCl$
酸塩化物　塩化ホスホリル　塩化水素

4.7 (a)

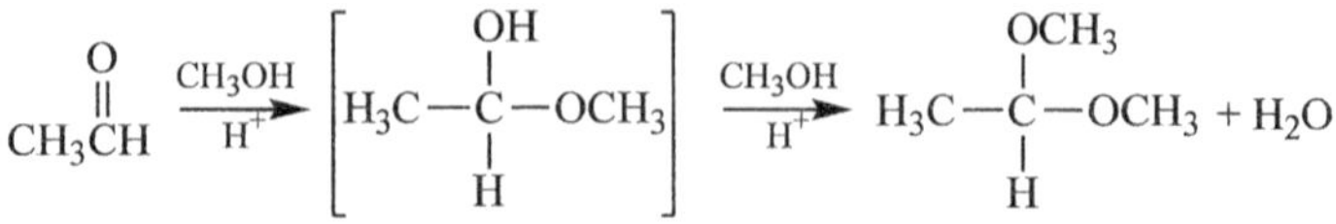

(b)

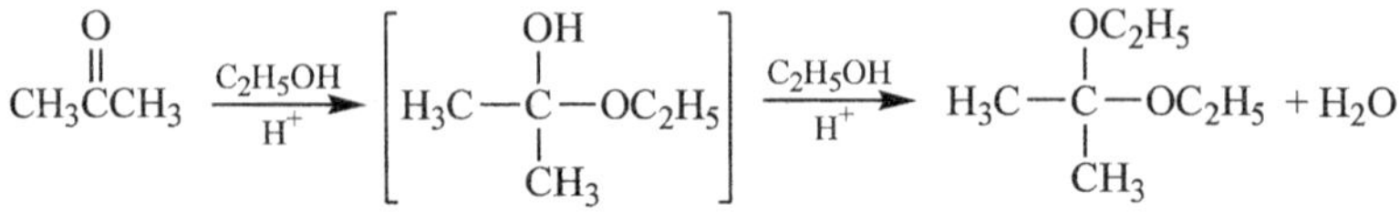

4.8 (a) $CH_3CH_2ONa + CH_3I \longrightarrow CH_3CH_2OCH_3 + NaI$

(b)

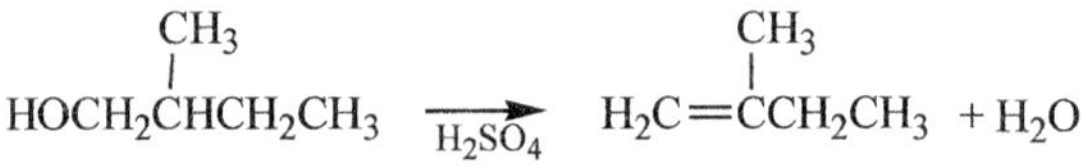

(c)

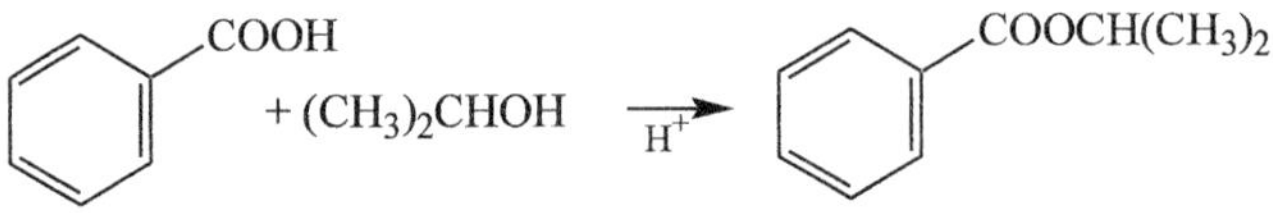

5.1 (a) トリエチルアミン　(b) *N*-メチルイソプロピルアミン
(c) *N*, *N*-ジメチルシクロヘキシルアミン　(d) *o*-クロロアニリン
(e) 2,4,6-トリメチルピリジン　(f) プロパンアミド
(g) *N*-メチル-4-クロロペンタンアミド　(h) フェニルアセトアミド
(i) *N*-フェニルアセトアミド　(j) *N*, *N*-ジメチルシクロペンタンカロボキサミド

5.2

(a) $(CH_3)_2NH$　(b) $H_2NCH_2CH_2CH_2CH_2NH_2$　(c)

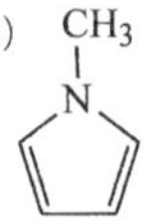

(d)

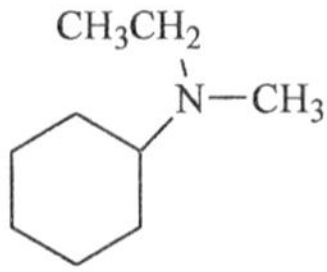

(e) $(CH_3)_4N^+Cl^-$　(f)

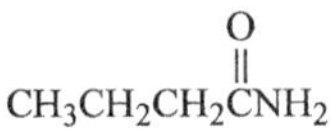

(g)

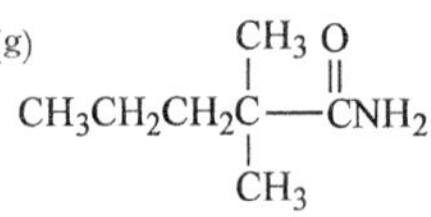

(h)

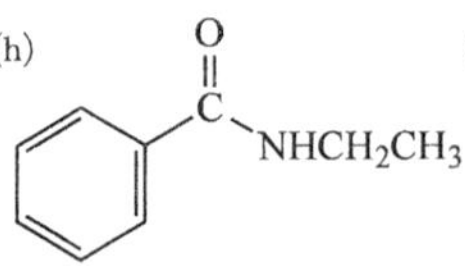

(i)

(j)

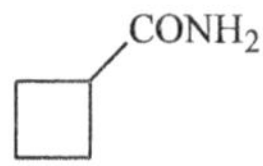

5.3 $NaOH > CH_3NH_2 > NH_3 > C_6H_5NH_2 > CH_3CONH_2$

5.4 (a) $CH_3CH_2Cl + NH_3 \longrightarrow CH_3CH_2NH_2 + HCl$

(b) $4CH_3Br + NH_3 \longrightarrow (CH_3)_4N^+ Br^-$

(c) $CH_3CH_2CH_2CH_2CN \xrightarrow[LiAlH_4]{} CH_3CH_2CH_2CH_2CH_2NH_2$

(d)

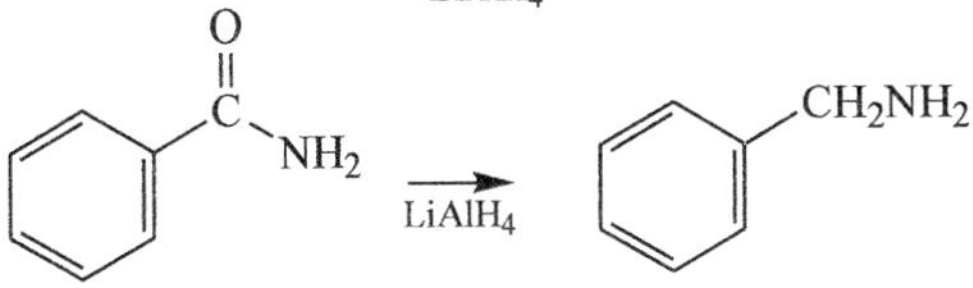

5.5 (a) $(CH_3)_3N + CH_3Cl \longrightarrow (CH_3)_4N^+ Cl^-$

塩化テトラメチルアンモニウム

(b)

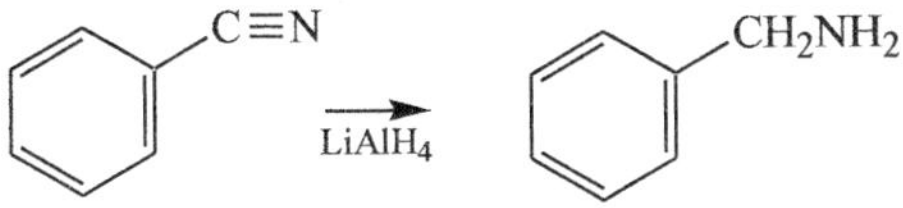

ベンジルアミン

(c) $CH_3CH_2C(=O)NH_2 \xrightarrow[LiAlH_4]{} CH_3CH_2CH_2NH_2$

プロピルアミン

(d) $(CH_3)_2NH + HCl \longrightarrow (CH_3)_2NH_2^+ Cl^-$

塩化ジメチルアンモニウム

(e) $CH_3CH_2NH_2 + HNO_2 \xrightarrow[-H_2O]{} [CH_3CH_2NHNO] \longrightarrow CH_3CH_2OH + N_2$

ニトロソエチルアミン　エタノール

(f) $(CH_3CH_2)_2NH + HNO_2 \xrightarrow[-H_2O]{} (CH_3CH_2)_2NNO$

ニトロソジエチルアミン

5.6 (a) メラトニン　(b) カフェイン　(c) コデインまたはエフェドリン
(d) ドーパミン　(e) メタンフェタミン　(f) ヘロイン
(g) リゼルグ酸ジエチルアミド (LSD)　(h) モルフィン　(i) セロトニン
(j) アドレナリン

索　引

（IIのついた数字はII巻のページを表す）

［あ行］

アイソトープ（同位体）　**4**, 5, 17
アヴォガドロ数　18, 19
アヴォガドロの法則　19
青カビ　II 133
アガロース　II 159
アキシアル水素　80
アキラル　II 3
アクアポリン　II 61
アクチン　II 75
アクリル酸　117
アクリロニトリル　74
アクロレイン　**110**, II 44
アコニターゼ　II 199
アコニット酸　II 199
アザラシ肢症　II 9, II 10
アシドーシス　**32**, 117, II 209, II 219, II 220
アジピン酸　145
亜硝酸エチル　125
亜硝酸ペンチル　125
アシルカルニチン　II 215
アシル基　111
アシル CoA　II 215
アシル CoA シンテターゼ　II 216
アシル CoA デヒドロゲナーゼ　II 216
アスコルビン酸　II 106, II 114, II 115
アスパラギン（Asn）　II 69
アスパラギン酸（Asp）　II 69, II 89, II 223, II 226, II 227
アスパラギン酸アミノトランスフェラーゼ　II 223
アスパルターゼ　II 89
アスパルテーム　II 24
アスピリン（アセチルサリチル酸）　**123**, II 97, II 132
アセタール　**114**, II 30
アセチル CoA（アセチル補酵素 A）　II 57, II 191, II 192, II 196-199, II 205, II 214-216, II 218, II 219, II 227
アセチルガラクトサミン　II 64
アセチル基　111
アセチルコリン　**142**, 150, 151, II 95
アセチルコリンエステラーゼ　**150**, 151, II 95
アセチルサリチル酸　→　アスピリン
アセチル補酵素 A　→　アセチル CoA
アセチレン　40, 47, **76**, 88
アセチレン系炭素水素　76
アセトアニリド　**144**, 146
アセトアミノフェノン　146
アセトアルデヒド　103, 104, 110, **112**
アセト酢酸　II 218, II 219
アセト酢酸デカルボキシラーゼ　II 218
アセトニトリル　148
アセトフェノン　**89**, 111
アセトン　76, 103, **112**, II 218, II 219
アデニル酸シクラーゼ　II 130
アデニン　II 123, II 139, II 141
アデノシルコバラミン　II 114
アデノシン　II 108
アデノシン（5′-）一リン酸（AMP）　II 108, II 119-121, II 130
アデノシン二リン酸（ADP）　II 61, II 91, II 99, II 119-121, II 191, II 201, II 204, II 206
アデノシン三リン酸（ATP）　II 61, II 91, II 94, II 99, II 119-123, II 191, II 197, II 201, II 204, II 206-217
アデノシンデアミナーゼ　II 180
アテローム性動脈硬化症　II 60
アドレナリン（エピネフリン）　**134**, II 127, II 130, II 207, II 214, II 217
アニリン　89, **132**, 133
アノマー　II 16
アビジン　II 112
アポ酵素　II 90
アポバルジン　II 134
アミド　141, **143**, 144, 147
——結合　**143**, 146
アミノアシル tRNA　II 153, II 155, II 156
アミノ酸　II 65, II 79, II 221-225

——プール　II 221
アミノトランスフェラーゼ　II 91, II 110, II 222
アミノペプチターゼ　II 186
アミラーゼ　II 26, II 89, II 186
アミロース　II 25-27, II 33
アミロペクチン　II 25-27, II 33
アミン　**129**, II 128
アラキジン酸　II 41
アラキドン酸　II 41, II 43, II 131, II 132
アラニン (Ala)　II 68
アラビノース　II 13, II 20
アリル基　98
アルカリ金属　10
アルカリ性　26
アルカリ土類金属　10
アルカロイド　137
アルカローシス　32
アルカン　59
アルギナーゼ　II 226
アルギニノコハク酸　II 226
アルギニノコハク酸シンターゼ　II 226
アルギニノコハク酸リアーゼ　II 226
アルギニン (Arg)　II 70, II 71, II 226
アルキル基　62
アルキルベンゼンスルホン酸　II 47
アルキン　76
アルケン　68
アルケンの反応　72
アルコール　97
アルコール消毒　II 85
アルコール脱水素酵素　II 74
アルコールデヒドロゲナーゼ　210
アルコール発酵　II 210
アルコキシ (RO—) 置換体　107
アルデヒド　102, **109**
アルデヒド脱水素酵素 (ALDH)　104
アルドース　II 11
——縮合　II 195, II 198
アルドステロン　II 55, II 127
アルドラーゼ　II 195
アルトロース　II 13
アルドン酸　II 30
アルブミン　II 74, II 86
アロース　II 13
アロステリックエフェクター　II 98
アロステリック効果　II 90, II 97
——酵素　II 98
——調節　II 98, II 207
アンギオテンシノーゲン　II 177
アンギオテンシンII　II 77
安息香酸　89, 117, **119**
アンチコドン　II 153
アンチセンス (anti-sense) RNA　II 167
アントラセン　93
アンドロゲン　II 54, II 127
アンドロステロン　II 54, II 127
アンフェタミン　135
アンモニア　**44**, 45, 49, 129, 130, 132
アンモニウムイオン　**130**, 131
イオン結合　**12**, 48
イオン積　29
異化　II 185
イス型配座　**80**, II 17
異性化酵素　II 91
異性化糖　II 18
異性体　59
イソオクタン　65
イソクエン酸　II 200
イソクエン酸デヒドロゲナーゼ　II 199
イソブタン　**59**, 60
イソブチル基　62
イソフルラン　108
イソプレン　74, **75**
イソプロピルアルコール　100
イソプロピル基　62
イソペンタン　60
イソメラーゼ　II 92
イソロイシン (Ile)　II 68
一塩基多型 (SNP)　II 178
1次メッセンジャー　II 131
1重項酵素 ($^1O_2$)　II 212
I型糖尿病　II 220
一酸化窒素 (NO)　124
遺伝暗号　→　コドン
遺伝子　104
——汚染　II 172
——組換え　II 173
——組換え作物　II 172
——クローニング　II 163
——クローン　II 171

――工学　II78, II172
――診断　II178
――治療　II180
――ノックアウト法（遺伝子破壊法）　II173
遺伝病　II175, II179
イドース　II13
イヌリン　II18
イネゲノム　II164
イノシトール　II49
イボタろう　II48
イミダゾール　133
イミド　144
イミノ基　II67
陰イオン　7
インスリン　II75, II78, II126, II127, II130, II189, II207, II217, II220
――依存型糖尿病　II220
――非依存型糖尿病　II220
インターフェロン　II172
インターロイキン　II168
インドール　135
イントロン（介在配列）　II151, II169
インフルエンザ　II167
インベルターゼ　II23
ウイルス　II164, II171
ウシインスリン　II78
牛海綿状脳症（BSE）　II85
右旋性　II7
ウラシル　II123, II139
ウリジン一リン酸（UMP）　II140, II191
ウリジン三リン酸（UTP）　II123, II191
ウレアーゼ　II95
運動神経　148
運動タンパク質　II75
エイコサテトラエン酸　II41
エイコサノイド　II43, II131
エイコサペンタエン酸（EPA）　II41-43, II131
エイコサン酸　II41
エイズ　II10, II165
栄養所要量　II228
エキソ型酵素　II186
エキソサイトーシス　II62, II187
エキソン（構造配列）　II151, II169
液体クロマトグラフィー　53
エクアトリアル水素　80
エステラーゼ　II91
エステル　120
エストラジオール　II54, II55, II127
エストロゲン　II54
エストロン　II54, II55, II127
エタノール　51, 98, **99**, 100, 102, 103, II210
エタノールアミン　II49
エタン　**39**, 61, 88
エタンチオール　104
エチルアミン　132
エチルアルコール　99
エチル基　62
エチレン　40, 46, **69**, 88
エチレングリコール　72, **100**, 123, 124
エーテル　106
エドマン分解　II78
エネルギー所要量　II229
エノイル CoA　II216
エノイル CoA ヒドラターゼ　II216
エノラーゼ　II194
エノール　76
エピネフリン　→　アドレナリン
エフェドリン　**140**, 141
エラスゲン　II75
エラスターゼ　II95, II186, II188
エラストジオール　II127
エリスロポエチン　II172, II173
エリスロマイシン　II133
エリトルロース　II14
エリトロース　II12, II13
エルゴステロール　II56, II116
塩　28
塩化アシル　147
塩化アセチル　120
塩化水素　49
塩化ホスホリル　120
塩基　26
塩基性　26
エンケファリン　138
エンド型酵素　II186
エンドサイトーシス　II62
エンドペプチダーゼ　II188
エンドルフィン　138
エンフルラン　108
黄疸　II187

岡崎フラグメント II147
オキサロコハク酸 II200
オキサロ酢酸 II196, II198, II200, II218, II223, II227
オキシトシン II127, II128
オキシヘモグロビン II219
2-オキソグルタル酸 (α-ケトグルタル酸) II200, II222-224
2-オキソグルタル酸デヒドロゲナーゼ II199
2-オキソ酸 II223, II227
オキソニウムイオン 27
オクタデシルアルコール II48
オクタン価 65
オゾン 67
オータコイド II131
オリゴペプチド II66
オリザニン II123
オルガネラ (細胞器官) II144
オルニチン II226
オルニチンカルバモイルトランスフェラーゼ II226
オレイン酸 II40-42
オレキシン II24
オレフィン 68
温室効果 68
温度 23

[か行]

壊血病 II81, II114, II123
外呼吸 II193
介在配列 → イントロン
開始因子 II156
開始コドン II154
回転数 II95
解糖系 II192, II193, II207, II228
化学結合 12
化学浸透圧説 II203
化学的性質 2
化学反応 20
核酸 74, II79, II137, II213
核磁気共鳴 (NMR) **56**, II103
核小体 II144
核タンパク質 II74
核様体 II144
過酸化脂質 II213
過酸化脂質ラジカル II213
過酸化水素 (H_2O_2) II212, II213
下垂体 II126-128
加水分解酵素 II91
ガスクロマトグラフィー 53
カゼイン II73, II74
家族性高コレステロール血症 II60, II176
ガダベリン 133, 134
カタラーゼ II213
脚気 II107, II123, II124
褐色細胞 II205
活性化エネルギー II88, II93
活性化状態 II94
活性酸素 II115, II168, II202, II212
活性部位 II92-94, II97, II99
滑面小胞体 II144
カテコール 134
価電子 6
カード II73
果糖 II18
カフェイン 139, II189
花粉症 136
鎌状赤血球 II87, II176
ガラクトシダーゼ II22
ガラクトース II13, II19, II52, II63, II186, II196
——血症 II19, II176
顆粒球 II86
加リン酸分解 191
カルシウムカーバイド 76
カルシウムヒドロキシアパタイト II81
カルシトニン II127
カルシフェロール II116
カルニチン II215
カルバモイルリン酸 II221, II225, II226
カルバモイルリン酸シンターゼ I II226
カルボキシペプチターゼ II186
カルボキシル基 114
カルボニル 109
カルボン酸 63, **114**, 147
カロテン 71, II116, II213
カロリー 66
がん 93, **94**, II10, II124, II149, II176, II177, II180, II213
ガングリオシド II52

還元　**33**, II 32
がん原遺伝子　**95**, II 177
還元剤　34, **35**
還元糖　II 31
幹細胞　II 175, II 180
環式炭化水素　**49**, 50
がん腫　95
環状アミン　133
緩衝効果　II 72
杆状体　71
緩衝溶液　32
乾性油　II 47
寒天　II 19
官能基　50
甘味　II 23
がん抑制遺伝子　**95**, II 173, II 177
乾留　99
キエルダール (Kjeldahl) 法　54
記憶細胞　II 168
幾何異性体　**70**, 81, II 1
希ガス　6
ギ酸　99, **117**
基質　II 8, II 90, II 92-94, II 97
——濃度　II 100
キシレン　89
キシロース　II 13
キシロカイン　108
基礎代謝 (量)　II 229, II 230
気体定数　23
キチン　II 28
軌道　41
キナーゼ　II 91
キニーネ　140
キニン　140
キノリン　133
キモトリプシノーゲン　II 95
キモトリプシン　II 95, II 96, II 186, II 188
逆転写　II 138
——酵素　II 165, II 167
キャップ構造　II 151
吸エルゴン反応　II 122
球状タンパク質　II 74
吸着剤　53
共役二重結合　75
狂牛病　II 85
競合阻害　II 100
——剤　II 97
鏡像　II 1, II 2
鏡像異性　119
——体　II 2
共鳴　86
共鳴構造　**86**, 106, 143
共有結合　**13**, 38
共有電子対　13
局所麻酔　108
極性結合　25, 47
巨赤芽球　II 113
魚油　II 42, II 43
キラーT細胞　II 168
キラル　II 2, II 3
——中心　II 3
キロミクロン (CM)　II 57, II 58, II 187
キロミクロンレムナント　II 58
筋ジストロフィー　II 180
金属　11
——アミド　143
——アルコキシド　**102**, 107
——結合　15
——タンパク質　II 74
筋肉　II 208, II 209
グアニン　II 139, II 141
グアノシン一リン酸 (GMP)　II 140
グアノシン二リン酸 (GDP)　II 197, II 198, II 200
グアノシン三リン酸 (GTP)　II 123, II 197, II 198, II 200, II 206
空間充填模型　40
クエン酸　118, **119**, II 197-200
——回路　II 192, II 196, II 202, II 205, II 218, II 228
クエン酸シンターゼ　II 198
組換えDNA　II 78, II 170
クラッキング　62
グリア細胞 (膠細胞)　II 189
グリコーゲン　II 15, II 27, II 43, II 189, II 193, II 207, II 209, II 218, II 230
グリコーゲンシンターゼ　II 190
グリコーゲンホスホリラーゼ　II 99, II 190
グリコシド結合　II 21
グリシン (Gly)　II 68

クリステ　II193
グリセリン　101, 119, II44, II45, II49, II214
グリセルアルデヒド　II4, II5, II7, II12, II66
グリセルアルデヒド 3-リン酸　II195
グリセルアルデヒド 3-リン酸デヒドロゲナーゼ　II195
グリセロールキナーゼ　II214
グリセロール 3-リン酸　II214
グリセロールリン酸デヒドロゲナーゼ　II214
グリセロ糖脂質　II52
グリセロリン脂質　II49
グルカゴン　II78, II127, II189, II207, II214, II217
グルコース　118, II10, II13, II15, II21, II24, II63, II130, II186, II188-191, II206, II209, II217, II220, II231
グルコース 1-リン酸　II191
グルコース 6-リン酸　II190, II193, II211
グルコース 6-リン酸デヒドロゲナーゼ　II211
グルコースイソメラーゼ　II18
グルコース-6-ホスファターゼ　II190, II194
グルコース-6-リン酸イソメラーゼ　II194
グルコースオキシダーゼ　II32
グルコキナーゼ　II191, II194
グルコサミン　II29
グルコシド結合　II31
グルコノラクトナーゼ　II211
グルコピラノース　II15
グルシトール　II33
グルタチオン　II77
グルタチオンペルオキシダーゼ　II213
グルタミン (Gln)　II69
グルタミン酸 (Glu)　II69, II222-224
グルタミン酸デヒドロゲナーセ　II223
グルタミン酸モノナトリウム　II9
くる病　II116, II117
クレアチン　II208
クレアチンキナーゼ　II208
クレアチンリン酸　II208
クレゾール　106
クレブス回路　II197
クロイツフェルト・ヤコブ病　II85
グロース　II13
クローニング　II171
グロブリン　II86
クロマチン　II145
クロマトグラフィー　**53**, II78
クロラムフェニコール　II133
クロロエタン　64
クロロフィル　II83
クロロホルム　64
クロロマイセチン　II133
クローン　II174
——動物　II174
——人間　II175
——胚　II175
経口避妊薬　II55
形質細胞　II168
鯨ろう　II48
血液　32, II63, II85, II173
——型　II63
血液凝固　II43, **II86**, II118
血液脳関門　II188, II218
血漿　32, II57, II85
血小板　II85
——活性化因子　II131
血清アルブミン　II214
血糖 (値)　II15, II27, II29, II126, II189, II220
血友病　II173, II176
3-ケトアシル CoA　II216
3-ケトアシル CoA チオラーゼ　II216
ケト原性アミノ酸　II221, II224, II225
ケトーシス　II219
ケトース　II11, II31
ケトン　63, 102, **109**
——血症　II219
——体　II189, II218, II220
ゲノム　II162
——創薬　II181
ケファリン　II50
ケブラー (Kevlar)　**145**, 146
ケラチン　II75, II77
けん化　126, II45
——価　II47
原核細胞　II143, II151, II154
嫌気的解糖　II207, II213
原形質　II143
原形質膜　II60
原子　3

——価　15,38
——核　3
——番号　4
——量　16
元素　4
——分析　53
好塩基球　II86
光学異性　II1
——体　II2,II3,II66
光学活性　II6
硬化油　II42
交感神経　148
好気的解糖　II208
高級アルコール　II38
抗菌剤　II133
高血圧症　II176
抗原　II63,II168
膠原病　II170
抗酸化作用　II115,II117,II118
抗酸化物（抗酸化剤）　II202,II213
好酸球　II86
甲状腺刺激ホルモン　II127
硬水　II46,II47
抗生物質　II75,II132,II165
酵素　II8,II75,II87,II185
——の活性　II95
——前駆体　II94
——反応　II92
——複合体　II200
構造異性体　59
構造式　14,39,56
構造タンパク質　II75
構造配列　→　エキソン
抗体　II63,II86,II168
——産生細胞　II168
好中球　II86,II168
後天性免疫不全症候群　II165
口内細菌　II28
抗ヒスタミン薬　136
酵母　99,II164
高密度リポタンパク質（HDL）　II42,II57-60
抗利尿ホルモン　II127
コカイン　139,151
糊化デンプン（α-デンプン）　II26
呼吸鎖　II192,II193,II200
——複合体　II204
国際単位（IU）　II105
——系　30
ゴーシェ病　II176
骨髄細胞　II169
コデイン　137,138
コドン（遺伝暗号）　II153
コネクチン　II76
コハク酸　117,II97,II199-201
コハク酸デヒドロゲナーゼ　II97,II192,
II199,II202
コバラミン　II113
互変異性　II225
5′末端　II141
ゴム　74
コラーゲン　II75,II81,II115
コリ回路　II209
孤立電子対　14
コリン　142,150,151,II49
コリンエステラーゼ　II98
コール酸　II56,II187
ゴルジ体　II144
コールタール　93
コルチゾン　II55,II127
コレカルシフェロール　II117
コレステロール　II29,II38,II43,II53,II56
コレステロールエステル　II57,II59
コロナウイルス　II167
昆虫工場　II173
コンドロイチン　II29
コンピューター断層撮影法（CT）　56

［さ行］

サーモゲニン　II204
サイクリックAMP　→　cAMP
再結晶　53
催乳ホルモン　II127
細胞　II143
——器官（オルガネラ）　II144
——質　II143
——質ゾル　II144
——性免疫　II168
——膜　II51,II60,II143
ザイボックス　II134
酢酸　27,103,117,118

酢酸菌　103
酢酸セルロース　II 28, II 72
酢酸メチル　121
鎖式炭化水素　49
左旋性　II 7
サッカリン　II 24
砂糖　II 22
サブユニット　II 83
サリチル酸　118, **119**, 123
サリドマイド　II 9
サリン　**151**, II 98
サルファ剤　II 132, II 133
サロメチール　123
酸　26
酸アミド　143
酸化　**33**, II 32
酸価　II 47
サンガー法　II 157-160
酸化還元酵素　II 91
酸化還元反応　35
酸化酵素　II 91
酸化剤　34, **35**
酸化的脱アミノ化　II 223
酸化的脱炭酸反応　II 197, II 200
残基　II 65
三重結合　**15**, 40
三重水素　5
酸性　26
酸素添加酵素　II 91
3′末端　II 141
ジアステレオマー　II 12
シアノコバラミン　II 106, II 113
シアン酸アンモニウム　37
ジエチルエーテル　103, 107
四塩化炭素　49
ジオールエポキシド　94
脂環式炭化水素　49, 77
磁気共鳴映像法（MRI）　56
色素タンパク質　II 74
ジギタリス　II 30
ジギトキシン　II 30
式量　18
シークエンサー　II 79
軸索　149
シクラミン酸塩（チクロ）　II 24
シクロアルカン　78
シクロオキシゲナーゼ　II 97, II 132
シクロオクタテトラエン　**80**, 88
シクロデキストリン　II 27
シクロブタン　78
シクロブタジエン　88
シクロプロパン　78
シクロヘキサン　78
シクロヘプタン　80
シクロペンタン　78
ジクロロジフェニルトリクロロエタン　93
ジクロロメタン　72
刺激ホルモン　II 128
歯垢　II 28
自己免疫　II 220
——疾患　II 170
脂質　II 37, II 187, II 214
視床下部　II 125, II 127, II 128
システイン（Cys）　105, II 69, II 77, II 82, II 223
シス-トランス異性体　**70**, 81
ジスルフィド　**105**, II 77
——結合　105, II 77, II 78, II 82, II 83
示性式　50
舌　II 23
ジ-*tert*-ブチルヒドロキシトルエン（BHT）　II 45
実験式　54
質量数　4
質量パーセント濃度　26
質量分析（MS）　56, II 102
質量モル濃度　26
ジデオキシ法　II 157
シトクロム　II 83
シトクロム c　II 201-203
シトシン　II 139, II 141
シトリル CoA　II 198
シトルリン　II 226
シナプス　150
ジパルミトイルレシチン　II 50
ジヒドロキシアセトン　II 14
ジヒドロキシアセトンリン酸　II 195, II 214
ジフェニル　92
シプロフロクサシン　II 134
ジペプチド　II 65, II 76
脂肪　II 38, II 43, II 230

脂肪酸　II 37-39, II 44, II 197, II 214
脂肪酸ラジカル　II 44
脂肪族炭化水素　49, **50**, **59**
ジメチルアミン　131
ジメチルエーテル　51, **107**
ジャスモン　112
蛇毒　II 75
シャペロン　II 157
シャルル (Charles) の法則　22
ジャンク配列　II 163
自由エネルギー　II 88, II 93, II 120, II 122, II 217
臭化エチウム　II 179
自由拡散　II 204
周期表　10
周期律　10
重合　73
重合体　73
重合反応　73
シュウ酸　117, **118**
重症急性呼吸器症候群 (SARS)　II 167
重水素　5
自由電子　15
絨毛膜　II 186
終了因子　II 156
縮合　111
樹状突起　149
受精卵クローン　II 174
酒石酸　118, 119
寿命時計　II 149
主要元素　12
主要無機元素　→　マクロミネラル
ジュール　66
昇位　45
昇華　**53**
消化　II 185
消化酵素　II 186
笑気ガス　108
ショウジョウバエ　II 164
脂溶性ビタミン　II 38, II 106, II 115
状態方程式　23
小胞体　II 144
食作用　II 86
食酢　31, **118**
触媒　II 87-90
食物繊維　II 230
女性ホルモン　II 54
ショ糖 (スクロース)　25, II 15, II 22, II 24
シラトール　112
自律神経　148
仁　II 144
真核細胞　II 143, II 150, II 151, II 154
心筋梗塞　II 60, II 132, II 213
神経インパルス　**149**, II 51, II 125
神経系　148
神経細胞　**148**, II 51
神経伝達　II 98
神経伝達物質　150
人工透析　II 227
親水基　II 46, II 58
親水性　II 46, II 60
腎臓透析　II 172
心臓病　II 43
シンターゼ　II 91
人体の元素組成　11
浸透圧　II 86
親油性　II 46
膵液　II 188
錘状体　71
水素イオン指数 (pH)　**30**, II 84, II 96
水素イオン定数　30
水素イオン濃度　29
水素化アルミニウムリチウム　141
水素結合　**48**, 98, 106, II 81, II 82, II 85
水素添加　II 42
水素添加酵素　II 91
水溶性ビタミン　II 105
水和　25
スクシニル CoA シンテターゼ　II 199
スクシニル CoA　II 200
スクラーゼ　II 186
スクロース (ショ糖)　25, II 15, II 22, II 24
スチレン　74
ステアリン酸　II 39-42, II 50
ステロイド　II 38, II 53, II 128
ステロイドホルモン　II 54, II 60
ステロール　II 54
ストレプトマイシン　II 133
スーパーオキシドラジカル ($O_2^-\cdot$)　II 202, II 212, II 213

スーパーオキシドジスムターゼ　II202, II213
スピード　135
スフィンゴエタノールアミン　II51
スフィンゴ脂質　II63
スフィンゴシン　II48, II51
スフィンゴ糖脂質　II52
スフィンゴミエリン　II51
スフィンゴリン脂質　II51
スプライシング　II151, II169
スルファニルアミド　II132
生活活動強度　II229
生活習慣病　II229
制限酵素　II170, II171, II178
制限断片　II178, II179
――長多型 (RFLP)　II179
性腺刺激ホルモン　II127
生体膜　II49, II50, II60
成長ホルモン　II126, II127, II128, II172
性ホルモン　II54, II127
セロビオース　II21
石炭酸　105
石油　61
セチルアルコール　II48
赤血球　II56, II63, II83, II85, II172, II189, II193
石けん　126, II45-47
摂取基準　12
摂取許容量　II228
絶対温度　22
セバシン酸　145
セファリン　II50
セファロスポリン　II133
ゼラチン　II81
セリルアルコール　II48
セリン (Ser)　II69, II223
セルラーゼ　II28
セルロース　II10, II15, II27
セレブロシド　II52
セロトニン　**135**, 136, 147
セロビオース　II21
遷移元素　10
遷移状態　II88, II92
繊維状タンパク質　II74, II80
前駆体　II188
旋光計　II6
旋光性　II6
染色体　II145, II176, II177
全身麻酔　108
蠕動運動　II185
セントラル (中心) ドグマ　II137
線毛　II145
双極イオン　II71
造血幹細胞　II168
相補 DNA　→　cDNA
相補的　II142
阻害剤　II97
測鎖　II66, II82
ソクスレー抽出器　52
疎水基　II58
疎水結合　II82
疎水性　II46
組成式　**13**, 53
ソーダ石灰　54
粗面小胞体　II144, II152
素粒子　8
ソルビット　II33
ソルビトール　II33

[た行]

体位基準値　II228
第1級アミン　129
第1級アルコール　**98**, 102
体液性免疫　II168
ダイエット　II230
体温　II191
体格指数 (BMI)　II229
体細胞クローン　II174
第3級アミン　129
第3級アルコール　98
第3級炭素　62
体脂肪率　38
代謝　II185
耐性遺伝子　II134
体性幹細胞　II175
耐性菌　II134
大赤血球性貧血　II113
大腸菌　II78, II141, II156, II164, II171, II172
ダイナマイト　124
第2級アミン　129
第2級アルコール　**98**, 102

第2級炭素 62
耐熱細菌 II96
大麻 138
太陽エネルギー 68
第4級アンモニウム塩 131, **140**
ダウン症 II176, II180
多価不飽和脂肪酸 II42, II43, II230
脱アミノ反応 II222
脱共役タンパク質 II204
脱水酵素 II91
脱水素酵素 II91, II110
脱炭酸酵素 II91
脱分枝酵素 II191
多糖 II10, II11, II25
ターナー症候群 II177
多発性硬化症 II51
タロース II13
ターン II80
炭化水素 49
単球 II86
単結合 15
胆汁 II187
胆汁酸 II29, II56, II57, II187
単純脂質 II37, II38
単純タンパク質 II74
炭水化物 II10, II186, II188
男性ホルモン II54
胆石 II187
単糖 II10, II11
タンパク質 74, II65, II72, II75, II188, II221
——合成 155
——所要量 II230
——の1次構造 II76
——の2次構造 II76, II79
——の3次構造 II76, II82
——の4次構造 II76, II83
単量体 73
チアミン II106, II107, II197
チアミンピロリン酸 (チアミン二リン酸) II107
チェインターミネーション法 II160
チオエステル結合 II200
チオヒダントイン II78
チオール **104**, II77
置換反応 67
チクロ (シクラミン酸塩) II24
チーズ II73
窒素平衡 II222
チミン II139, II141
チモーゲン II94, II188
チモシン II127
中間密度リポタンパク質 (IDL) II57-59
抽出 52
中枢神経系 **148**, II125, II128
中性子 3
中性脂質 II37
中和 28
調節カスケード II130
調節酵素 II98
超低密度リポタンパク質 (VLDL) II57-59
腸内細菌 II118
直鎖 59
貯蔵タンパク質 II75
チロキシン (T 4) II127, II129
チロシン (Tyr) II69, II227
チンパンジー II164
テイ・サックス (Tay-Sachs) 病 II52, II176
低密度リポタンパク質 (LDL) II42, II43, II57-60
デオキシアデノシン II180
デオキシイノシン II180
デオキシリボ核酸 → DNA
2-デオキシ-β-D-リボース II139
2′-デオキシヌクレオシド三リン酸 II158
デキストラン II28
デキストリン II26, II186
デキストロース II15
テストステロン II54, II127
鉄プロトポルフィリン II83
テトラサイクリン II133
テトラヒドロカンナビノール 138
テトラヒドロ葉酸 (THF) II112, II113
テトロドトキシン 151
テトロン 123, **124**
デヒドロアスコルビン酸 II115
テフロン 74
デュシャンヌ型筋ジストロフィー II176
デュマ (Dumas) 法 54
テーラーメード医療 II178
テレフタル酸 123, **124**

テロメア　II149
テロメラーゼ　II149
転移（がん）　95
転移RNA（tRNA）　II150, II152, II155
転移酵素　II92
電解質　25
——コルチコイド　II55, II127
転化糖　II23
電気陰性度　11
電気泳動　II73, II86, II87, II101, II160, II179
電気素量　3
典型元素　10
電子　3
——殻　4
——式　14
——伝達系　II200
——配置　6, 43, 44
——分布　42
電磁波　II6
転写　II137, II150
デンプン　74, II10, II15, II25, II33, II186
電離　25
同位体（アイソトープ）　4, 17
同化　II185
糖原性アミノ酸　II221, II224, II225
糖鎖　II61, II63
糖脂質　II37, II52, II62
糖質　II229, II230
——コルチコイド　II55, II127
糖新生　II55, II192, II193, II194, II196, II207
透析　II117
糖タンパク質　II74, II86
導電性ポリマー　77
等電点　II68, II72, II101
糖尿病　II33, II176, II189, II220
動物工場　II173
動脈硬化　II60, II213
特異的免疫　II168
毒素タンパク質　II75
ドコサヘキサエン酸（DHA）　II41, II42
トコフェロール　II106, II117
突然変異　II134, II149, II175
ドデシル硫酸ナトリウム（SDS）　II101
ドーパミン　134, 135
ドライアイス　16
トランスジェニック動物　II173
トランス脂肪酸　II42
トランスフェラーゼ　II92
ドリー（クローン羊）　II149, II174
トリアシルグリセロール　II38
鳥インフルエンザ　II167
トリオース　II11
トリオースリン酸イソメラーゼ　II82, II194
トリカルボン酸回路（TCAサイクル）　II197
トリグリセリド　II38
トリクロロメタン　64
トリプシノーゲン　II95, II188
トリプシン　II79, II95, II186, II188
トリプトファン（Trp）　136, II69, II71
トリペプチド　II65
トリメチルアミン　129-131, 133
トリヨードチロニン（T 3）　II127, II129
トルエン　85, 89
トレオース　II12
トレオニン（Thr）　II69, II71
トレーニング　II209
トレハロース　II35
トレンス（Tollens）試薬　**113**, 119, II32
トロンビン　II86
トロンボキサン（TX）　II131, II132

［な行］

ナイアシン　II106, II109, II213
内呼吸　II193
内分泌系　148
ナイロン　145
ナフサ　69
ナフタレン　93
生ゴム　75
ナルコレプシー　II24
II型糖尿病　II220
肉腫　95
ニコチン　139, 151, II189
ニコチンアミドアデニンジヌクレオチド（NAD⁺）　II109, II110, II205, II206
ニコチンアミドアデニンジヌクレオチドリン酸（NADP⁺）　II109, II110, II197, II201, II210, II218
ニコチンアミドモノヌクレオチド（NHN）　II109

ニコチン酸　II 106, II 109
2次元電気泳動　II 101
2次メッセンジャー　II 130
二重結合　**15**, 40
二重層　II 60, II 62
二重膜　II 129
二重らせん　II 137, II 142
二糖　II 10, II 11, II 20
ニトリル　141, 148
ニトログリセリン　124
ニトロセルロース　II 28
ニトロソアミン　142
ニトロベンゼン　91
ニトロメタン　64
乳化　II 46
　——液　II 50
乳酸　**118**, II 7, II 8, II 107, II 207, II 209
　——菌　II 73, II 114
　——デヒドロゲナーゼ　II 8, II 208
乳濁液　II 50
乳糖(ラクトース)　II 15, II 19, II 22, II 24
ニュートリノ　9
ニューロン　**148**, 150
尿素　37, 144, **145**, II 95, II 222, II 225-227
　——回路　II 222, II 225
　——樹脂　111
尿崩症　II 176
尿路結石　119
ヌクレアーゼ　II 91
ヌクレオシド　II 108, II 139, II 140
ヌクレオソーム　II 145
ヌクレオチド　II 108, II 138
ヌクレオヒストン　II 74
ネオペンタン　60
熱源素子　II 205
熱硬化樹脂　111
脳梗塞　II 132
濃度　25
能動輸送　II 61, II 204
ノッキング　65
ノックアウトマウス　II 173
ノーベル賞　124
ノルアドレナリン(ノルエピネフリン)　**134**, II 127

［は行］

肺硝子膜症　II 50
胚性幹細胞(ES細胞)　II 173, II 174, II 175
配糖体　II 30
パウリ(Pauli)の原理　43
麦芽糖　→　マルトース
バクテリオファージ　II 165
ハース(Haworth)構造式　II 15, II 17
ハシッシュ　138
バセドー病　II 176
バソプレッシン　II 77, II 126-128
バター　II 44
ハチミツ　II 23
発エルゴン反応　II 122
ハッカ　**101**, II 9
麦角　146
発がん物質　**93**, II 177
白血球　II 85, II 213
発酵　II 210
パーティクル・ガン法　II 172
バニリン　112
パパイン　II 79
パラフィン炭化水素　59
バリン(Val)　II 68
パルミチン酸　II 40-42, II 47, II 48, II 50, II 217
パルミトレイン酸　II 41, II 42
バレルアルデヒド　110
ハロゲン　10
ハロゲン化アシル　120
ハロゲン化アルキル　**140**, 142
ハロタン　108
半乾性油　II 47
バンコマイシン　II 133
　——耐性腸球菌(VRE)　II 134
ハンセン病　II 10
ハンチントン舞踏病　II 176
パントテン酸　II 106, II 111
反応速度　II 100
ヒアルロン酸　II 29
ビオチン　II 106, II 112
光吸収スペクトル　56
非競合阻害　II 97, II 100
非共有電子対　14
ヒスタミン　**136**, II 131

ヒスチジン(His)　136, II 70
ヒストン　II 145
1,3-ビスホスホグリセリン酸　II 194, II 195
比旋光度　II 7
ビタミン　II 105, II 123
ビタミンA(レチノール)　71, II 106, II 115
ビタミンB　II 124
ビタミンB_1(チアミン)　II 106, II 107, II 197
ビタミンB_{12}(シアノコバラミン)　II 106, II 113
ビタミンB_2(リボフラビン)　II 106, II 107
ビタミンB_6　II 106, II 110, II 222
ビタミンC　II 81, II 106, II 114, II 123
ビタミンD(カルシフェロール)　II 106, II 116
ビタミンD_2　II 56
ビタミンD_3　II 117
ビタミンE(トコフェノール)　II 106, II 117, II 202
ビタミンF　II 105
ビタミンG　II 107
ビタミンK　II 86, II 106, II 118
必須アミノ酸　II 70, II 223, II 224
必須脂肪酸　II 40
非電解質　25
ヒトDNA　II 163, II 171
ヒト遺伝子　II 163, II 171
ヒトインスリン　II 76, II 77, II 83
非特異的免疫　II 168
ヒトゲノム　II 101, II 162
ヒトプロテインC　II 173
ヒト免疫不全ウイルス(HIV)　II 165-167
ヒドロキシアシルCoA　II 216
ヒドロキシアシルCoAデヒドロゲナーゼ　II 216
3-ヒドロキシ酪酸　II 218, II 219
ヒドラーゼ　II 92
ヒドロキシプロリン　II 81
ヒドロキシラジカル(·OH)　II 212, II 213
ヒドロキシ酪酸　II 218
ヒドロキシ酪酸デヒドロゲナーゼ　II 218
ヒドロコルチゾン　II 55
ビフェニル(ジフェニル)　92
標準状態　19
ピラノース環　II 17
ピリジン　133
ピリドキサール　II 110
ピリドキサールリン酸　II 110, II 222
ピリドキサミン　II 110
ピリドキシン　II 106, II 110
ピリミジン　**133**, II 139
微量無機元素　12
ビリルビン　II 187
ピルビン酸　II 8, II 107, II 192, II 196, II 210, II 218
ピルビン酸カルボキシラーゼ　II 194
ピルビン酸キナーゼ　II 194
ピルビン酸デカルボキシラーゼ　II 210
ピルビン酸デヒドロゲナーゼ　II 107, II 197
ピレン　94
ヒロポン　135
ピロリジン　133
ピロリン酸(二リン酸)　II 120
ピロール　133
ピロロキノリンキノン(PQQ)　II 124
ファン・デル・ワールス相互作用　II 82
ファン・デル・ワールス(van der Waals)力　16
フィッシャーの投影式　II 4
フィードバック機構　II 126, II 128
フィードバック阻害　II 98, II 99
フィブリノーゲン　II 75, II 86
フィブリン　II 86
フィブロイン　II 81
フェナセチン　146
フェニルアラニン(Phe)　II 68, II 177
フェニルイソチオシアン酸　II 78
フェニル基　90
フェニルケトン尿症　II 177
フェニルチオヒダントイン　II 78
フェノール　89, **105**
フェリチン　II 74, II 75
フェーリング(Fehling)試薬　II 32
不可欠アミノ酸　II 71
付加反応　72
不乾性油　II 47
副交感神経　148
複合脂質　II 37, II 48
副甲状腺ホルモン　II 127
複合タンパク質　II 74
副腎髄質　II 127

副腎皮質　II127
——刺激ホルモン　II127
——ホルモン　II55
複製　II137, II146
ふぐ毒　151
フコース　II64
負触媒　II87
不斉合成　II9
不斉炭素原子　II3
ブタジエン　75
ブタン　60
ブチルアルデヒド　110
フッ化水素　44
物質　1
——量　18
物理的性質　2
ブテン　70
ブドウ糖　II15
プトレッシン　133
不飽和脂肪酸　II39
不飽和炭化水素　49
フマラーゼ　II199
フマル酸　**71**, II89, II97, II200, II201, II226, II227
プライマー　II158, II161
プラスミド　II134, II171, II172
フラビンアデニンジヌクレオチド (FAD)　II107-109, II198, II200, II215
フラビン酵素　II74
フラビンモノヌクレオチド (FMN)　II107, II203
フリーデルークラフツ反応　92
プリオン　II85
プリン　II139
フルクトース　II11, II14, II18, II24, II186, II196
フルクトースビスホスファターゼ　II194
フルクトース 1,6-ビスリン酸　II195
フルクトース 6-リン酸　II194
フルクトフラノース　II19
プロウイルス　II166
プロエラスターゼ　II95, II188
プロゲステロン　II54, II127
プロスタグランジン (PG)　123, II97, II125, II131
プロセッシング　II157
プロテアーゼ　II91
プロテインキナーゼ　II99, II130
プロテオーム　II101
プロテオミクス　II101
プロトプラスト　II172
プロトロンビン　II86, II118
プロパン　59, **61**
プロピオンアルデヒド　110
プロピオン酸　117
プロピル基　62
プロペン　62
プロポフォル　108
プロモーター　II178
プロラクチン　II127, II128
プロリン (Pro)　II67, II68, II80
フロン　67
分液漏斗　52
分子　13
——間力　16
——式　**1**, 51, 55
——量　18
分枝酵素　II191
分節運動　II185
フント (Hund) の規則　43
分留　53
平衡定数　29
ヘキサメチレンジアミン　145
ヘキソキナーゼ　II94, II191, II194
ヘキソース　II12
ベクター　II171
ペクチン　II29
ペニシリナーゼ　II134
ペニシリン　II134
ベネディクト (Benedict) 試薬　II32
ペプシノーゲン　II94, II188
ペプシン　II94-96, II186, II188
ペプチド　II128
——結合　II65
——伸張因子　II156
ヘミアセタール　**114**, II15, II30
ヘム　II83
ヘモグロビン　66, II74, II75, II83, II86, II219
ヘリカーゼ　II146
ヘリックス　II81

ペルオキシターゼ　II32
ヘルパーT細胞　II166-168
ヘロイン　137,138,II189
変異ヘモグロビン　II87
偏光　II5
——子　II5
ベンジルアミン　90
ペニシリン　II133
ベンズアミド　144
ベンズアルデヒド　85,89,110,112
変性タンパク質　II84,II85
ベンゼン　85,91
変旋光　II16
ベンゼンスルホン酸　91
ベンゾ［a］ピレン　93,94
ベンゾイル基　111
ベンゾカイン　108
ベンゾニトリル　89
ベンゾフェノン　111
ペンタノール　98
ペントース　II13,II20
ペントースリン酸経路　II210,II218
鞭毛　II144
ボイル (Boyle) の法則　21
ボイル・シャルル (Boyle-Charles) の法則　23
補因子　II90
防御タンパク質　II75
芳香族化合物　85
芳香族性　88
芳香族炭化水素　49,85
放出ホルモン　II125,II127
飽和脂肪酸　II39,II43,II230
飽和炭化水素　49
ホエー　II73
補欠分子族　II74
補酵素　II90,II92,II94,II110
補酵素A (CoAまたはCoASH)　II111,II191,II215
補酵素Q　II200
ポストゲノム　II101
ホスビチン　II74
ホスファチジルエタノールアミン (PE)　II50
ホスファチジルコリン (PC)　II49
ホスファチジン酸　II49
ホスファチド (リン脂質)　II48
ホスホエノールピルビン酸　II196
ホスホエノールピルビン酸カルボキシナーゼ　II194
ホスホグリセリド　II49
2-ホスホグリセリン酸　II194
3-ホスホグリセリン酸　II194
ホスホグリセリン酸キナーゼ　II194
ホスホグリセリン酸ムターゼ　II194
6-ホスホグルコノラクトン　II211
ホスホグルコムターゼ　II190
6-ホスホグルコン酸　II211
6-ホスホグルコン酸デヒドロゲナーゼ　II211
ホスホトランスフェラーゼ　II91
6-ホスホフルクトキナーゼ　II194,II207,II208
ホスホプロテインホスファターゼ　II100
補体　II168
母体名　63
ボツリヌス菌　151,II75
ポリアクリルアミドゲル (PAG)　II101,II159,II179
ポリアクリルニトリル　74
ポリA構造　II151
ポリアセチレン　77
ポリアミド　145
ポリエステル　123
ポリエチレン　74
ポリ塩化ビニル　74
ポリクロロビフェルニル (PCB)　92,93
ポリ酢酸ビニル　74
ポリスチレン　74
ポリソーム　II156
ポリヌクレオチド鎖　II142
ポリプロピレン　74
ポリペプチド　II66,II78,II79
——鎖　II82
ポリマー　73
ポリメラーゼ連鎖反応 (PCR)　II96,II161
ポルフィリン　II83,II98
ホルミル基　111
ホルムアミド　144
ホルムアルデヒド　99,111
ホルモン　148,II75,II100,II124
——の血中濃度　II130

ホロ酵素　II 90
翻訳（遺伝）　II 137, II 156

［ま行］

マイラー　124
マオウ　140
マーガリン　II 42
マクサムーギルバート法　II 160
膜タンパク質　II 75
マクロファージ　II 168
マクロミネラル　11
麻酔　108
末梢神経系　148
マヨネーズ　II 50
マラリア　II 87
マリファナ　138
マルコヴニコフ則　73
マルターゼ　II 186
マルトース（麦芽糖）　II 15, II 20, II 186
マレイン酸　71
マロン酸　**117**, II 97
マンノース　II 13
ミエリン　149
　——鞘　**150**, II 51
ミオグロビン　II 75, II 83
ミオシン　II 75
ミクロファージ　II 168
水　1, **44**, 49
ミセル　II 46, II 187
密ろう　II 47
ミトコンドリア　II 144, II 163, II 164, II 176, II 177, II 193, II 203
ミネラル　II 230
味蕾　II 23
ミリシルアルコール　II 47
ミリスチン酸　II 41, II 42
ミリストレイン酸　II 41
無顆粒球　II 86
無機化学　37
無機化合物　37
無機質　II 230
無機物　37
無極性結合　47
ムコ多糖類　II 28
ムスコン　112
ムターゼ　II 91
ムチン　II 74, II 188
メタノール　97, 98, **99**, 117
メタン　39, 45, **61**
　——系炭化水素　59
メタンチオール　**104**, 105
メタンフェタミン　135
メチオニン（Met）　II 68
メチシリン　II 134
メチシリン耐性黄色ブドウ球菌（MRSA）　II 134
メチルアミン　132
メチル基　62
メチレン基　147
滅菌　II 84
メッセンジャー（伝令）RNA　→　mRNA
メラトニン　135, **136**, II 127
メラニン　**67**, II 127
メラニン細胞刺激ホルモン　II 127
メルカプト基　**105**, II 77
免疫　II 86, II 168
　——T 細胞　II 168, II 180
　——系　II 168
　——制御　II 86
　——療法　II 180
メントール　**101**, II 9
木精　99
木ろう　II 48
モノエン酸　II 43
モル　18
モル質量　19
モル濃度　26
モルフィン　**137**, 138, 151

［や行］

夜盲症　**71**, II 115
有機化学　37
有機化合物　37
有機物　37
有機リン系殺虫剤　**151**, II 98
有酸素運動　II 230
優性遺伝病　II 176
誘導脂質　II 37, II 38
誘導適合機構　II 94
遊離基（フリーラジカル）　II 44

油脂　119, II 37, II 38, II 43, II 44
ゆで卵　II 84
ユビキノール (QH_2)　II 203
ユビキノン (Q)　II 203
ユビセミキノン (QH・)　II 203
ユリア樹脂　111
陽イオン　7
溶液　24
葉酸　II 106, II 112, II 132
陽子　3
溶質　24
ヨウ素化　II 47
ヨウ素反応　II 33
陽電子断層撮影法 (PET)　57
溶媒　24
葉緑体　II 144
ヨーグルト　118
抑制ホルモン　II 125, II 127

［ら行］

ライ症候群　123
ラウリン酸　II 41, II 42
ラギング鎖　II 147
酪酸　117, **118**, II 41, II 44
ラクターゼ　II 22, II 186
ラクトース (乳糖)　II 15, II 19, II 22, II 24
ラクトフェリン　II 173
ラジカル　**67**, II 44, II 45, II 212
ラセミ体　II 7
藍藻　II 144
リアーゼ　II 92
リガーゼ　II 92
リガンド　II 98, II 99
リキソース　II 13
リグニン　II 29
リシン (Lys)　II 70, II 71
リゼルグ酸ジエチルアミド (LSD)　146
理想気体　24
リソソーム　II 144
リゾレシチン　II 59
立体異性　II 1
リーディング鎖　II 146
リドカイン　108
リネゾリド　II 134
リノレン酸　II 39-43, II 50, II 105
リノール酸　II 40-42, II 105
リパーゼ　II 186, II 187, II 217
リブロース 5-リン酸　II 211
リブロース 5-リン酸イソメラーゼ　II 211
リブロース 6-リン酸　II 211
リボース　II 13, II 20, II 139
リボース 5-リン酸　II 211
リボ核酸　→　RNA
リポ酸　II 106, II 114
リボソーム　II 144, II 152, II 155
リボソーム RNA　→　rRNA
リポタンパク質　II 57, II 58, II 74
リポタンパク質リパーゼ　II 58, II 214
リボフラビン (ビタミン B_2)　II 106, II 107
流動モザイクモデル　II 62
量子化学　86
両親媒性　II 46, II 50, II 57
　――分子
両性電解質　II 71
リンゴ酸　II 199
リンゴ酸デヒドロゲナーゼ　II 199
リン脂質　149, II 37, II 48, II 57, II 60-62, II 187
リンタンパク質　II 74
リンパ球　II 86
リンパ系　II 188
ループ (タンパク質)　II 80
レシチン　II 49, II 50, II 59
レシチン－コレステロールアシルトランスフェ
　ラーゼ　II 58
レチナール　**71**, II 116
レチノイン酸　II 116
レチノール　II 106, II 115
劣性遺伝病　II 176
レトロウイルス　II 165, II 172
レブロース　II 18
レム睡眠　135
レーヨン　II 28
レンネット　II 73
ロイコトリエン (LT)　II 131, II 132
ロイシン (Leu)　II 68
ろう　II 37, II 47
老化　II 149, II 213
老化 (デンプン)　II 26
老化時計　II 149
ロドプシン　71

［わ行］

ワクチン　II168

［欧文］

ADP（アデノシン二リン酸）　II61, II91, II99, II119-121, II191, II201, II204, II206
ALDH（アルデヒド脱水素酵素）　104
AMP（アデノシン（5′-）一リン酸）　II108, II119-121, II130
ATP（アデノシン三リン酸）　II61, II91, II94, II99, II100, II119-123, II191, II197, II204, II201, II206-217
ATP シンターゼ　II203
A 型 DNA　II143
BBB（血液脳関門）　188, 218
BHT（ジ-*tert*-ブチルヒドロキシトルエン）　II45
BMI（体格指数）　II229
BSE（牛海綿状脳症）　II85
B リンパ球　II86, II168
cAMP（サイクリック AMP）　II130, II214
cDNA（相補 DNA）　II165, II172, II181, II182
CM（キロミクロン）　II57, II58, II187
CoA（CoASH；補酵素 A）　II111, II191, II215
CT（コンピューター断層撮影法）　56
CT スキャン　56
DDT（ジクロロジフェニルトリクロロエタン）　93
DHA（ドコサヘキサエン酸）　II41, II42
DNA（デオキシリボ核酸）　95, II20, II79, II87, II100, II101, II114, II129, II137, II141, II145, II169, II177
——鑑定　II180
——シークエンサー　II161, II163
——チップ　II181
——の構造　II140
——の複製　II146
——の塩基配列の決定　II157
——フィンガープリント　II179
——プローブ　II179
——ポリメラーゼ　II89, II96, II146, II148, II158, II162
——リガーゼ　II147, II171
EPA（エイコサペンタエン酸）　II41-43, II131
ES 細胞（胚性肝細胞）　II173, II174, II175
FAD（フラビンアデニンジヌクレオチド）　II107-109, II197, II201
$FADH_2$　II108, II197, II201, II206, II215
FMN（フラビンモノヌクレオチド）　II107, II203
GDP（グアノシン二リン酸）　II197, II198, II200
GMP（グアノシン一リン酸）　II140
GM 作物　II172
GTP（グアノシン三リン酸）　II123, II197, II198, II200, II206
HDL（高密度リポタンパク質）　II42, II57-60
HIV（ヒト免疫不全ウィルス）　II165-167
IDL（中間密度リポタンパク質）　II57-59
ips 細胞　II175
IU（国際単位）　II105
IUPAC（国際純正および応用化学連合）　63
K^+ チャンネル　150
LDL（低密度リポタンパク質）　II42, II43, II57-60
LSD（リゼルグ酸ジエチルアミド）　146
LT（ロイコトリエン）　II131, II132
mol　18
MRI（磁気共鳴映像法）　56
mRNA（メッセンジャー RNA）　II129, II144, II150, II155, II169, II178
MRSA（メチシリン耐性黄色ブドウ球菌）　II134
MS（質量分析）　56, II102
Na^+ チャンネル　150
NAD^+（ニコチンアミドアデニンジヌクレオチド）　II109, II110, II205, II206
NADH　II110, II197, II201, II205, II206
$NADP^+$（ニコチンアミドアデニンヌクレオチドリン酸）　II109, II110, II197, II201, II210, II218
NADPH　II110, II210, II218
NMN（ニコチンアミドモノヌクレオチド）　II109
NMR（核磁気共鳴）　56, II103
N-アセチル-D-グルコサミン　II28
n-オクタン　61

n-デカン　61
n-ノナン　61
n-ブタン　61
n-ブチル基　62
n-ヘキサン　61
n-ヘプタン　61, 65
n-ペンタン　61
O_2^-・(スーパーオキシドイオン)　II 202, II 212, II 213
PAG (ポリアクリルアミドゲル)　II 101, II 159, II 178
PC (ホスファチジルコリン)　II 49
PCB (ポリクロロビフェルニル)　**92**, 93
PCR (ポリメラーゼ連鎖反応)　II 96, II 161
PE (ホスファチジルエタノールアミン)　II 50
PET (陽電子断層撮影法)　57
PG (プロスタグランジン)　123, II 97, II 125, II 131
pH (水素イオン指数)　**30**, II 84, II 96
PPi (ピロリン酸または二リン酸)　II 120
p-アミノ安息香酸　II 132
p 軌道　42
RFLP (制限断片長多型)　II 179
RNA (リボ核酸)　II 133, II 137, II 149, II 164
RNA 干渉　II 163
rRNA (リボソーム RNA)　II 133, II 144, II 150, II 151
S/M/P 比　II 43
SARS (重症急性呼吸器症候群)　II 167
SDS (ドデシル硫酸ナトリウム)　II 101
SDS-PAGE　II 101
sec-ブチル基　62
SNP (一塩基多型)　II 178
sp^2 混成　45
sp^3 混成　45
sp 混成　47
s 軌道　42
TCA サイクル (トリカルボン酸回路)　II 197
tert-ブチル基　62
THF (テトラヒドロ葉酸)　II 112, II 113
TNT 爆薬　90
tRNA (転移 RNA)　II 150, II 152, II 155
TX (トロンボキサン)　II 131, II 132
T 細胞　II 170
T リンパ球　II 86, II 168
UDP グルコース　II 190
UDP グルコースピロホスホリターゼ　II 190
UMP (ウリジン一リン酸)　II 140, II 191
UTP (ウリジン三リン酸)　II 123, II 191
VLDL (超低密度リポタンパク質)　II 57-59
VRE (バンコマイシン耐性腸球菌)　II 134
X 線解析　II 102
X 線回折　56
Z 型 DNA　II 143

α-1,4 結合　II 21
α-アミラーゼ　II 186
α-グルコシダーゼ　II 186
α-ケトグルタル酸 (2-オキソグルタル酸)　II 224
α-ケラチン　II 80
α-デンプン (糊化デンプン)　II 26
α-ヘリックス　II 60, II 80
α-リノレン酸　II 39-43, II 50
β-1,4 結合　II 22
β-D-リボース　II 139
β-アミラーゼ　II 20
β-ガラクドシダーゼ (ラクターゼ)　II 22
β-カロテン　71, II 115, II 213
β-デンプン　II 26
β-ラクタム構造　II 133
β 酸化　II 215, II 217
β (プリーツ) シート　II 80, II 81
γ-グロブリン　II 169
γ-リノレン酸　II 41
π 結合　46
π 電子　46
σ 結合　46
μ-TAS　II 181, II 182

著者略歴
1934年　生まれる
1957年　東京大学理学部化学科卒業
1983年　東京大学教養学部教授
1994年　千葉大学工学部教授，東京大学名誉教授
1999年　聖徳大学人文学部教授，理学博士　現在に至る

主要著書
『化学熱力学』（裳華房，1978年）
『量子化学』（基礎化学選書12，裳華房，1984年）

生命科学のための有機化学 I
有機化学の基礎

2004年9月21日　初　版
2011年1月31日　第3刷

［検印廃止］

著　者　原田（はらだ）　義也（よしや）

発行所　財団法人　東京大学出版会
代表者　長谷川寿一
113-8654　東京都文京区本郷 7-3-1　東大構内
電話 03-3811-8814　Fax 03-3812-6958
振替 00160-6-59964

印刷所　三美印刷株式会社
製本所　株式会社島崎製本

ISBN 978-4-13-062502-9　Printed in Japan

本書はデジタル印刷機を採用しており、品質の経年変化についての充分なデータはありません。そのため高湿下で強い圧力を加えた場合など、色材の癒着・剥落・磨耗等の品質変化の可能性もあります。

生命科学のための有機化学 I
有機化学の基礎

2018年8月31日　　発行　②

著　者　　原田義也

発行所　　一般財団法人　東京大学出版会
代 表 者　吉見俊哉
〒153-0041
東京都目黒区駒場4-5-29
TEL03-6407-1069　FAX03-6407-1991
URL　http://www.utp.or.jp/

印刷・製本　大日本印刷株式会社
URL　http://www.dnp.co.jp/

ISBN978-4-13-009133-6
Printed in Japan

表 1　SI 基本単位

物理量	単位名	記号
長さ	メートル	m
質量	キログラム	kg
時間	秒	s
電流	アンペア	A
熱力学的温度 (絶対温度)	ケルビン	K
物質量	モル	mol
光度	カンデラ	cd

表 2　SI 組立単位の例

物理量	単位名	記号	基本単位による表現
力	ニュートン	N	$\mathrm{m\,kg\,s^{-2}}$
圧力	パスカル	Pa	$\mathrm{m^{-1}\,kg\,s^{-2}}$ $(=\mathrm{N\,m^{-2}})$
エネルギー	ジュール	J	$\mathrm{m^2\,kg\,s^{-2}}$ $(=\mathrm{N\,m})$
仕事率	ワット	W	$\mathrm{m^2\,kg\,s^{-3}}$ $(=\mathrm{J\,s^{-1}})$
電荷	クーロン	C	$\mathrm{A\,s}$
電位差	ボルト	V	$\mathrm{m^2\,kg\,s^{-3}\,A^{-1}}$ $(=\mathrm{J\,A^{-1}\,s^{-1}})$

表 3　SI 接頭語

倍数	接頭語	記号
10^{15}	ペタ	P
10^{12}	テラ	T
10^{9}	ギガ	G
10^{6}	メガ	M
10^{3}	キロ	k
10^{2}	ヘクト	h
10	デカ	da
10^{-1}	デシ	d
10^{-2}	センチ	c
10^{-3}	ミリ	m
10^{-6}	マイクロ	μ
10^{-9}	ナノ	n
10^{-12}	ピコ	p
10^{-15}	フェムト	f